新世纪高职高专
计算机应用技术专业系列规划教材

微课版

# SQL Server
# 数据库实现与应用案例教程

新世纪高职高专教材编审委员会 组编
主　编　曹起武　郭　鹏
副主编　翟鹏翔　何　芳　马秀丽　江　雨

第三版

U0245017

大连理工大学出版社

**图书在版编目(CIP)数据**

SQL Server 数据库实现与应用案例教程 / 曹起武，郭鹏主编. -- 3 版. -- 大连：大连理工大学出版社，2021.11

新世纪高职高专计算机应用技术专业系列规划教材

ISBN 978-7-5685-3333-1

Ⅰ．①S… Ⅱ．①曹… ②郭… Ⅲ．①关系数据库系统－高等职业教育－教材 Ⅳ．①TP311.132.3

中国版本图书馆 CIP 数据核字(2021)第 230355 号

大连理工大学出版社出版

地址：大连市软件园路 80 号    邮政编码：116023
发行：0411-84708842    邮购：0411-84708943    传真：0411-84701466
E-mail：dutp@dutp.cn    URL：http://dutp.dlut.edu.cn

大连日升彩色印刷有限公司印刷        大连理工大学出版社发行

幅面尺寸：185mm×260mm        印张：17        字数：393 千字
2012 年 10 月第 1 版                        2021 年 11 月第 3 版
2021 年 11 月第 1 次印刷

责任编辑：高智银                            责任校对：李　红
封面设计：张　莹

ISBN 978-7-5685-3333-1                    定　价：55.00 元

# 前　言

　　《SQL Server数据库实现与应用案例教程》(第三版)是新世纪高职高专教材编审委员会组编的计算机应用技术专业系列规划教材之一。

　　随着互联网和移动互联网技术的迅猛发展,信息技术已经成为各领域发展过程中必不可少的重要组成部分。特别是随着云计算和大数据等新技术的出现,信息和数据已经成为改变人们生活方式和社会生产方式的重要推动力。以数据存储和应用为目的的数据库应用技术则是上述技术的基础和核心。

　　作为数据库应用技术的核心,数据库管理系统同样发展迅速。在众多的数据库系统管理软件中,SQL Server系列数据库管理系统因其良好的易用性和兼容性一直被广大开发人员和应用人员青睐,已经成为Windows操作平台下数据库管理系统的首选。

　　在前两版的基础上,第三版重点在课程思政和数字化资源上寻求突破,编写团队在原有双师型一线教师及企业一线工程师组成的基础上,聘请思政教师为课程思政案例设计提供指导。在设计及编写的过程中注重与企业专家的讨论与研究,根据数据库管理人员和软件开发人员等实际工作岗位所需技能确定教材内容,基于实际工作流程设计教材框架;以数据库系统开发过程为主线,以项目和任务为载体,是一本知识全面、内容实用、理论与实际并重的一体化教材。在课程思政案例设计过程中,专业教师与思政课程专家围绕相关技术内容进行深入研讨,从爱国主义情怀、工匠精神、职业素养、法律意识等方面共同开发支撑教学内容的课程思政案例,引导学生将个人的成才梦有机融入中华民族伟大复兴的中国梦。

　　本教材的主要特色表现在以下几个方面:

　　**1.课程体系具有先进性**

　　本教材所对应的"数据库实现与维护"课程于2007年被辽宁机电职业技术学院确认为院级精品课程,于2013年被该学院确立为首批院级精品资源共享课程。教材开发

新世纪

小组设计及建设的本课程在线学习平台在 2013 年全国职业院校信息化教学大赛"网络课程"项目中获得一等奖。课程建设方案在 2014 年获得辽宁省教学成果三等奖,课程数字化资源曾先后多次获得辽宁省教育教学信息化大奖赛和软件大赛奖项。

**2. 以工作项目为载体,以工作岗位为依据**

本教材由一个基于工作过程设计的数据库管理系统为主线,包含若干项目和任务。每个项目涉及的知识点都与任务紧密结合,做到理论与实际相结合。在项目和任务的安排上注重连续性,项目间既相对独立,又互为补充。教材围绕"销售管理"数据库系统的实施与管理展开,共包含 11 个项目(数据库的实施与管理、数据的查询与操作等)和多个任务(数据库创建、基本表创建、数据查询、数据库维护等)。其中,项目 1~6 侧重于数据库的应用,基本面向数据库管理员岗位,重点介绍如何使用 SQL Server 的 Management Studio 来实施和管理数据库及数据的简单查询;项目 7~11 侧重于数据高级管理及数据库编程,主要面向应用软件开发人员,重点介绍使用 T-SQL 语句实施和管理数据库及复杂的数据查询。

**3. 知识选取合理,难易程度适中**

要在一本书中完整地介绍数据库原理、数据库实施和数据库应用是不可能的,也是没有必要的。本教材在具体内容的安排上,从应用的角度出发,侧重于操作和应用所需的基础知识。在内容的深度和广度方面,本着基于岗位、够用实用的原则,对相关知识进行了精心筛选,注意内容简练,精心设计实例,用通俗易懂的语言进行叙述。

**4. 教学资源丰富,方便用户使用**

为了方便教者与学者更好地利用本教材进行教与学,编者围绕本教材开发了一系列教学材料,包括教学大纲(课程标准)、授课计划、电子教案、教学课件、任务工单、期末试卷等,力争做到全面配套。教材中的重点知识点和技能点配有微课二维码,读者可以通过扫描二维码获得相应知识点和技能点的讲解及演示视频。

**5. 读者群体广泛,教学和参考均可**

本教材可以作为高职高专相关专业数据库应用基础课程的教材,也可供从事数据库研究和使用 SQL Server 进行数据库系统开发的计算机专业人员参考使用。

本教材由辽宁机电职业技术学院曹起武和大连外国语大学软件学院郭鹏任主编,辽宁机电职业技术学院翟鹏翔、何芳、马秀丽和丹东一达软件开发有限公司江雨经理任副主编。其中,曹起武编写项目 9、项目 10 和项目 11;郭鹏编写项目 4 和项目 8;翟鹏翔编写项目 5 和项目 7;何芳编写项目 1、项目 3 和项目 6;马秀丽编写导论、项目 2 和附录;江雨负责所有案例项目和课后拓展项目的设计与审核,并定期根据行业发展提修改意见。同时,聘请辽宁机电职业技术学院思政部张悦作为该教材的课程思政案例设计指导,与教材编者共同开展教材课程思政案例设计。

由于时间仓促,再加上编者水平有限,书中难免有错误和疏漏之处,敬请广大读者批评指正。

编　者
2021 年 11 月

所有意见和建议请发往:dutpgz@163.com
欢迎访问职教数字化服务平台:http://sve.dutpbook.com
联系电话:0411-84706671　84707492

# 目 录

# 课程体系及教学案例综述

导论主要介绍"数据库实现与维护"这门课程的体系结构以及在采用本书开展教学的过程中涉及的任务线索及数据库实例。

☞ 工匠精神

20世纪70年代末,我国百废待兴,以萨师煊为代表的老一辈科学家以一种强烈的责任心和敏锐的学术洞察力,率先在国内开展数据库技术的教学与研究工作。萨师煊是我国数据库学科的奠基人之一,数据库学术活动的积极倡导者和组织者。为了推动我国数据库系统的教学与科研工作,他不辞辛劳去全国各地高校以及科研院所讲课。尽管他为我国数据库学科的人才培养和科研工作做出了开创性的贡献,但他始终谦虚待人,从不居功自傲。他有一句名言:如果把人们认为你有多大"价值"作为分子,你自认为你有多大"价值"作为分母,这个分数应该是大于1的分数。

## 任务线索介绍

本书中的主线任务是围绕一名数据库管理员"小赵"展开的。通过他对数据库相关知识从无到有的了解、由浅入深的学习过程,逐步展开相关知识的介绍。

小赵是一名刚刚毕业的计算机专业的大学生,任务从小赵在找工作过程中确立数据库管理员为就业岗位开始,到应聘到一家公司从事数据库管理员工作的过程中一点点接触数据库的相关知识,再到最后成为一名合格的数据库管理员,将数据库的相关知识根据岗位实际情况及学习认知的客观规律科学有序地呈献给读者。

小赵在整本书中所完成的任务,覆盖了计算机相关岗位对数据库相关知识的需求。从数据库的理论知识到 SQL Server 2008 数据库系统的介绍;从数据库的实施到数据库对象的实施;从数据库的管理到数据库数据的管理;从数据库 SQL 语句到数据库高级编程。读者在跟随小赵一步步完成相关任务的同时,也完成了数据库实现与维护相关知识的学习。

## 职业岗位需求分析

小赵是一名刚刚毕业的计算机专业的大学生,想找一份与自己所学的计算机专业相关的工作。于是他参加了一些招聘会,也上网浏览了很多招聘信息,计划先通过这些信息来看看到底有哪些实习岗位和需要哪些技能。经过分析,他发现 SQL Server 相关知识是多数专业岗位必需的技能之一,也就是说数据库知识在整个 IT 和通信行业中都有着重要的作用,他将这些岗位进行了归纳与总结。

**1. 应用管理类(表 0-1 )**

表 0-1　　　　　　　　　　　　应用管理类

| 职位信息 | | |
|---|---|---|
| 职位名称:数据库管理员 | 招聘单位:＊＊＊贸易公司 | 技术要求指标:低 |
| 职位描述 | 负责企业数据库的日常维护及简单的数据分析及统计 | |
| 职位要求 | 1.热爱祖国,拥护中国共产党<br>2.计算机相关专业专科以上文凭<br>**3.熟练掌握 SQL Server 等数据库软件的基本操作**<br>4.熟悉各种办公软件的应用<br>5.具有良好的团队精神和职业素质(积极、抗压、能吃苦)<br>6.有较强的自学能力 | |

**2. 高级管理类(表 0-2 )**

表 0-2　　　　　　　　　　　　高级管理类

| 职位信息 | | |
|---|---|---|
| 职位名称:信息安全管理员 | 招聘单位:＊＊＊科技公司 | 技术要求指标:中 |
| 职位描述 | 负责企业机房的服务器、路由器等设备的安全管理及维护 | |
| 职位要求 | 1.热爱祖国、热爱人民、拥护中国共产党(中国共产党党员优先)<br>2.计算机相关专业专科以上文凭<br>3.熟悉网络技术,熟悉主流防火墙、IPS、VPN、WAF、防数据泄漏、入侵检测、攻防技术、漏洞扫描、入侵防御、系统加固等安全技术<br>4.熟悉主流网络安全产品(如 FW、IDS、IPS、Scanner、Audit 等)的配置及使用,安全机制和安全加固配置<br>**5.熟悉 SQL Server 安全管理机制,精通数据库备份管理机制**<br>6.良好的团队合作精神,较强的沟通能力和协调能力<br>7.独立分析问题、解决问题的能力 | |

**3. 软件设计类(表 0-3)**

表 0-3　　　　　　　　　　　　软件设计类

| 职位信息 | | |
|---|---|---|
| 职位名称:软件工程师 | 招聘单位:＊＊＊软件公司 | 技术要求指标:高 |
| 职位描述 | 应用软件开发、调试 | |
| 职位要求 | 1.热爱祖国、热爱人民、拥护中国共产党<br>2.熟悉 Java 技术、开源框架,对其特性及其实现原理有所认识和了解,熟悉 Java/J2EE,对 SpringMVC、Mybatis、Springboot 等框架及实现方式有所了解<br>**3.精通 MS SQL Server、MySQL 应用,精通 SQL 查询及操作语句,熟悉存储过程、数据库编程,能够编写执行效率较高的 SQL 语句**<br>4.熟悉 JavaScript、Ajax、XML 等相关技术<br>5.具有较强的逻辑分析能力与学习能力,有耐心,具有团队合作精神,善于交流沟通<br>6.了解微信公众平台的开发者优先考虑 | |

**4.网站建设类(表 0-4 )**

表 0-4　　　　　　　　　　网站建设类

| 职位信息 | | |
|---|---|---|
| 职位名称:网站程序员 | 招聘单位:＊＊＊网络公司 | 技术要求指标:中 |
| 职位描述 | 网站程序的搭建工作,根据需要进行日常开发与编程 | |
| 职位要求 | 1.热爱祖国、热爱人民、拥护中国共产党<br>2.精通 PHP 语言,有良好的编码习惯,使用 PhpStorm /VSCode 等开发工具,熟悉面向对象编程<br>**3.熟练使用 Access、SQL Server 等数据库,能够进行数据库开发和程序编写,有一定数据库设计经验**<br>4.熟悉 HTML/CSS/JS 等前端知识,具有移动端开发知识,能独立完成前后端分离架构的后台开发<br>5.有网站美工经验或有独立运作成功行业门户网站或企业网站设计者优先 | |

**5.岗位分析**

通过以上四类招聘岗位的分析,可以将数据库相关岗位对知识能力的需求分为低、中和高三个档次。

数据库管理员属于对知识技能要求较低的岗位,不要求相关人员具有较高的编程及网络能力,只需要掌握最基本的数据库应用知识和管理技能即可。

信息安全管理员与网站程序员对数据库知识要求较高。除了掌握其他方面的相关知识与技能外,对数据库知识而言,要具有数据库基本的应用与管理能力,要具有一定的数据库编程能力和安全管理能力。

软件工程师则对数据库相关知识有着很高的要求。要求相关人员可以熟练使用SQL 语言检索和操作数据,并熟悉与数据库编程相关的存储过程等其他数据库对象。

最后要注意的是,不论什么岗位,除了对专业技能的要求外,对于应聘人员的基本素质,例如爱国爱党、吃苦耐劳、团队协作、自学能力等都有明确的要求,可见目前社会对于人才的要求不仅仅局限于专业技能,同样重视基本素质与职业素养。

# 熟悉课程体系结构

通过对上述计算机相关岗位的需求分析,小赵发现很多岗位都对数据库这个技术有要求,所以他感觉不论自己想从事什么样的工作,一定要先弄清楚数据库的知识结构包括哪些知识与技能。

**1.课程定位**

"数据库实现与维护"课程是以数据库技术应用为核心的一门计算机类专业核心课程,随着互联网技术的全面普及和移动互联网技术的快速发展,数据库技术已经渗透到各行各业和每个人的生活中,所以对于计算机相关的诸多专业的学生及从业者来说,数据库技术都是十分重要的技术,是工作岗位不可或缺的专业技能。

"数据库实现与维护"课程作为一门专业必修课程,在计算机类相关专业课程体系中属于岗位核心能力训练层次,也可作为专业群内其他专业的核心课或选修课。它是基于数据库管理员岗位能力分析,以数据库实例为载体,将数据库实施、维护和使用技术相融合的实践性很强的课程,主要培养数据库的实施、数据库的维护与管理、数据操作和数据检索等能力。

**2. 知识体系**

数据库实现与维护是以"数据库"为核心,由基础知识、数据库实施、数据处理、高级管理和高级编程几个模块构成,其主要知识体系如图 0-1 所示。

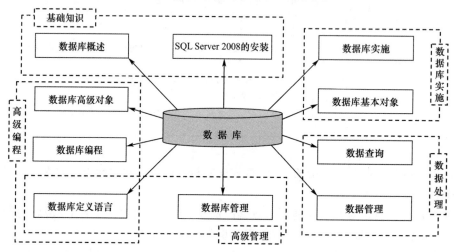

图 0-1　数据库的知识体系

(1)基础知识

基础知识主要介绍数据库概述及 SQL Server 2008 的安装,包括数据库的主要概念、数据库设计基本方法、SQL Server 2008 系统安装及 SQL Server 2008 的服务管理。

(2)数据库实施

数据库实施主要介绍数据库及其中对象的实施,包括数据库创建、数据库设置、基本表创建、基本表设置、视图的实施和索引的实施。

(3)数据处理

数据处理主要介绍数据查询和数据管理,包括 SQL 语言基础、单表查询、多表查询、子查询、添加数据、修改数据和删除数据。

(4)高级管理

高级管理主要介绍数据库定义语言和数据库管理,包括使用 T-SQL 语言创建数据库及其中对象、数据库安全管理、数据库备份与还原以及数据导入与导出。

(5)高级编程

高级编程主要介绍数据库定义语言、数据库编程和数据库高级对象,包括使用 T-SQL 语言创建数据库及其中对象、数据库编辑基础、IF 等编程语言、存储过程和触发器。

**3. 教材体系**

本书在设计的过程中充分遵循和参考数据库知识体系结构,由 11 个项目组成,每个项目中分成若干任务。

每个项目中首先对项目进行概括性介绍,包括"知识教学目标"和"技能培养目标"等内容,让读者对该项目有一个总体了解。

项目中的各个任务则还原岗位真实案例,每个任务由"任务描述""任务分析""知识准备"和"任务实施"等内容组成,并在其中穿插"小提示""课堂实践"等板块作为有效的补充,让读者系统、科学和轻松地完成相关知识的学习。

项目的最后配有"课后拓展"和"课后习题",主要从理论知识和实践操作两个方面加强和拓展读者对相关知识与技能的学习。

# 熟悉案例数据库

本书一共设计了三个数据库案例:"销售管理"数据库、"图书管理"数据库和"学生管理"数据库,分别用于课堂教学、课中练习和课后拓展。以下简单介绍这三个数据库的构成(表 0-5),为后续课程的学习打下基础。

表 0-5　　　　　　　　　　　案例数据库情况表

| 名　称 | 功　能 | 概　述 | 核心基本表 |
|---|---|---|---|
| "销售管理"数据库 | 课堂教学 | 作为课堂教学案例使用,用于知识的讲解与演示;<br>围绕某公司的销售管理业务设计,主要为销售流程管理服务 | 商品表<br>销售表<br>买家表 |
| "图书管理"数据库 | 课中练习 | 作为课堂练习案例使用,用于课堂讲解后的练习与总结;<br>围绕图书借阅流程设计 | 图书表<br>借阅表<br>读者表 |
| "学生管理"数据库 | 知识准备<br>课后拓展 | 作为知识准备及课后拓展案例使用,用于知识准备中部分示例以及课后学生自学及提高使用;<br>围绕成绩管理业务设计 | 学生表<br>成绩表<br>课程表 |

### 1."销售管理"数据库

"销售管理"数据库是某公司销售流程管理的后台数据库,主要负责商品销售流程中商品、买家和销售记录的管理。包括"商品类型表""商品表""买家级别表""买家表"和"销售表",基本表之间的关系如图 0-2 所示,表结构见表 0-6～表 0-10,表中数据示例见表 0-11～表 0-15(由于篇幅所限,每个基本表的示例数据只列举几条,可根据实际情况进行补充)。

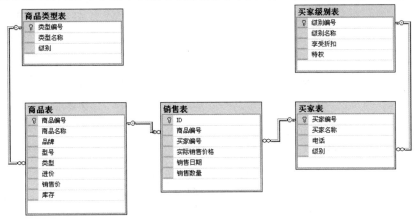

图 0-2　"销售管理"数据库基本表的关系

表 0-6               "商品类型表"结构说明

| 序号 | 字段名称 | 数据类型 | 补充说明 |
|---|---|---|---|
| 1 | 类型编号 | Char(3) | 主键 |
| 2 | 类型名称 | Varchar(50) | |
| 3 | 级别 | Varchar(20) | |

表 0-7               "商品表"结构说明

| 序号 | 字段名称 | 数据类型 | 补充说明 |
|---|---|---|---|
| 1 | 商品编号 | Char(3) | 主键 |
| 2 | 商品名称 | Varchar(50) | |
| 3 | 品牌 | Varchar(20) | |
| 4 | 型号 | Varchar(20) | |
| 5 | 类型 | Char(3) | 外键（关联商品类型表） |
| 6 | 进价 | Money | |
| 7 | 销售价 | Money | |
| 8 | 库存 | Int | |

表 0-8               "买家级别表"结构说明

| 序号 | 字段名称 | 数据类型 | 补充说明 |
|---|---|---|---|
| 1 | 级别编号 | Char(3) | 主键 |
| 2 | 级别名称 | Varchar(50) | |
| 3 | 享受折扣 | Float | |
| 4 | 特权 | Varchar(50) | |

表 0-9               "买家表"结构说明

| 序号 | 字段名称 | 数据类型 | 补充说明 |
|---|---|---|---|
| 1 | 买家编号 | Char(3) | 主键 |
| 2 | 买家名称 | Varchar(50) | |
| 3 | 电话 | Varchar(20) | |
| 4 | 级别 | Char(3) | 外键（关联买家级别表） |

表 0-10               "销售表"结构说明

| 序号 | 字段名称 | 数据类型 | 补充说明 |
|---|---|---|---|
| 1 | ID | Int | 主键,标识列 |
| 2 | 商品编号 | Char(3) | 外键（关联商品表） |
| 3 | 买家编号 | Char(3) | 外键（关联买家表） |
| 4 | 实际销售价格 | Money | |
| 5 | 销售日期 | Datetime | |
| 6 | 销售数量 | Int | |

表 0-11                   "商品类型表"数据示例

| 类型编号 | 类型名称 | 级别 |
| --- | --- | --- |
| L01 | 计算机 | 一级 |
| L02 | 计算机外设 | 二级 |
| L03 | 数码产品 | 二级 |

表 0-12            "商品表"数据示例

| 商品编号 | 商品名称 | 品牌 | 型号 | 类型 | 进价 | 销售价 | 库存 |
| --- | --- | --- | --- | --- | --- | --- | --- |
| S01 | 笔记本 | A 牌 | AB1 | L01 | ￥3,000.00 | ￥3,500.00 | 50 |
| S02 | 数码相机 | B 牌 | AC2 | L01 | ￥3,500.00 | ￥3,800.00 | 20 |
| S03 | 鼠标 | A 牌 | AB3 | L02 | ￥20.00 | ￥30.00 | 30 |

表 0-13            "买家级别表"数据示例

| 级别编号 | 级别名称 | 享受折扣 | 特权 |
| --- | --- | --- | --- |
| J01 | 一级 | 0.8 | 货到付款,技术支持,7 天可退 |
| J02 | 二级 | 0.9 | 技术支持,7 天可退 |
| J03 | 三级 | 1 | 技术支持 |

表 0-14            "买家表"数据示例

| 买家编号 | 买家名称 | 电话 | 级别 |
| --- | --- | --- | --- |
| M01 | A 大学 | 2548415 | J01 |
| M02 | B 医院 | 6845415 | J02 |
| M03 | C 局 | 3658741 | J02 |

表 0-15            "销售表"数据示例

| ID | 商品编号 | 买家编号 | 实际销售价格 | 销售日期 | 销售数量 |
| --- | --- | --- | --- | --- | --- |
| 1 | S01 | M01 | ￥2,800.00 | 2016-1-1 | 10 |
| 2 | S01 | M02 | ￥3,150.00 | 2016-7-15 | 15 |
| 3 | S02 | M03 | ￥3,150.00 | 2016-6-16 | 10 |

2."图书管理"数据库

"图书管理"数据库是某学校图书馆管理系统的后台数据库,主要负责图书借阅流程中读者、图书和借阅记录的管理,包括"读者类别表""读者表""图书类别表""图书表"和"借阅表",基本表之间的关系如图 0-3 所示,表结构见表 0-16～表 0-20,表中数据示例见表 0-21～表 0-25(由于篇幅所限,每个基本表的示例数据只列举几条,可根据实际情况进行补充)。

表 0-16            "读者类别表"结构说明

| 序号 | 字段名称 | 数据类型 | 补充说明 |
| --- | --- | --- | --- |
| 1 | 读者类别编号 | Char(4) | 主键 |
| 2 | 类别名称 | Varchar(50) | |
| 3 | 可借数量 | Int | |
| 4 | 借阅天数上限 | Int | |

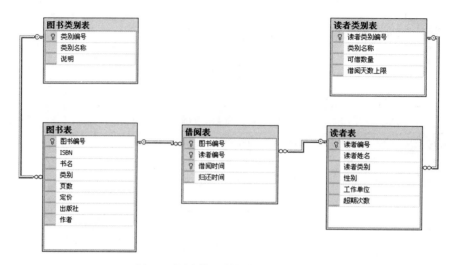

图 0-3  "图书管理"数据库基本表的关系

表 0-17                    "读者表"结构说明

| 序号 | 字段名称 | 数据类型 | 补充说明 |
|---|---|---|---|
| 1 | 读者编号 | Char(3) | 主键 |
| 2 | 读者姓名 | Varchar(8) | |
| 3 | 读者类别 | Char(4) | 外键(关联读者类别表) |
| 4 | 性别 | Varchar(2) | |
| 5 | 工作单位 | Varchar(20) | |
| 6 | 超期次数 | Int | |

表 0-18                    "图书类别表"结构说明

| 序号 | 字段名称 | 数据类型 | 补充说明 |
|---|---|---|---|
| 1 | 类别编号 | Char(3) | 主键 |
| 2 | 类别名称 | Varchar(50) | |
| 3 | 说明 | Text | |

表 0-19                      "图书表"结构说明

| 序号 | 字段名称 | 数据类型 | 补充说明 |
|---|---|---|---|
| 1 | 图书编号 | Char(3) | 主键 |
| 2 | 书名 | Varchar(50) | |
| 3 | 类别 | Char(3) | 外键(关联图书类别表) |
| 4 | 页数 | Int | |
| 5 | 定价 | Money | |
| 6 | 出版社 | Varchar(30) | |
| 7 | 作者 | Varchar(30) | |

表 0-20　　　　　　　　　　　　"借阅表"结构说明

| 序号 | 字段名称 | 数据类型 | 补充说明 |
|---|---|---|---|
| 1 | 读者编号 | Char(3) | 主键,外键(关联读者表) |
| 2 | 图书编号 | Char(3) | 主键,外键(关联图书表) |
| 3 | 借阅时间 | Datetime | 主键 |
| 4 | 归还时间 | Datetime | |

表 0-21　　　　　　　　　　　　"读者类别表"数据示例

| 读者类别编号 | 类别名称 | 可借数量 | 借阅天数上限 |
|---|---|---|---|
| DL01 | 普通读者 | 3 | 30 |
| DL02 | 中级读者 | 5 | 50 |
| DL03 | 高级读者 | 10 | 100 |

表 0-22　　　　　　　　　　　　"读者表"数据示例

| 读者编号 | 读者姓名 | 读者类别 | 性别 | 工作单位 | 超期次数 |
|---|---|---|---|---|---|
| D01 | 张良 | DL03 | 男 | 人事局 | 1 |
| D02 | 刘文华 | DL03 | 女 | 财政局 | 2 |
| D03 | 王虎达 | DL03 | 男 | 教育局 | 4 |

表 0-23　　　　　　　　　　　　"图书类别表"数据示例

| 类别编号 | 类别名称 | 说明 |
|---|---|---|
| S01 | 教育 | 包括教材,辅导书 |
| S02 | 文学 | 包括小说,散文等 |
| S03 | IT | 报刊计算机及数码相关 |

表 0-24　　　　　　　　　　　　"图书表"数据示例

| 图书编号 | 书名 | 类别 | 页数 | 定价 | 出版社 | 作者 |
|---|---|---|---|---|---|---|
| T01 | 新概念英语 | S01 | 500 | 56 | A出版社 | 张刚 |
| T02 | 大学语文 | S01 | 450 | 51 | B出版社 | 刘娟 |
| T03 | 三国演义 | S02 | 5000 | 410 | C出版社 | 罗贯中 |

表 0-25　　　　　　　　　　　　"借阅表"数据示例

| 读者编号 | 图书编号 | 借阅时间 | 归还时间 |
|---|---|---|---|
| D01 | T01 | 2016-5-4 0:00 | 2016-6-1 0:00 |
| D03 | T01 | 2016-5-6 0:00 | 2016-5-12 0:00 |
| D03 | T02 | 2016-6-1 0:00 | |

**3."学生管理"数据库**

"学生管理"数据库是某学校学生成绩管理的后台数据库,主要负责学生成绩相关数据的管理。包括"系部表""学生表""课程类型表""课程表"和"成绩表",基本表之间的关系如图 0-4 所示,表结构见表 0-26~表 0-30 所示,表中数据示例见表 0-31~表 0-35(由于篇幅所限，每个基本表的示例数据只列举几条，可根据实际情况进行补充）。

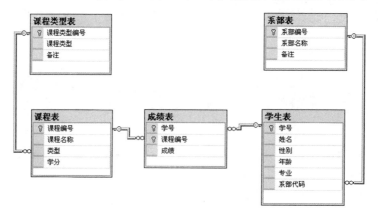

图 0-4 "学生管理"数据库基本表的关系

表 0-26　　　　　　　　　　　　"系部表"结构说明

| 序号 | 字段名称 | 数据类型 | 补充说明 |
|---|---|---|---|
| 1 | 系部编号 | Char(3) | 主键 |
| 2 | 系部名称 | Varchar(50) | |
| 3 | 备注 | Varchar(50) | |

表 0-27　　　　　　　　　　　　"学生表"结构说明

| 序号 | 字段名称 | 数据类型 | 补充说明 |
|---|---|---|---|
| 1 | 学号 | Char(5) | 主键 |
| 2 | 姓名 | Varchar(50) | |
| 3 | 性别 | Char(2) | |
| 4 | 年龄 | Int | |
| 5 | 专业 | Varchar(20) | |
| 6 | 系部代码 | Char(3) | 外键（关联系部表） |

表 0-28　　　　　　　　　　　　"课程类型表"结构说明

| 序号 | 字段名称 | 数据类型 | 补充说明 |
|---|---|---|---|
| 1 | 课程类型编号 | Char(3) | 主键 |
| 2 | 课程类型 | Varchar(50) | |
| 3 | 备注 | Varchar(50) | |

表 0-29　　　　　　　　　　　　"课程表"结构说明

| 序号 | 字段名称 | 数据类型 | 补充说明 |
|---|---|---|---|
| 1 | 课程编号 | Char(3) | 主键 |
| 2 | 课程名称 | Varchar(50) | |
| 3 | 类型 | Char(3) | 外键（关联课程类型表） |
| 4 | 学分 | Int | |

表 0-30　　　　　　　　　　　　　"成绩表"结构说明

| 序号 | 字段名称 | 数据类型 | 补充说明 |
| --- | --- | --- | --- |
| 1 | 学号 | Char(5) | 主键,外键(关联学生表) |
| 2 | 课程编号 | Char(3) | 主键,外键(关联课程表) |
| 3 | 成绩 | Int | |

表 0-31　　　　　　　　　　　　　"系部表"数据示例

| 系部编号 | 系部名称 | 备注 |
| --- | --- | --- |
| X01 | 自动控制系 | |
| X02 | 机械工程系 | |
| X03 | 信息工程系 | |

表 0-32　　　　　　　　　　　　　"学生表"数据示例

| 学号 | 姓名 | 性别 | 年龄 | 专业 | 系部代码 |
| --- | --- | --- | --- | --- | --- |
| S0101 | 吴昊 | 男 | 20 | 生产自动化 | X01 |
| S0102 | 郑洁 | 女 | 19 | 生产自动化 | X01 |
| S0103 | 王平 | 男 | 20 | 生产自动化 | X01 |

表 0-33　　　　　　　　　　　　　"课程类型表"数据示例

| 课程类型编号 | 课程类型 | 备注 |
| --- | --- | --- |
| L01 | 专业必修课 | |
| L02 | 专业选修课 | |
| L03 | 基础选修课 | |

表 0-34　　　　　　　　　　　　　"课程表"数据示例

| 课程编号 | 课程名称 | 类型 | 学分 |
| --- | --- | --- | --- |
| K01 | 大学英语 | L01 | 2 |
| K02 | 语文 | L03 | 1 |
| K03 | 物理 | L03 | 1 |

表 0-35　　　　　　　　　　　　　"成绩表"数据示例

| 学号 | 课程编号 | 成绩 |
| --- | --- | --- |
| S0101 | K01 | 90 |
| S0101 | K02 | 86 |
| S0101 | K03 | 83 |

# 项目 1

# 走进数据库系统

## ● 知识教学目标

- 了解数据库技术发展历程;
- 了解数据库的基本概念;
- 了解数据库系统的组成;
- 了解数据库设计的基本步骤。

## ● 技能培养目标

- 掌握 E-R 图的设计方法;
- 掌握数据库的基本设计方法。

数据库技术是现代信息科学与技术的重要组成部分,是计算机数据库处理与信息管理系统的核心。数据库技术研究解决了计算机信息处理过程中大量数据需要有效地组织和存储的问题,数据库系统减少了数据存储冗余,实现了数据共享,保障了数据安全,能高效地检索数据和处理数据。

随着计算机技术与网络通信技术的发展,数据库技术已经成为信息社会中对大量数据进行组织与管理的重要技术手段,是网络信息化管理系统的基础。

## 任务 1.1  数据库基本知识

微课

### 任务描述

数据库就在我们身边

小赵在了解了数据库知识体系后,感觉数据库并不像自己想象的那样只是一个存放数据的文件,如果不能了解数据库的基本内容就很难从根本上了解数据库的实质,所以他想深入地了解数据库是如何发展起来的,是由哪些部分组成的。

### 任务分析

虽然在实际的工作中,很少涉及数据库的基本概念等方面的知识,但是如果没有一定的理论基础做支持,在后期的学习过程中就很难深入地了解和掌握数据库方面的知识及技能。对于数据库系统方面的相关概念,不要求"死记硬背",只要求理解即可。

## 1.1.1 知识准备:数据库的基本概念

### 1.信息与数据

(1)信息

"信息"(Information)是目前的一个热门词汇,那么,什么是信息?信息有什么特征?简单地说,信息就是关于客观世界的事实或知识,是客观世界在人脑中的映像,反映了客观世界的物理状态,是可以传播和加以利用的一类知识。在理解和表达信息时,要注意把握信息的几个特征。

①信息的客观性。信息是客观的,是不以人的意志为转移的。比如在表达某企业经济效益不好这一信息时,无论做出怎样的指标数据,都不能掩盖企业经营状况不好的客观事实。

②信息的时效性。信息是关于客观世界的新事实或知识,任何过时的事实或知识都不能称为信息。

③信息的实用性。信息对人类社会的发展有着重要的作用,人们利用信息,可以指导工作,减少人们活动的盲目性;通过信息的传播,人们可以共享信息,相互协同工作,提高工作效率;同时,信息又是管理的基础数据和核心,通过对信息的有效管理,可以提高管理水平。

④信息的传播性。信息能够在时间和空间上进行传播,在时间上传播表现为信息存储,在空间上传播表现为信息通信。

⑤信息表现形式的多样性。随着人类认知能力的提高和科学技术的不断发展,特别是多媒体技术的产生,信息的表现形式呈现出多种形态和结构。既有表达信息的简单数据形式,又有表达图像、声音、影像以及动画信息的复杂数据结构。

信息来源于人们的生产实践和科学实验,来源于人们的日常生活。信息不是新生事物,早在久远的古代,古人就开始表达和传播信息,利用信息服务于人类的生产实践,并造福于人类。

(2)数据

数据(Data)是载荷信息的物理符号,是信息结构特征的逻辑抽象和表现形式,是数据库中存储的基本对象。尽管信息的表现形式是多种多样的,人们可以通过手势、眼神等情感的变化表达信息,但表达信息的最佳方式还是数据。数据既有数值和文字型数据,也有表达图像、声音、影像、动画等多媒体数据。数据有以下几个特征:

①数据有"型"和"值"之分。数据的型是数据的结构形式,而数据的值是数据的具体实例。数据的结构反映了数据的内在特征和外部联系。比如,描述学生信息的数据结构由"学号""姓名""年龄""性别""所在系"等属性组成;而描述课程信息的数据结构则可以由"课程号""课程名称""学时数""学分"等属性组成。通过聚集的数据抽象方法,构成了反映学生信息和课程信息的内在结构,而通过学生选课,则描述了学生和课程之间的相互联系。这种内在的结构特征或相互的联系反映了学生和课程的数据类型。一个具体的学生和课程个体,比如"09311""张伟"、20、"男""信息系"就是一个数据取值。对于上面这条学生信息,了解其含义的人会得到如下信息:张伟是信息系的学生,20 岁,男;而不了解其

语义的人则无法理解其含义。可见,数据的形式还不能完全表达其内容,需要经过解释。所以数据和关于数据的解释是不可分的,数据的解释是指对数据含义的说明,数据的含义称为数据的语义,数据与其语义是不可分的。

②数据受数据类型和取值范围的约束。数据的类型是多种多样的,数据类型直接决定了数据表现形式、编码格式、存储方式、取值范围以及可以实施的数据运算。常见的数据类型有数值型、字符型、日期型、枚举型等。

③数据有定性和定量表示之分。数据有定性和定量的表示形式。在描述模糊的非确定性数据时,可以采用定性表示,比如描述职工年龄的时候,可以使用"老""中""青"。而表达确定的数据时,应该采用定量表示形式,比如可以使用 27 表达某个职工的真实年龄。在计算机软件的设计中,应该尽量采用定量表示形式。

④数据具有载体和多种表现形式。为存储、处理和传播数据,必须具有载荷数据的载体。可以使用纸张记录数据,也可以使用计算机存储设备存储数据。数据具有多种表现形式,可以表现为简单的数据,也可以表现为多媒体数据等。

信息和数据是相互依赖而又区别的概念。一方面并非任何数据都能表示信息,信息只是消化了的数据,信息是依赖于数据而存在的;另一方面,信息是更基本的、直接反映现实的概念,数据是信息的具体表现形式。

**2. 数据库**

数据库(DataBase,DB),顾名思义,是存放数据的仓库。只不过这个仓库是在计算机存储设备上,而且数据是按一定的格式存放的。

人们收集并抽取出一个应用所需要的大量数据之后,应将其保存起来供进一步加工处理,进一步抽取有用信息。在科学技术飞速发展的今天,人们的视野越来越广,数据量急剧增加。过去人们把数据存放在文件柜里,现在人们借助计算机和数据库技术科学地保存和管理大量复杂的数据,以便能方便而充分地利用这些宝贵的信息资源。

所谓数据库是指长期存储在计算机内的、有组织的、可共享的数据集合。数据库中的数据按一定的数据模型组织、描述和存储,具有较小的冗余度、较高的数据独立性和易扩展性,并可为各种用户共享。

在理解数据库概念中,要注意把握以下两点:

①数据库是存储数据的载体和仓库,数据库中的数据是按照某种数据模型组织存储的,具有很高的存储和查询效率。数据库中的数据具有较低的冗余率,并为多种应用服务。

②数据库是数据管理的新技术,也是管理数据的最有效的手段。

数据库是什么

## 1.1.2 任务实施:了解数据库系统

**1. 数据管理技术的发展**

数据管理技术是应数据管理任务的需要而产生的。数据处理是指对各种数据进行收集、存储、加工和传播的一系列活动的总和。数据管理则是对数据进行分类、组织、编码、存储、检索和维护,它是数据处理的中心问题。它是伴随着计算机软、硬件技术与数据管理手段的不断发展而发展的,数据管理技术主要经历了三个阶段。

（1）人工管理阶段

人工管理阶段为 20 世纪 50 年代中期以前,那时计算机刚诞生不久,主要用于科学与工程计算。当时的硬件系统尚没有大容量的存储设备;而就其软件而言,操作系统和数据管理软件尚未开发。因此,这一阶段人们在进行数据处理时,就需要在编制程序时,对所处理的数据做专门的定义,并需要对数据的存取及输入、输出方式做具体安排。程序与数据不具有独立性,同一种数据在不同的程序中不能被共享。因此,各应用程序之间存在着大量的重复数据,即数据冗余。

（2）文件管理阶段

文件管理阶段为 20 世纪 50 年代后期至 20 世纪 60 年代中后期,由于计算机软、硬件技术的发展,大容量的存储设备逐渐投入使用,操作系统也已诞生,从而为数据管理技术的发展提供了物质条件和工具,计算机开始大量地应用于数据管理和数据处理工作中,数据库管理技术步入文件管理阶段。

在当时的操作系统中,通常包含一种专门进行文件管理的软件,它可将数据的集合按照一定的形式放在计算机的外存中形成数据文件,而不再需要人们去考虑这些数据的存储结构、存储位置以及输入和输出方式等。用户只需运用简单的操作命令,即可通过文件管理程序实现对数据的存取、查询及修改等多项操作,操作系统则提供了应用程序与相应数据文件之间的接口。这样一来,同一个应用程序可以调用多个数据文件,而同一个数据文件即同一组数据也可以被多个应用程序所调用,从而提高了数据的应用效率,并使数据和程序之间有了一定的独立性。

然而文件管理程序的功能仍不能适应新的需要,数据文件本身仍仅应用于一个或几个应用程序中,数据的独立性较差、共享性较弱、冗余度较大,因而在一定程度上浪费了存储空间,并且数据修改工作很麻烦,也容易造成数据的不一致性。

（3）数据库管理阶段

人们借助计算机进行数据处理是近 40 年的事。研制计算机的初衷是利用它进行复杂的科学计算。随着计算机技术的发展,其应用远远地超出了这个范围。在应用需求的推动下,在计算机硬件、软件发展的基础上,数据管理技术从人工管理、文件管理发展到了数据库管理阶段。现阶段使用的数据管理技术基本上都为数据库系统,所以这里只简单介绍数据库技术的特征。

20 世纪 60 年代后期以来,计算机用于管理的规模越来越大,应用越来越广泛,数据量急剧增长,同时多种应用、多种语言相互覆盖地共享数据集合的要求越来越强烈。

这时硬件已有大容量磁盘,硬件价格下降;软件价格上升,为编制和维护系统软件及应用程序所需的成本相对增加;在处理方式上,联机实时处理要求更多,并开始提出和考虑分布处理。在这种背景下,以文件系统作为数据管理手段已经不能满足应用的需求,于是为解决多用户、多应用共享数据的需求,使数据为尽可能多的应用服务,数据库技术应运而生,出现了统一管理数据的专门软件系统,即数据库管理系统。

数据库技术的出现标志着数据管理方式的飞跃,数据库技术已经成为管理信息系统的核心技术,极大地促进了管理信息化的进程。

**2. 数据库管理系统**

数据库管理系统(DataBase Management System,DBMS)是位于用户与操作系统之间的一层数据管理软件,目的是为数据库应用系统的设计提供方法、手段和工具。管理信息系统是构建在数据库之上的应用系统,目的是为管理者实施管理工作提供支持。

如何科学地组织和存储数据以及高效地获取和维护数据是数据库管理系统要完成的任务。数据库管理系统是位于用户与操作系统之间的一层数据管理软件。它的主要功能包括以下几个方面:

(1)数据定义功能

DBMS 提供数据定义语言(Data Definition Language,DDL),用户通过它可以方便地对数据库中的数据对象进行定义。

(2)数据操纵功能

DBMS 还提供数据操纵语言(Data Manipulation Language,DML),用户可以使用 DML 操纵数据实现对数据库的基本操作,如查询、插入、删除和修改等。

(3)数据库的运行管理

数据库在建立、运用和维护时由数据库管理系统统一管理、统一控制,以保证数据的安全性、完整性,多用于对数据的并发使用及发生故障后的系统恢复。

(4)数据库的建立和维护功能

数据库的建立和维护功能包括数据库初始数据的输入、转换功能,数据库的转储、恢复功能,数据库的重组功能和性能监视、分析功能等。这些功能通常是由一些实用程序完成的。

📌 **爱国主义情怀**

纵观整个数据库技术的发展史,初期并没有国产数据库的身影。直到 2017 年,在 Gartner 发布的数据库系列报告中,首次出现了国产数据库,阿里巴巴 AsparaDB、南大通用 GBase、SequoiaDB 入选,2018 年华为云、腾讯云紧跟着入榜。

2019 年 10 月 2 日,国际事务处理性能委员会(TPC)宣布阿里巴巴旗下的蚂蚁金服数据库 OceanBase 打破了由美国公司甲骨文创造并保持了 9 年之久的世界纪录,这意味着我国数据库技术的发展取得了重大突破。不过我们仍然要认识到,在数据库技术领域我们仍是追逐者,需要我们每个人为之奋斗、努力,才能让我们真正成为领跑者。

**3. 数据库系统**

数据库系统(DataBase System,DBS)泛指引入数据库技术后的计算机系统,狭义地讲,是由数据库、数据库管理关系构成;广义而言,是由计算机系统、数据库管理系统、数据库管理员、应用程序、维护人员和用户组成。

人们通常利用数据库可以实现有组织地、动态地存储大量的相关数据,并提供数据处理和共享的便利手段,为用户提供数据访问和所需的数据查询服务。一个数据库系统通常由五部分组成,包括计算机硬件系统、数据库集合、数据库管理系统、相关软件和人员。

(1)计算机硬件系统

任何一个计算机系统都需要有存储器、处理器和输入与输出设备等硬件平台,一个数据库系统更需要有足够容量的内存与外存来存储大量的数据,同时需要有足够快的处理器来处理这些数据,以便快速响应用户的数据处理和数据检索请求。对于网络数据库系统,还需要有网络通信设备的支持。

（2）数据库集合

数据库是指存储在计算机外部存储器上的结构化的相关数据集合。数据库不仅包含数据本身，而且还包括数据间的联系。数据库中的数据通常可被多个用户或多个应用程序所共享。在一个数据库系统中，常常可以根据实际应用的需要创建多个数据库。

（3）数据库管理系统

数据库管理系统是用来对数据库进行集中统一的管理，是帮助用户创建、维护和使用数据库的软件系统。数据库管理系统是整个数据库系统的核心。

（4）相关软件

除了数据库管理系统之外，一个数据库系统还必须有其他相关软件的支持。这些软件包括操作系统、编辑系统、应用软件开发工具等。对于大型的多用户数据库系统和网络数据库系统，还需要多用户系统软件和网络系统软件的支持。

（5）人员

数据库系统的人员包括数据库管理员和用户。在大型的数据库系统中，需要有专门的数据库管理员来负责系统的日常管理和维护工作。而数据库系统的用户则可以根据应用程度的不同，分为专业用户和最终用户。

**4.数据库系统的特点**

数据库系统的主要特点包括数据库结构化、数据共享、数据独立性以及统一的数据库控制功能。

（1）数据库结构化

数据库中的数据是以一定的逻辑结构存放的，这种结构是由数据库管理系统所支持的数据库模型决定的。数据库系统不仅可以表示事物内部各数据项之间的联系，而且还可以表示事务和事务之间的联系。只有按一定结构组织和存放的数据，才便于对它们实施有效的管理。

（2）数据共享

数据共享是数据库系统最重要的特点。数据库中的数据能够被多个用户、多个应用程序所共享。此外，由于数据库中的数据被集中管理、统一组织，因而避免了不必要的数据冗余。与此同时，还带来了数据应用的灵活性。

（3）数据独立性

在数据库系统中，数据与程序基本上是相互独立的，其相互依赖的程度已大大减小。对数据结构的修改将不会对程序产生影响或者没有大的影响。反过来，对程序的修改也不会对数据产生大的影响或者没有影响。

（4）统一的数据库控制功能

数据库系统必须提供必要的数据库安全保护措施，简述如下：

安全性控制：数据库系统提供了安全措施，使得只有合法的用户才能进行其权限范围内的操作，以防止非法操作造成数据的破坏或泄露。

完整性控制：数据的完整性包括数据的正确性、有效性和相容性。数据库系统可以提供必要的手段来保证数据库中的数据在处理过程中始终符合其实现规定的完整性要求。

并发操作控制：对数据的共享将不可避免地出现对数据的并发操作，即多个用户或者多个应用程序同时使用同一个数据库、同一个数据表或同一条记录。不加控制的并发操作将导致相互干扰而出现错误的结果,并使数据的完整性遭到破坏,因此必须对并发操作进行控制和协调。通常采用数据锁定的方法来处理并发操作,如当某个用户访问并修改某个数据时,宜先将该数据锁定,只有当这个用户完成对此数据的写操作之后才消除锁定,才允许其他的用户访问此数据。

一般而言,数据库关注的是数据,数据库管理系统强调的是系统软件,数据库系统则侧重的是数据库的整个运行系统。

# 任务 1.2　数据库设计

## 任务描述

经过上一部分的学习,小赵基本掌握了数据库相关基本概念。结合这些概念,再回想前面从网上下载的三个案例数据库,小赵感觉自己已经慢慢走进"数据库的世界"了。不过小赵很想弄清楚为什么"销售管理"数据库是由"买家表"和"商品表"等五个表组成的。

## 任务分析

数据库设计是数据库理论知识中比较重要的一部分,但是因为其对设计人员的理论水平及设计经验有着比较高的要求,所以一般数据库设计都由专门人员完成,数据库应用岗位不会涉及数据库设计知识。不过,了解并掌握一定的数据库设计理念及方法,对于深入理解数据库概念、熟悉数据库结构有着极大的帮助,所以本任务的重点内容就是了解数据库设计的基本步骤及 E-R 图的画法。

### 1.2.1　知识准备:数据库设计概述和基本步骤

#### 1.数据库设计概述

☞ 人生感悟

数据库设计的规范化是一个优秀数据库产品的前提,同样我们每个同学对自己职业生涯的规划设计也对自己的一生有着十分重要的意义。数据库的设计质量直接影响到系统的开发进度、应用效果及其生命力,而我们职业生涯的规划则决定着我们为之努力的方向和不断向前的动力。所以我们每个同学都应该坐下来认真思考自己的未来,并制订适合自己的职业生涯规划。

数据库设计是信息系统开发和建设中的核心技术,关系数据库设计实际上就是根据应用问题建立关系数据库及其相应的应用系统。一个数据库应用系统的好坏,很大程度上取决于数据库设计的好坏。由于数据库应用系统结构复杂,应用环境多样,因此,设计时考虑的因素很多,在网络环境下需要考虑的问题则更多。

数据库设计的目标是:对于给定的应用环境,建立一个性能良好的、能满足不同用户使用要求的、又能被选定的 DBMS 所接受的数据库模式。按照该数据库模式建立的数据库,应当能够完整地反映现实世界中信息及信息之间的联系;能够有效地进行数据存储;能够方便地执行各种数据检索和处理操作;并且有利于进行数据维护和数据控制管理的工作。

### 2. 数据库设计的基本步骤

一直以来,人们一直研究和改进数据库设计理论及方法,提出了多种数据库设计的准则和规程,这些设计方法被称为规范设计法。新奥尔良(New Orleans)方法是规范设计法中比较著名的一种方法。它将数据库设计分为四个阶段:需求分析(分析用户要求)、概念结构设计(信息分析和定义)、逻辑结构设计(设计实现)和物理结构设计(物理数据库设计)。此后,许多科学家对此进行了改进,认为数据库设计应分六个阶段进行,这六个阶段是需求分析、概念结构设计、逻辑结构设计、物理结构设计、数据库实施以及数据库运行与维护,六个阶段的关系如图 1-1 所示,简单介绍见表 1-1。

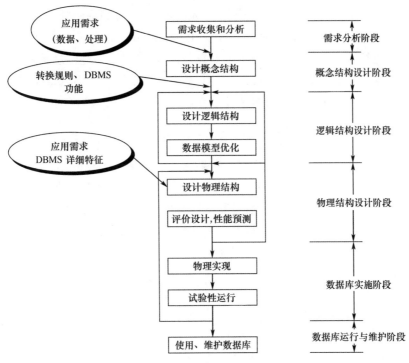

图 1-1　数据库设计步骤

表 1-1　　　　　　　　　　　　数据库设计步骤简介

| 设 计 阶 段 | 设 计 描 述 | |
| --- | --- | --- |
| | 数据 | 处理 |
| 需求分析 | 数据字典,全系统中数据项、数据流、数据存储的描述 | 数据流图和判定表(判定树)、数据字典中处理过程的描述 |
| 概念结构设计 | 概念模型、(E-R 图)、数据字典 | 系统说明书包括:1.新系统要求;2.反映新系统信息流的数据流图 |
| 逻辑结构设计 | 某种数据模型:关系或非关系模型 | 系统结构图(模块结构) |
| 物理结构设计 | 存储安排、方法选择、存取路径建立 | 模块设计、IPO 表 |
| 数据库实施 | 编写模式、装入数据、数据库试运行 | 程序编码、编译连接、测试 |
| 数据库运行与维护 | 性能检测、转储/恢复、数据库重组和重构 | 新旧系统转换、运行、维护(修正性、适应性、改善性维护) |

小提示:这六个阶段虽然有简单的先后顺序,但是并不完全遵循这个顺序,因为很可能出现由后返工向前的情况。

3.设计阶段一:需求分析

需求分析是数据库设计的起点和基础,也是其他设计阶段的依据。其主要任务是对数据库应用系统所要处理的对象(组织、企业、部门等)进行全面的了解,收集用户对数据库的信息需求、处理需求、安全性和完整性需求,并以数据流图和数据字典等书面形式确定下来。其中信息需求应指出未来系统用到的所有的信息及其联系,用户希望从数据库中获取什么信息,数据库中可能要存放哪些信息等。处理需求应说明用户希望未来系统对数据要进行什么样的处理,各种处理有无优先次序,对处理频率和响应时间有无特殊要求,处理方式是批处理还是联机处理等。安全性需求是指对数据库中存放的信息的安全保密要求。在进行需求分析时应明确哪些信息是需要保密的,哪些信息是不需要保密的,各个可能的数据库用户对需要保密的信息具有什么样的权限等。而完整性需求应说明数据库中存放的数据应满足怎样的约束条件,即应了解什么样的数据在数据库中才算是正确的数据。

简单地说,需求分析就是分析用户的要求。在需求分析阶段,系统分析员将分析结果用数据流图和数据字典表示。需求分析的结果是否能够准确地反映用户的实际要求,将直接影响到后面各个阶段的设计,并影响到系统的设计是否合理和实用。

需求分析结束后,分析人员通常通过数据字典的方式提交分析结果。数据字典是各类数据描述的集合,它是进行详细的数据收集和数据分析后所获得的主要成果。数据字典通常由数据项、数据结构、数据流、数据存储和处理过程组成。

职业素养

需求分析是整个数据库设计的起点与核心,没有充分的调研就不可能设计出一个科学、合理的数据库。毛主席曾经说过"没有调查,就没有发言权。"所以充分的调研、考查是我们圆满完成各项任务的前提。

4.设计阶段二:概念结构设计及 E-R 图设计

概念结构设计是将系统需求分析得到的用户需求抽象为信息结构过程。概念结构设计的结果是数据库的概念模型。数据库设计中应十分重视概念结构设计,它是整个数据库设计的关键。只有将系统应用需求抽象为信息世界的结构,也就是概念结构后,才能转化为机器世界中的数据模型,并用 DBMS 实现这些需求。概念结构即概念模型,它用 E-R 图进行描述。

E-R 图也称实体-联系图(Entity-Relationship Diagram),提供了表示实体类型、属性和联系的方法,用来描述现实世界的概念模型。

(1)实体

实体是现实世界中任何可以被认识、区分的事物。实体可以是人或物,可以是实际的对象,也可以是抽象的概念(如事物之间的联系)。例如,一个职工、一个学生、一个部门、一门课、学生的一次选课、部门的一次订货、老师与系的工作关系(某位老师在某系工作)等都是实体。

(2)属性

实体所具有的某一特性称为属性。一个实体可以由若干个属性来刻画。例如,商品实体可以由编号、商品名称、品牌、型号、类型、进价等属性组成(如 S01,笔记本式,A 牌,AB1,L01,3000),这些属性组合起来表征了一件商品。

(3)联系

在现实世界中,事物内部以及事物之间是有联系的,这些联系在信息世界中反映为实体(型)内部的联系和实体(型)之间的联系。实体内部的联系通常是指组成实体的各属性之间的联系。实体之间的联系通常是指不同实体集之间的联系。

两个实体集之间的联系可以分为三类。

①一对一联系(1∶1)。如果对于实体集 A 中的每一个实体,实体集 B 中至多有一个(也可以没有)实体与之联系,反之亦然,则称实体集 A 与实体集 B 具有一对一联系,记为 1∶1。

例如,公司中只有一个经理,该经理只能在这一个公司任职,则经理与公司之间具有一对一联系。

②一对多联系(1∶n)。如果对于实体集 A 中的每一个实体,实体集 B 中有 n 个实体(n≥0)与之联系;反之,对于实体集 B 中的每一个实体,实体集 A 中至多只有一个实体与之联系,则称实体集 A 与实体集 B 有一对多联系,记为 1∶n。

例如,一个类型中具有多种商品,而一个商品只属于一个类型,则类型与商品之间具有一对多联系。

③多对多联系(m∶n)。如果对于实体集 A 中的每一个实体,实体集 B 中有 n 个实体(n≥0)与之联系,反之,对于实体集 B 中的每一个实体,实体集 A 中也有 m 个实体(m≥0)与之联系,则称实体集 A 与实体集 B 具有多对多联系,记为 m∶n。

例如,一个买家可以购买多种商品,同一种商品可以被多个买家购买,则商品与买家之间具有多对多联系。

小提示:实际上,一对一联系是一对多联系的特例,而一对多联系又是多对多联系的特例。

下面介绍 E-R 图表示方法。在 E-R 图中有如下四个成分:

• 矩形框:表示实体,在框中记入实体名。

• 菱形框:表示联系,在框中记入联系名。

• 椭圆形框:表示实体或联系的属性,将属性名记入框中。对于主属性名,则在其名称下画一下划线。

• 连线:实体与属性之间、实体与联系之间、联系与属性之间用直线相连,并在直线上标注联系的类型。对于一对一联系,要在两个实体连线方向各写 1;对于一对多联系,要在一的一方写 1,多的一方写 N;对于多对多联系,则要在两个实体连线方向各写 N、M。

如果用图形方式来表示上面介绍的三种联系类型,则如图 1-2 所示。

**5. 设计阶段三:逻辑结构设计及概念模型转为关系模型**

数据库的逻辑结构设计的任务是根据 E-R 模型和需求分析所产生的文档,并综合考虑所选择的具体 DBMS 的特点,设计出整个数据库的逻辑结构。

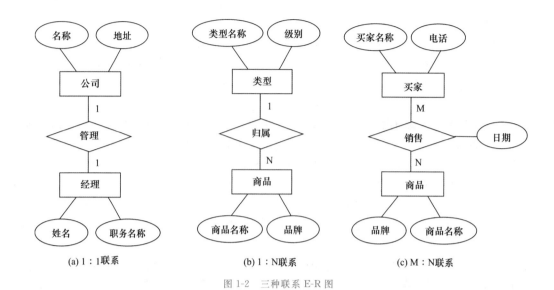

图 1-2　三种联系 E-R 图

一般来讲，到底选择哪一种 DBMS 存放数据，是由系统分析员和用户（一般是企业的高级管理人员）决定的。需要考虑的因素包括 DBMS 产品的性能和价格，以及所设计的应用系统的功能复杂程度。如果选择的是关系型 DBMS 产品，那么逻辑结构的设计就是指设计数据库中所应包含的各个关系模式的结构，包括各关系模式的名称、每一关系模式中各属性的名称、数据类型和取值范围等内容。

将 E-R 图转换成关系模型要解决两个问题：一是如何将实体集和实体间的联系转换为关系模式；二是如何确定这些关系模式的属性和主码。关系模型的逻辑结构是一组关系模式，而 E-R 图则是由实体集、属性以及联系三个要素组成，将 E-R 图转换为关系模型实际上就是要将实体集、属性以及联系转换为相应的关系模式。

概念模型转换为关系模型的基本方法如下：

（1）实体集的转换规则

概念模型中的一个实体集转换为关系模型中的一个关系，实体的属性就是关系的属性，实体的主码就是关系的主码，关系的结构是关系模式。

（2）实体集间联系的转换规则

在向关系模型转换时，实体集间的联系可按以下规则转换。

①1∶1 联系的转换方法。一个 1∶1 联系可以转换为一个独立的关系，也可以与任意一端实体集所对应的关系合并。如果将 1∶1 联系转换为一个独立的关系，则与该联系相连的各实体的主码以及联系本身的属性均转换为关系的属性，且每个实体的主码均是该关系的候选主码。如果将 1∶1 联系与某一端实体集所对应的关系合并，则需要在被合并关系中增加属性，其新增的属性为联系本身的属性和与联系相关的另一个实体集的主码。

例如，将图 1-2(a)所示 1∶1 联系的 E-R 图转换为关系模型。

该例有三种方案可供选择。（注：每个关系模式中添加一个主属性，并标注下划线。）

方案 1：联系形成的关系独立存在，转换后的关系模型如下所述。

公司(<u>公司编号</u>,名称,地址)；

经理(职工号,姓名,职务名称);

管理(公司编号,职工号)。

方案 2:"管理"与"公司"两关系合并,转换后的关系模型如下所述。

公司(公司编号,名称,地址,职工号);

经理(职工号,姓名,职务名称)。

方案 3:"管理"与"经理"两关系合并,转换后的关系模型如下所述。

公司(公司编号,名称,地址);

经理(职工号,姓名,职务名称,公司编号)。

将上面的三种方案进行比较,不难发现:方案 1 中,由于关系多,增加了系统的复杂性;而方案 2 和方案 3 则不存在这个问题,所以比较合理。

②1∶n 联系的转换方法。在向关系模型转换时,实体间的 1∶n 联系可以有两种转换方法:一种方法是将联系转换为一个独立的关系,其关系的属性由与该联系相连的各实体集的主码以及联系本身的属性组成,而该关系的主码为 n 端实体集的主码;另一种方法是在 n 端实体集中增加新属性,新属性由联系对应的 1 端实体集的主码和联系自身的属性构成,新增属性后原关系的主码不变。

例如,将图 1-2(b)所示 1∶n 联系的 E-R 图转换为关系模型。

该转换有两种转换方案可供选择。注意关系模式中标有下划线的属性为主码。

方案 1:1∶n 联系形成的关系独立存在。

类型(类型编号,类型名称,级别);

商品(商品编号,商品名称,品牌);

归属(类型编号,商品编号)。

方案 2:联系形成的关系与 n 端对象合并。

类型(类型编号,类型名称,级别);

商品(商品编号,商品名称,品牌,类型编号)。

③m∶n 联系的转换方法。在向关系模型转换时,一个 m∶n 联系转换为一个关系。转换方法为:与该联系相连的各实体集的主码以及联系本身的属性均转换为关系的属性,新关系的主码为两个相连实体主码的组合(该主码为多属性构成的组合主码)。

例如,将图 1-2(c)所示 m∶n 联系的 E-R 图转换为关系模型。

该例题转换的关系模型如下所述。(注:关系中标有下划线的属性为主码。)

买家(买家编号,买家名称,电话);

商品(商品编号,商品名称,品牌);

销售(买家编号,商品编号,销售日期)。

(3)关系合并规则

在关系模型中,具有相同主码的关系,可根据情况合并为一个关系。

6.设计阶段四:数据库物理结构设计

数据库物理结构设计是为逻辑数据模型选取一个最适合应用环境的物理结构。数据库的物理结构指的是数据库在物理设备上的存储结构与存取方法,包括数据存储结构和存取方法,它依赖于给定的计算机系统。

数据库的物理设计可以分为以下两步进行:

①确定数据的物理结构,即确定数据库的存取方法和存储结构。

②对物理结构进行评价。

对物理结构评价的重点是时间和效率。如果评价结果满足原设计要求,则可以进行物理实施;否则,应该重新设计或修改物理结构,有时甚至要返回逻辑设计阶段修改数据模型。

### 7. 设计阶段五:数据库实施阶段

数据库实施阶段主要包括数据库定义及数据入库、数据库的试运行。其中,数据库定义及数据入库的主要工作是:设计人员用 DBMS 提供的数据定义语言和其他实用程序将数据库逻辑结构设计和物理结构设计结果严格描述出来,使数据模型成为 DBMS 可以接受的源代码;再经过调试产生目标模式,完成建立定义数据库结构的工作;最后要组织数据入库,并运行应用程序进行调试。其中,组织数据入库是实施阶段最主要的工作,通常数据量较大,耗时较多。

在部分数据输入数据库后,就可以开始对数据库系统进行联合调试工作了,从而进入数据库的试运行阶段。数据库试运行阶段的主要工作如下:

①实际运行数据库应用程序,执行对数据库的各种操作,测试应用程序的功能是否满足设计要求。如果应用程序的功能不能满足设计要求,则需要对应用程序部分进行修改、调整,直到达到设计要求为止。

②测试系统的性能指标,分析其是否符合设计目标。由于对数据库进行物理结构设计时考虑的性能指标只是近似地估计,和实际系统运行总有一定的差距,因此必须在试运行阶段实际测量和评价系统性能指标。

### 8. 设计阶段六:数据库运行和维护阶段

数据库试运行合格后,即可投入正式运行了,这标志着数据库开发工作基本完成。但是由于应用环境在不断变化,数据库运行过程中物理存储也会不断变化,对数据库设计进行评价、调整、修改等维护工作是一个长期的任务,也是设计工作的继续和提高。

在数据库运行阶段,对数据库经常性的维护工作主要是由数据库管理员完成的。数据库的维护工作包括以下四项:

(1)数据库的转储和恢复

数据库的转储和恢复是系统正式运行后最重要的维护工作之一。数据库管理员要针对不同的应用要求制订不同的转储计划,以保证一旦发生故障尽快将数据库恢复到某种一致的状态,并尽可能减少对数据库的破坏。

(2)数据库的安全性、完整性控制

在数据库运行过程中,由于应用环境的变化,对安全性的要求也会发生变化。比如有的数据原来是机密的,现在变成可以公开查询的了,而新加入的数据又可能是机密的了。系统中用户的密级也会变化。这些都需要数据库管理员根据实际情况修改原有的安全性控制。同样,数据库的完整性约束条件也会变化,也需要数据库管理员不断修正,以满足用户要求。

（3）数据库性能的监督、分析和改造

在数据库运行过程中,监督系统运行、对监测数据进行分析并找出改进系统性能的方法是数据库管理员的又一个重要任务。目前有些 DBMS 产品提供了监测系统性能的参数工具,数据库管理员可以利用这些工具方便地得到系统运行过程中一系列性能参数的值。数据库管理员应仔细分析这些数据,判断当前系统运行状况是否最佳,应当做哪些改进,例如调整系统物理参数,或对数据库进行重组织或重构造等。

（4）数据库的重组织与重构造

数据库运行一段时间后,由于记录不断增、删、改,会使数据库的物理存储情况变坏,降低了数据的存取效率,数据库的性能下降。这时,数据库管理员就要对数据库进行重组织或部分重组织(只对频繁增、删的表进行重组织)。DBMS 一般都提供数据重组织用的实用程序。在重组织的过程中,按原设计要求重新安排存储位置、回收垃圾、减少指针链等,以提高系统性能。

**职业素养**

一个简单的数据库设计,可以依赖个体设计者的技巧和经验直接设计完成。而通常有一定规模的数据库,仅仅是其设计文档就会达到几百页,所以必须由专门的数据库设计团队,在科学分工的基础上,通过密切的配合设计完成。在设计的过程中,必须遵守数据库设计的规范化规则,并按照软件工程提供的规范进行。

## 1.2.2　任务实施:"销售管理"数据库的设计

虽然数据库的设计由六步组成,但是其中的需求分析更多地依靠专门的分析人员完成,与数据库管理人员关系并不密切;数据库的物理结构设计、数据库实施以及数据库运行与维护则更偏重于实际的应用。所以,在数据库设计过程中,需要重点掌握的是概念结构设计与逻辑结构设计,也就是 E-R 图的设计和 E-R 图转为关系模型(表结构)。

【例 1-1】　根据分析人员给出的某销售公司数据字典信息,完成"销售管理"数据库的设计任务。

分析人员给出的数据字典信息如下:

该销售公司由以下两个实体组成:

商品(商品编号,商品名称,品牌,型号,类型,进价,销售价,库存)

买家(买家编号,买家名称,电话,级别)

同时,不同类型的商品具有不同的特征,不同的买家也拥有不同的信息。

商品类型(类型编号,类型名称,级别)

买家级别(级别编号,级别名称,享受折扣,特权)

实体间联系:商品和商品类型之间存在联系,每个类型包含很多商品,每个商品只属于一个类型。同理,每个买家只能隶属于一个级别,每个级别则可以包含多个买家。

最后,商品和买家之间存在销售联系,每个买家可以买多种商品,每种商品也可以销售给多个买家,同时需要记录销售的时间、数量和实际销售价格。

### 1. 数据库 E-R 图的设计

（1）第一步：确定现实系统可能包含的实体

根据提供的数据字典，可以判断出系统中包含四个实体：商品、买家、商品类型和买家级别，如图 1-3 所示。

图 1-3 某销售公司包含的实体

（2）第二步：确定每个实体的属性，特别注意实体的键

由数据字典可以直观地知道每个实体的属性，但是这里需要为每一个实体选择一个主码。根据每个实体中属性的含义，最终确定"商品编号"为商品的主码，"买家编号"为买家的主码，"类型编号"为商品类型的主码，"级别编号"为买家级别的主码，如图 1-4 所示。

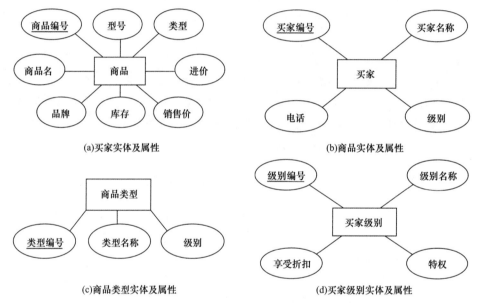

(a)买家实体及属性　　(b)商品实体及属性

(c)商品类型实体及属性　　(d)买家级别实体及属性

图 1-4 某销售公司包含的实体及属性

（3）第三步：确定实体之间可能有的联系，并结合实际情况给每个联系命名

根据提供的数据字典可以进行以下判断：

- 买家和买家级别之间存在联系，可以归纳为"归属"联系。
- 商品和商品类型之间存在联系，可以归纳为"归类"联系。
- 商品和买家之间存在联系，可以归纳为"销售"联系。

（4）第四步：确定每个联系的种类和 M：N 类型可能有的属性

根据数据字典提供的信息，可以进行以下判断：

- 买家与买家级别间的"归属"联系为 1：N 联系。
- 商品与商品类型间的"归类"联系为 1：N 联系。
- 商品和买家间的"销售"联系为 M：N 联系。该联系包含"销售的时间""数量"和"实际销售价格"三个属性。

（5）第五步：局部 E-R 图设计

根据前面几步的准备，进入局部 E-R 设计阶段，即完成两个实体间 E-R 图设计，如图 1-5 所示。

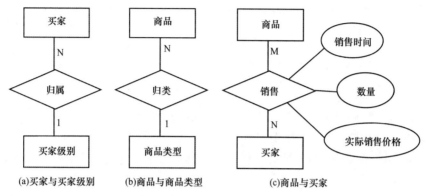

(a)买家与买家级别　　(b)商品与商品类型　　(c)商品与买家

图 1-5　某销售公司局部 E-R 图设计

小提示：因为实体的属性为固定属性，在需求分析中比较明显，在后期的概念结构转化中不涉及合并，所以在局部 E-R 图的设计过程中可以省略不画，使 E-R 图更简单明了。

（6）E-R 图合并

分 E-R 图设计完成后，将相同的实体合并，形成最终的 E-R 图方案，如图 1-6 所示。

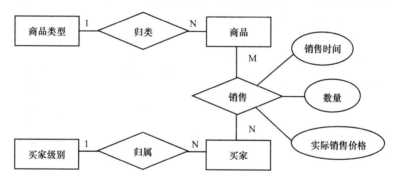

图 1-6　某销售公司总 E-R 图设计

**2. E-R 图转为关系模型**

（1）第一步：将 E-R 图中所有的实体及联系转为单独的关系，并声明其类型，标注其属性。

图 1-6 的 E-R 图可以转化为表 1-2 的初级关系模型。

表 1-2　　　　　　　　　　　　　　　初级关系模型

| 关系名称 | 关系类型 | 属性 | 说明 |
|---|---|---|---|
| 商品类型 | 实体 | 类型编号,类型名称,级别 | |
| 归类 | 1∶N 联系 | 类型编号,商品编号 | N 端的主码做主码 |
| 商品 | 实体 | 商品编号,商品名称,品牌,型号,类型,进价,销售价,库存 | |

（续表）

| 关系名称 | 关系类型 | 属性 | 说明 |
|---|---|---|---|
| 销售 | M：N联系 | ID,商品编号,买家编号,实际销售价格,销售时间、数量 | 因为销售情况比较复杂,使用现有数据做主码不合理,所以引入一个单独的主码属性"ID" |
| 买家 | 实体 | 买家编号,买家名称,电话,级别 | |
| 归属 | 1：N联系 | 买家编号,级别编号 | N端的主码做主码 |
| 买家级别 | 实体 | 级别编号,级别名称,享受折扣,特权 | |

（2）第二步:将初级关系模型可以进行合并的关系进行合并

由表1-2所示的初级关系模型中可以看出,"归类"和"归属"两个1：N联系可以合并到相应的 N 端关系中,而 M：N 的"销售"联系则需要单独作为关系存在。合并后的关系模型见表1-3。

表 1-3　　　　　　　　　　合并后的关系模型

| 关系名称 | 关系类型 | 属性 | 说明 |
|---|---|---|---|
| 商品类型 | 实体 | 类型编号,类型名称,级别 | |
| 归类 | 1：N联系 | 类型编号,商品编号 | 合并到 N 端的商品关系中 |
| 商品 | 实体 | 商品编号,商品名称,品牌,型号,类型,进价,销售价,库存,(类型编号,商品编号) | |
| 销售 | M：N联系 | ID,商品编号,买家编号,实际销售价格,销售时间、数量 | |
| 买家 | 实体 | 买家编号,买家名称,电话,级别,(买家编号,级别编号) | |
| 归属 | 1：N联系 | 买家编号,级别编号 | 合并到 N 端的买家关系中 |
| 买家级别 | 实体 | 级别编号,级别名称,享受折扣,特权 | |

其中,合并掉的关系使用删除线标注,属性中括号内属性为合并进来的新属性。

（3）第三步:合并后的关系模型中通常存在一些冗余的关系和属性,需要通过优化将其删除

例如,表1-3中"商品"关系后面合并得到的"类型编号"和"商品编号"属性,"商品"关系本身就已经拥有类似属性,可以优化掉。优化后的关系模型见表1-4。

表 1-4　　　　　　　　　　优化后的关系模型

| 关系名称 | 关系类型 | 属性 | 说明 |
|---|---|---|---|
| 商品类型 | 实体 | 类型编号,类型名称,级别 | |
| 商品 | 实体 | 商品编号,商品名称,品牌,型号,类型,进价,销售价,库存,类型编号,商品编号 | "类型编号"属性与"类型"属性雷同,删除;两个"商品编号"雷同,删除一个 |
| 销售 | M：N联系 | ID,商品编号,买家编号,实际销售价格,销售时间、数量 | |

（续表）

| 关系名称 | 关系类型 | 属性 | 说明 |
|---|---|---|---|
| 买家 | 实体 | 买家编号,买家名称,电话,级别,买家编号,级别编号 | 两个"买家编号"雷同,删除一个;"级别编号"属性与"级别"属性雷同,删除 |
| 买家级别 | 实体 | 级别编号,级别名称,享受折扣,特权 | |

所以,通过数据字典所形成的最终关系模型见表 1-5。

表 1-5　　　　　　　　　　　　最终关系模型

| 关系名称 | 属性 |
|---|---|
| 商品类型 | 类型编号,类型名称,级别 |
| 商品 | 商品编号,商品名称,品牌,型号,类型,进价,销售价,库存 |
| 销售 | ID,商品编号,买家编号,实际销售价格,销售时间、数量 |
| 买家 | 买家编号,买家名称,电话,级别 |
| 买家级别 | 级别编号,级别名称,享受折扣,特权 |

## 课堂实践

**1. 实践要求**

①根据提供的数据字典信息完成某"图书管理"数据库的 E-R 图设计。

②将 E-R 图转化为关系模型,并通过合并与优化形成最终方案。

**2. 实践要点**

①E-R 图的设计要尽量合理美观。

②关系转化过程中要注意对联系及属性的处理。

**3. 实践准备**

某图书管理数据库的数据字典信息如下:

该图书管理流程主要由以下两个实体组成:

图书(图书编号,书名,类别,页数,定价,出版社,作者)

读者(读者编号,读者姓名,读者类别,性别,工作单位,超期次数)

同时,不同类型的商品具有不同的特征,不同的买家也拥有不同的信息。

图书类别(类别编号,类别名称,说明)

读者类别(读者类别编号,类别名称,可借数量,借阅天数上限)

实体间联系:图书和图书类别之间存在联系,每个类别包含很多图书,每个图书只属于一个类别。同理,每个读者只能隶属于一个类别,每个类别则可以包含多个读者。

最后,图书和读者之间存在借阅联系,每个读者可以借阅多种图书,每种图书也可以被多个读者借阅,同时需要记录借阅的时间和归还的时间。

# 课后拓展

拓展练习：完成"学生管理"数据库 E-R 图设计

【练习综述】

某"学生管理"数据库的数据字典信息如下：

该管理系统中主要由以下三个实体组成：

学生（学号，姓名，性别，年龄，专业，系部代码）

系部（系部编号，系部名称，备注）

课程（课程编号，课程名称，类型，学分）

同时，不同类型的课程具有不同的特征：

课程类型（课程类型编号，课程类型，备注）

实体间联系：每个学生只能就读于一个系部，每个系部则拥有多名学生；每个课程只能属于其中一个类型，而每个类型则包括多门课程。

最后，学生和课程之间存在学习联系，每个学生可以学习多门课程，每个课程也可以同时由多个学生学习，需要记录学生学习课程的成绩。

【练习要点】

- 根据数据字典完成学生管理相关信息的分析。
- 完成"学生管理"相关局部 E-R 图的设计，并合并为最终 E-R 图方案。
- 将 E-R 图转化为"学生管理"系统关系模式。

【练习提示】

在 E-R 图的设计过程中，除了最基本的规则外，还要注意整体结构的设计，尽量采用正边型整体结构，这样的 E-R 图看起来简单明了。在关系模式转换过程中，不仅需要知识，同样需要经验，所以要注意这方面的锻炼。

# 课后习题

一、选择题

1. 数据库不用必须具有的特征（　　　）。

A. 长期保存在计算机内　　　　　　B. 具有很高的安全性

C. 有组织　　　　　　　　　　　　D. 可共享

2. 不属于数据库技术发展阶段的是（　　　）。

A. 人工管理阶段　　　　　　　　　B. 文件管理阶段

C. 计算机管理阶段　　　　　　　　D. 数据库管理阶段

3.（　　　）不是数据库系统特点。

A. 数据库结构化　　　　　　　　　B. 数据安全性

C. 数据共享　　　　　　　　　　　D. 数据独立性

4.(　　)是数据库设计中最耗时的步骤。

A.需求分析　　　　　　　　　　B.概念结构设计

C.逻辑结构设计　　　　　　　　D.数据库实施

5.在 E-R 图中(　　)是用来代表实体。

A.矩形　　　　　B.菱形　　　　　C.椭圆形　　　　D.都不是

6.在 E-R 图中(　　)是用来代表属性。

A.矩形　　　　　B.菱形　　　　　C.椭圆形　　　　D.都不是

7.在 E-R 图中,(　　)是用来代表关系。

A.矩形　　　　　B.菱形　　　　　C.椭圆形　　　　D.都不是

8.必须单独转化为一个关系模式的联系类型是(　　)。

A.1∶1　　　　　B.1∶N　　　　　C.M∶N　　　　D.没有必需的

9.(　　)不是数据库系统的组成部分。

A.计算机硬件系统　　　　　　　B.数据库管理系统

C.人员　　　　　　　　　　　　D.应用软件

10.根据信息绘制 E-R 图是数据库设计的(　　)阶段。

A.需求分析　　　　　　　　　　B.概念结构设计

C.逻辑结构设计　　　　　　　　D.数据库实施

二、填空题

1.数据库管理系统的功能包括_____、_____、_____、_____。

2.数据库系统的特点包括_____、_____、_____、_____。

3.数据库简称_____,数据库管理系统简称_____。

4.数据库设计一共包括六个步骤,需求分析、概念结构设计、_____、_____、实施阶段、运行维护。

5.E-R 图转化时,关系可以转化到两端的联系类型是_____。

三、判断题

1.信息和数据从根本上是指同样的东西,只不过一个是人脑中的印象,一个是通过物理符号表现出来了。　　　　　　　　　　　　　　　　　　　　(　　)

2.数据库的设计一共分为六个步骤,实施过程中按照先后顺序实施。　　(　　)

3.1∶N 的联系在转换的过程中只能向 N 段合并。　　　　　　　　　(　　)

4.数据库设计过程中,一些联系合并后,重复的属性是可以删除掉的。　(　　)

5.E-R 图中的每种图形都有自己的含义,不能随意更换。　　　　　　(　　)

# 项目 2

# SQL Server 2008 数据库管理系统

## ● 知识教学目标

- 了解 SQL Server 数据库管理系统；
- 熟悉 SQL Server 2008 的主要功能；
- 了解 SQL Server 2008 的主要组件。

## ● 技能培养目标

- 掌握 SQL Server 2008 的安装方法；
- 掌握 SQL Server 2008 的基本登录方法；
- 掌握 SQL Server 2008 主要工具的基本用法。

SQL Server 2008 是目前主流的数据库管理系统,使用集成的商业智能(Business Intelligence)工具提供了企业级的数据管理。SQL Server 2008 数据库引擎为关系型数据和结构化数据提供了更安全可靠的存储功能,使用户可以构建和管理用于业务的高可用和高性能的数据应用程序。

SQL Server 2008 提供了众多的 Web 和电子商务功能,如对 XML 和 Internet 标准的丰富支持、通过 Web 对数据进行轻松安全的访问,具有强大的、灵活的、基于 Web 的和安全的应用程序管理功能等。而且,由于其易操作性和友好的操作界面,深受广大用户喜爱。

SQL Server 2008 是一个重大的产品版本,它推出了许多新的特性和关键的改进,使它比过去的 SQL Server 版本更强大和更全面。通过本任务熟悉 SQL Server 2008 基本内容,掌握使用 SQL Server 2008 的基本方法。

## 任务 2.1　SQL Server 2008 的安装

微 课

SQL Server 的安装

### 任务描述

小赵通过招聘会,应聘到一家公司,担任数据库管理员,该公司是一家正准备通过数据库技术提升公司信息化水平的销售公司。小赵到公司的第一件事就是选择一个适合公司需求的数据库管理系统。通过调研,他发现目前社会上主流的企业级数据库管理系统是微软公司出品的 SQL Server 系列。于是他决定在自己的计算机上安装一套该系统。

### 任务分析

SQL Server 2008 的安装过程比较复杂,而且每一步的设置都可能会对以后的使用起着十分重要的作用,因此用户应该弄清楚安装过程中每一步设置、每一个参数的含义。

## 2.1.1　知识准备:SQL Server 2008 概述

### 1. SQL Server 概述

SQL Server 是一个关系数据库管理系统。它最初是由 Microsoft、Sybase 和 Ashton-Tate 三家公司共同开发的,于 1988 年推出了第一个 OS/2 版本。后来,Ashton-Tate 公司退出开发,而 Microsoft 公司和 Sybase 公司则联合致力于开发 Windows NT 系统下的 SQL Server 系统,推出了 SQL Server 4.2 系统。不过此后 Microsoft 与 Sybase 就分道扬镳了,Microsoft 注重 SQL Server 在 Windows NT 系统上的开发,并重写了核心数据库系统,于 1995 年独立推出了 SQL Server 6.0 系统。

为了摆脱原有结构的限制,Microsoft 决定再次重写核心数据库引擎,并于 1998 年推出了 SQL Server 7.0,这是一个具有变革意义的数据库管理系统,其数据存储和数据库引擎方面发生了根本性的变化,提供了面向中、小型商业的应用数据库功能,为了适应技术的发展还包括了一些 Web 功能。这个版本是第一个被广泛应用的 SQL Server 系统。

2000 年,Microsoft 推出了 SQL Server 2000 系统,这是第一个企业级数据库系统,包括四个版本。虽然变化没有从 SQL Server 6.0 到 7.0 的变化大,但是 SQL Server 借助这一系统成了最广泛使用的数据库产品之一。

五年后的 2005 年,Microsoft 推出了精心打造的 SQL Server 2005,这是一个全面的、集成的、端到端的数据库解决方案,它为企业用户提供了一个安全、可靠和高效的平台,用于企业数据管理和商业智能应用。SQL Server 2005 为 IT 专家和信息工作者提供了一个强大的、熟悉的工具,同时减少了在从移动设备到企业数据系统的多平台上创建、部署、管理及使用企业数据和分析应用程序的复杂度。

而 2007 年推出的 SQL Server 2008 被称为“一个重大的产品版本”,它推出了许多新的功能和关键的改进,使它比过去的 SQL Server 版本更强大和更全面。

SQL Server 2008 在前面已有版本的基础上改进和提高了系统的安全性、可用性、易管理性、可扩展性、商业智能等,为企业的数据存储、分析、管理等服务提供了更大的便利。SQL Server 2008 在关键领域具有显著优势,是一个可信任的、高效的、智能的数据平台。

SQL Server 2008 数据引擎是各企业数据管理解决方案的核心。此外,SQL Server 2008 结合了分析、报表、集成和通知功能,这使企业可以构建和部署经济有效的 BI 解决方案,帮助使用者的团队通过 Dashboard、Web Services 和移动设备将数据应用推向各个领域。

与 Microsoft Visual Studio、Microsoft Office System 以及新的开发工具包(包括 Business Intelligence Development Studio)的紧密集成,使 SQL Server 2008 与众不同。无论是使用者还是开发人员、数据库管理员、信息工作者及决策者,SQL Server 2008 都可以为其提供创新的解决方案,帮助使用者从数据中获得更多的收益。

### 2. SQL Server 2008 版本

SQL Server 2008 分为 SQL Server 2008 企业版、标准版、工作组版、Web 版、开发者版、Express 版、Compact 3.5 版，其功能和作用也各不相同，其中，SQL Server 2008 Express 版是免费版本。

（1）SQL Server 2008 企业版

SQL Server 2008 企业版是一个全面的数据管理和业务智能平台，为关键业务应用提供了企业级的可扩展性、数据仓库、安全性、高级分析和报表支持。这一版本将为用户提供更加坚固的服务器和执行大规模在线事务处理功能，比以往版本的功能更强大。

（2）SQL Server 2008 标准版

SQL Server 2008 标准版是一个完整的数据管理和业务智能平台，为部门级应用提供了最佳的易用性和可管理性。

（3）SQL Server 2008 工作组版

SQL Server 2008 工作组版是一个值得信赖的数据管理和报表平台，用以实现安全的发布、远程同步和对运行分支应用的管理能力。这一版本拥有核心的数据库特性，可以很容易地升级到标准版或企业版。

（4）SQL Server 2008 Web 版

SQL Server 2008 Web 版是针对运行于 Windows 服务器中要求高可用性、面向 Internet Web 服务的环境而设计的。这一版本为实现低成本、大规模、高可用性的 Web 应用或客户托管解决方案提供了必要的支持工具。

（5）SQL Server 2008 开发者版

SQL Server 2008 开发者版允许开发人员构建和测试基于 SQL Server 的任意类型应用。这一版本拥有所有企业版的特性，但只限于在开发、测试和演示中使用。基于这一版本开发的应用和数据库可以很容易地升级到企业版。

（6）SQL Server 2008 Express 版

SQL Server 2008 Express 版是 SQL Server 的一个免费版本，它拥有核心的数据库功能，其中包括了 SQL Server 2008 中最新的数据类型，但它是 SQL Server 的一个微型版本。这一版本是为了学习、创建桌面应用和小型服务器应用而发布的，也可供 ISV 再发行使用。SQL Server 2008 Express 版本也是本书案例使用的版本。

（7）SQL Server Compact 3.5 版

SQL Server Compact 是一个针对开发人员而设计的免费嵌入式数据库，这一版本的意图是构建独立、仅有少量连接需求的移动设备、桌面和 Web 客户端应用。SQL Server Compact 3.5 版可以运行于所有的微软 Windows 平台之上，包括 Windows XP 和 Windows Vista 操作系统，以及 Pocket PC 和 Smart Phone 设备。

## 2.1.2 任务实施：安装 SQL Server 2008

【例 2-1】 完成 SQL Server 2008 数据库管理系统的安装。

SQL Server 2008 有多种版本，可安装在多种操作系统上。下面以 SQL Server 2008 在 Windows Server 2003 环境下的典型安装为例介绍整个安装过程。具体安装过程如下：

①启动安装程序。打开 SQL Server 2008 安装窗口,如图 2-1 所示。

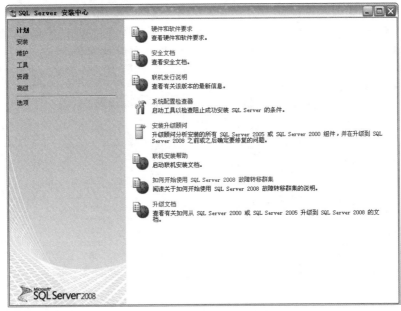

图 2-1　SQL Server 2008 安装窗口

安装窗口有"计划、安装、维护、工具、资源、高级、选项"等功能,在左侧窗格中可选择不同的功能,右侧窗格显示具体项目。用户可以使用"硬件和软件要求"查看其对系统硬件与软件的具体要求规格;使用"系统配置检查器"检查阻止成功安装的因素,如果有阻止因素,用户可以通过安装或更新相应程序予以解决。

选择左侧窗格中的"安装"选项,打开"安装"窗口,如图 2-2 所示。选择"全新 SQL Server 独立安装或向现有安装添加功能"图标选项,启动安装 SQL Server。

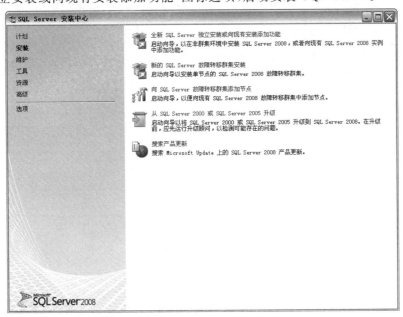

图 2-2　"安装"窗口

②在"安装程序支持规则"窗口中,查看详细报表,报表列出了用户安装 SQL Server 支持文件时可能发生的错误,如图 2-3 所示。如果有错误,必须对所有失败进行更正,才能继续安装;如果没有错误,单击"确定"按钮进入"安装程序支持文件"窗口,完成后的"安装程序支持规则"窗口如图 2-4 所示,单击"下一步"按钮可继续安装。

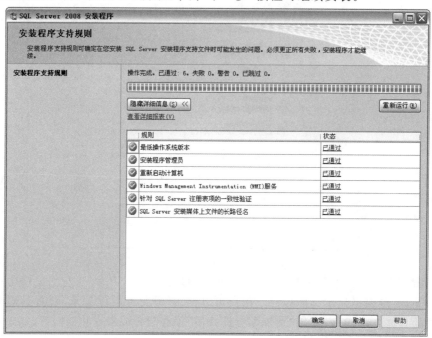

图 2-3 "安装程序支持规则"窗口

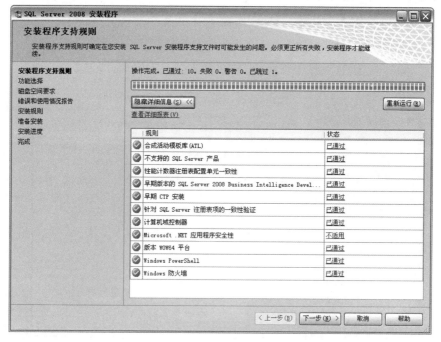

图 2-4 完成后的"安装程序支持规则"窗口

③打开"安装类型"窗口。在该窗口中用户通过选择"执行 SQL Server 2008 全新的安装"或"向 SQL Server 2008 的现有实例中添加功能"选项,确定用户的安装类型。本任务选择"执行 SQL Server 2008 全新的安装"选项。选择完安装类型后,单击"下一步"按钮可继续安装。

④打开"产品密钥"窗口,如图 2-5 所示。该窗体中需要选择安装 SQL Server 2008 的指定可用版本或是输入产品密钥。

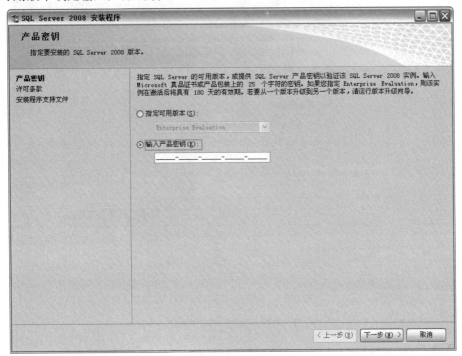

图 2-5　"产品密钥"窗口

如果用户没有购买产品密钥,可以选择"指定可用版本"中的 Enterprise Evaluation 选项,可以免费试用 180 天。该版本与正规产品一样,没有屏蔽任何功能。

如果拥有产品密钥,可以在"输入产品密钥"文本框中输入产品密钥。设定结束,单击"下一步"按钮可继续安装。

⑤打开"许可条款"窗口,如图 2-6 所示。如果需要安装 SQL Server 2008,必须在"许可条款"窗口中选中"我接受许可条款"复选框,然后单击"下一步"按钮可继续安装。

⑥进入"安装程序支持文件"窗口,单击窗口中的"安装"按钮可继续安装。系统会再次弹出"安装程序支持规则"窗口对安装规则进行检查,单击"下一步"按钮继续安装。

⑦打开"功能选择"窗口。在该窗口中设置需要安装的服务功能,如图 2-7 所示。在此窗口中,用户可以选择数据库引擎服务(SQL Server 复制、全文搜索)、Analysis Services、Reporting Services 等功能。根据任务选中所有功能,单击"下一步"按钮继续安装。

⑧打开"实例配置"窗口,如图 2-8 所示。在此窗口中,设置实例名称及保存位置。用户可以为 SQL Server 2008 实例命名,也可以使用默认名称,本任务中使用默认实例名称。命名及地址设置好后,单击"下一步"按钮继续安装。

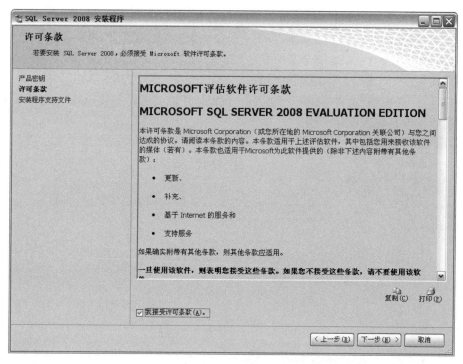

图 2-6 "许可条款"窗口

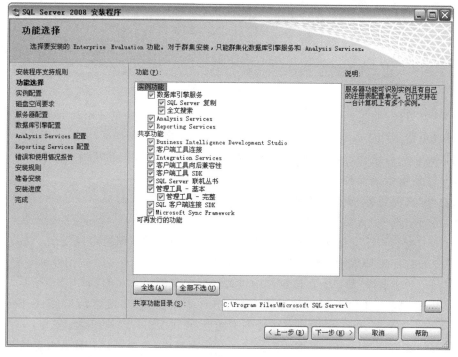

图 2-7 "功能选择"窗口

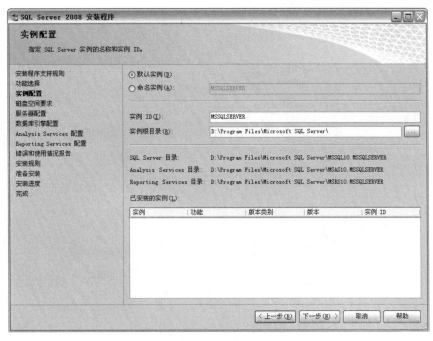

图 2-8　"实例配置"窗口

⑨打开"磁盘空间要求"窗口,如图 2-9 所示。该窗口列出了当前安装设置对磁盘空间的要求及磁盘目前空间的状态,用户确认条件符合后,单击"下一步"按钮继续安装。

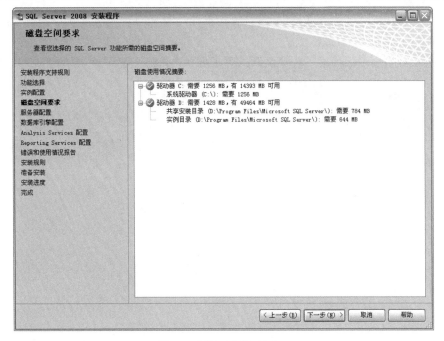

图 2-9　"磁盘空间要求"窗口

⑩打开"服务器配置"窗口,如图 2-10 所示。在该窗口中设置 SQL Server 2008 中各个服务对应的帐户、密码和启动类型。

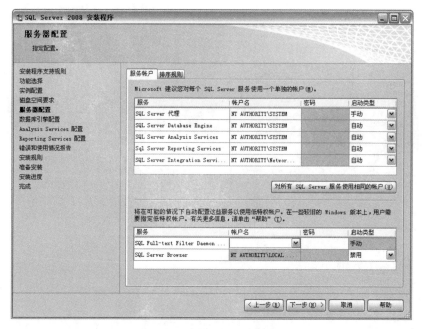

图 2-10  "服务器配置"窗口

在"服务帐户"选项卡中,用户可以选择服务的启动帐户、密码和服务的启动类型。可以让所有服务使用一个帐户,也可以为各个服务指定单独的帐户。本任务分别设置帐户名为"系统帐户",密码设置为空,启动类型设置为"自动"。

在"排序规则"选项卡中,用户可以设置数据库引擎和分析服务的排序规则,如图 2-11所示,单击"下一步"按钮继续安装。

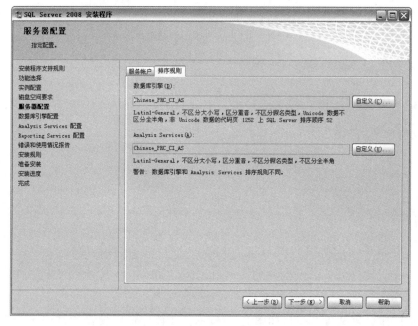

图 2-11  "服务器配置"窗口的"排序规则"选项卡

⑪打开"数据库引擎配置"窗口。在该窗口中可以设置服务器的身份验证模式、数据库目录等。

选择"帐户设置"选项卡,如图 2-12 所示。系统可选的身份验证模式分为两种:"Windows 身份验证模式"和"混合模式",这两种验证模式在后面的项目将详细介绍。本任务中使用默认选项"Windows 身份验证模式",不设置登录密码。安全认证模式可以在安装成功后更改。设置身份验证后单击"下一步"按钮继续安装。

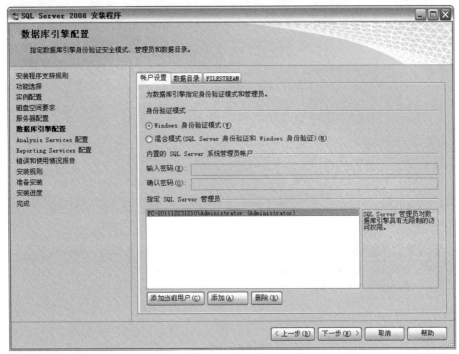

图 2-12  设置"身份验证模式"

⑫打开"Analysis Services 配置"窗口,如图 2-13 所示。该窗口指定具有对 Analysis Services 管理权限的用户,本任务选择当前使用的用户 Administrator 作为管理员帐户。单击"下一步"按钮,进入"Reporting Services 配置"窗口,如图 2-14 所示。选中"安装本机模式默认配置"单选按钮,单击"下一步"按钮继续安装。

⑬打开"错误和使用情况报告"窗口。在此窗口中选择错误和使用情况报告的处理选项,本任务全部选择,如图 2-15 所示,然后单击"下一步"按钮继续安装。

⑭打开"安装规则"窗口对安装进行检查,如图 2-16 所示。如果检查全部通过,单击"下一步"按钮,进入"准备安装"窗口。在"准备安装"窗口,列出了本次安装的摘要,如图 2-17 所示。单击"安装"按钮,开始安装,如图 2-18 所示。

⑮当所有组件都已安装成功后,进入"完成"窗口,如图 2-19 所示。窗口中可以查看安装日志,并确认完成安装。单击"关闭"按钮,完成 Microsoft SQL Server 2008 的安装。

⑯如果此时收到重新启动计算机的提示,请立即进行此操作,保证 SQL Server 2008 系统的准确安装。

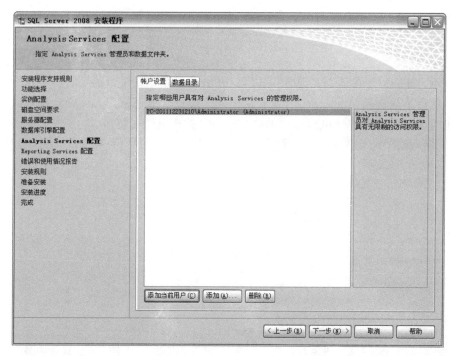

图 2-13 "Analysis Services 配置"窗口

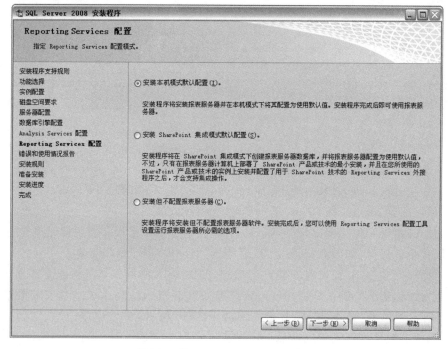

图 2-14 "Reporting Services 配置"窗口

　　完成安装后,阅读来自安装程序的消息是很重要的。SQL Server 2008 安装日志的保存地址为:"<驱动器>:\Program Files\Microsoft SQL Server\100\Setup Bootstrap\LOG\Summary.txt"。

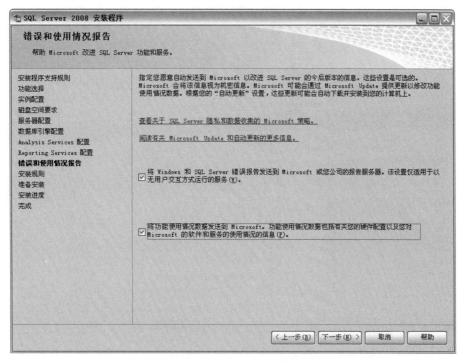

图 2-15 "错误和使用情况报告"窗口

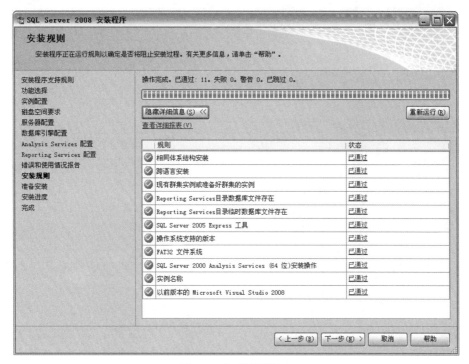

图 2-16 "安装规则"窗口

详细的安装日志地址为:"<驱动器>:\Program Files\Microsoft SQL Server\100\Setup Bootstrap\LOG\"。

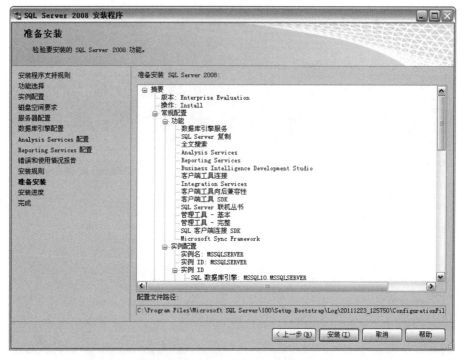

图 2-17  "准备安装"窗口

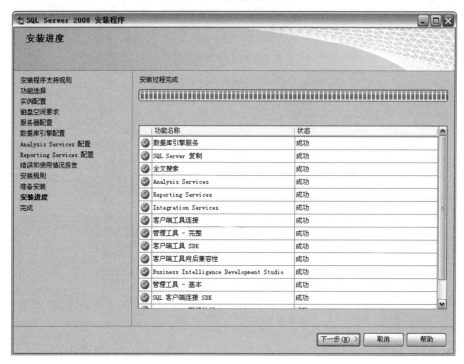

图 2-18  "安装进度"窗口

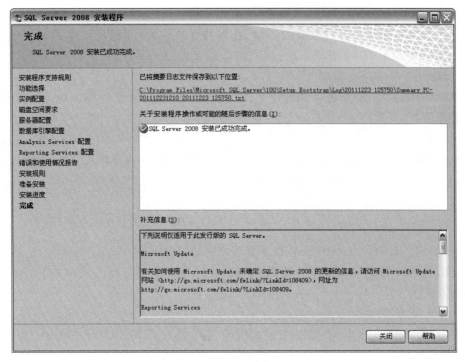

图 2-19　"完成"窗口

# 任务 2.2　SQL Server 2008 的服务管理

## 任务描述

小赵安装好 SQL Server 2008 后,第一次使用时居然没能正常登录。经过研究才发现,是系统中一个关于 SQL Server 2008 的服务没有启动。他发现在系统中有很多关于 SQL Server 2008 的服务,那么这些服务都有什么作用呢?

## 任务分析

通常,SQL Server 2008 的核心服务都是默认启动的,但是有时候用户为了减轻系统负担,可以选择将服务暂停或关闭,需要的时候再启动。服务的启动与关闭操作比较简单,但是一定要掌握每个服务的功能,防止出现因没有正确设置服务而影响系统正常运行的情况。

## 2.2.1　知识准备:SQL Server 2008 主要服务介绍

SQL Server 2008 包含十个服务,如 SQL Server 服务、SQL Server Agent 服务、SQL Server Analysis Services 服务等。每个服务为 SQL Server 2008 提供不同的服务支持。这些服务中有些是使用 SQL Server 2008 必须启动的,有些则是为一些特殊功能提供支持的。这里重点介绍几个关键性服务。

**1. SQL Server 服务**

SQL Server 服务可提供数据的存储、处理和受控访问,并提供快速的事务处理,是 SQL Server 系统最基本的服务。

**2. SQL Server Agent 服务**

SQL Server Agent 服务可执行作业、监视 SQL Server、激发警报以及允许自动执行某些管理任务。

**3. SQL Server Analysis Services 服务**

SQL Server Analysis Services 服务为商业智能应用程序提供联机分析处理(On-Line Analysis Processing,OLAP)和数据挖掘功能。

## 2.2.2 任务实施:启动和关闭 SQL Server 2008 的主要服务

【例 2-2】 启动 SQL Server 数据库管理系统的主要服务。

SQL Server 2008 的服务管理通常有两种方式:操作系统管理方式和 SQL Server 自身管理方式。

**1. 使用操作系统的"服务"窗口管理 SQL Server 服务**

使用 SQL Server 2008 数据库管理系统的 SQL Server(MSSQL SERVER)服务的步骤如下:

①选择"控制面板"|"管理工具"|"服务"选项,打开"服务"窗口,如图 2-20 所示。

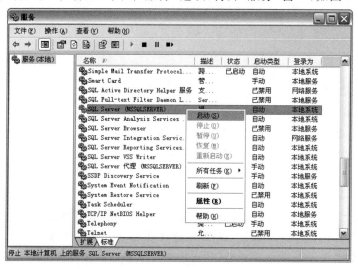

图 2-20 "服务"窗口

②在"服务"窗口中,找到 SQL Server(MSSQLSERVER)服务,右击 SQL Server (MSSQLSERVER)选项,在弹出的快捷菜单中分别选择"启动""停止""暂停"和"恢复"命令即可实现相应操作,根据任务要求,选择菜单中的"启动"命令。

③也可以使用工具栏中的工具按钮( ▶ ■ ‖ ▪▶ ),实现"启动""停止""暂停"和"恢复"服务。

**2.使用"SQL Server Management Studio"管理 SQL Server 服务**

①启动"SQL Server Management Studio",选择"视图"|"已注册服务器"命令,打开"已注册的服务器"窗口,右击要启动的数据库服务器,从弹出的快捷菜单中选择"启动"命令,即可启动该服务器,如图 2-21 和图 2-22 所示。

图 2-21  "已注册服务器"窗口　　　图 2-22  启动 SQL Server 服务

②当服务启动后,用户可以右击相应的服务器,使用弹出的快捷菜单选择"停止""暂停"和"继续"服务。

# 任务 2.3　SQL Server Management Studio 的使用

## 任务描述

小赵启动了相关服务后,终于可以正常启动 SQL Server 2008 了。他的首要任务是了解 SQL Server 2008 核心工具——SSMS(SQL Server Management Studio)的使用方法。

## 任务分析

SSMS 是 SQL Server 2008 众多组件中最重要和最常用的一个,数据库的主要管理功能都是通过该组件完成的。本书的主要内容就是介绍如何使用 SSMS 实现和维护数据库,后面项目会对 SSMS 的相关内容进行详细讲解,本任务中只做简单介绍。

## 2.3.1　知识准备:SQL Server 2008 主要组件介绍

SQL Server 2008 主要由服务器组件、管理工具和文档三部分组件组成。

**1.服务器组件**

服务器组件包括如下内容:

①SQL Server 数据库引擎:SQL Server 数据库引擎,包括数据库引擎(用于存储、处理和保护数据的核心服务)、复制、全文搜索以及用于管理关系数据和 XML 数据的工具。

②Analysis Services:Analysis Services 包括用于创建和管理联机分析处理(OLAP)以及数据挖掘应用程序的工具。

③Reporting Services:Reporting Services 包括用于创建、管理和部署表格报表、矩阵报表、图形报表以及自由格式报表的服务器和客户端组件。Reporting Services 还是一个可用于开发报表应用程序的可扩展平台。

④Integration Services：Integration Services 是一组图形工具和可编程对象，用于移动、复制和转换数据。

**2.管理工具**

管理工具包括如下内容：

①SQL Server Management Studio：SQL Server Management Studio 是一个集成环境，用于访问、配置、管理和开发 SQL Server 的组件。Management Studio 使各种技术水平的开发人员和管理员都能使用 SQL Server。Management Studio 的安装需要 Internet Explorer 6 SP1 或更高版本。

②SQL Server 配置管理器：SQL Server 配置管理器为 SQL Server 服务、服务器协议、客户端协议和客户端别名提供基本配置管理。

③SQL Server Profiler：SQL Server Profiler 提供了一个图形用户界面，用于监视数据库引擎实例或 Analysis Services 实例。

④数据库引擎优化顾问：数据库引擎优化顾问可以协助创建索引、索引视图和分区的最佳组合。

⑤ Business Intelligence Development Studio：Business Intelligence Development Studio 是 Analysis Services、Reporting Services 和 Integration Services 解决方案的 IDE。Business Intelligence Development Studio 的安装需要 Internet Explorer 6 SP1 或更高版本。

⑥连接组件：安装用于客户端和服务器之间通信的组件，以及用于 DB-Library、ODBC 和 OLE DB 的网络库。

**3.文档**

文档主要指 SQL Server 的联机丛书。

## 2.3.2  任务实施：使用 SQL Server Management Studio

**1.SQL Server 2008 系统登录**

【例 2-3】  使用默认帐户登录 SQL Server 2008 数据库管理系统。

①在系统的"开始"菜单中选择"程序"｜"Microsoft SQL Server 2008"｜"SQL Server Management Studio"选项。

②SQL Server Management Studio 是数据库管理的集成环境，进入主窗口之前要进行数据库的连接及用户登录身份的验证，如图 2-23 所示。

登录界面的主要功能包括用户选择服务器和系统验证用户身份，其中主要项目如下：

• 服务器类型：用于选择服务器类型，即启动哪一个服务器组件。

• 服务器名称：选择服务器名称，通常为本地服务器名称，也可以选择拥有访问权限的网络服务器。

• 身份验证：选择登录用户类型，分为"Windows 身份验证"和"SQL Server 身份验证"。

• 用户名：如果身份验证选择了"Windows 身份验证"，则该选项不需要设置，系统默认填写当前操作系统登录用户；如果选择了"SQL Server 身份验证"，则需要用户输入 SQL Server 用户名称。

图 2-23 "连接到服务器"对话框

- 密码：如果身份验证选择了"SQL Server 身份验证"，则需要用户输入 SQL Server 用户对应的密码。

③根据任务要求，单击对话框下方的"连接"按钮，使用默认帐户登录系统。

**2. Microsoft SQL Server Management Studio 主界面**

登录成功后打开"Microsoft SQL Server Management Studio"窗口，如图 2-24 所示。

SQL Server Management Studio 是一个功能强大而且灵活的工具，用于访问、配置、控制、管理和开发 SQL Server 的所有组件。在默认情况下，它包括三个组件窗格："已注册的服务器""对象资源管理器"和"对象资源管理器详细信息"窗格，如图 2-24 所示。

图 2-24 "Microsoft SQL Server Management Studio"窗口

(1)"已注册的服务器"窗格

在"Microsoft SQL Server Management Studio"窗口中，可以通过选择位于左侧下方"已注册的服务器"选项卡查看"已注册的服务器"窗格，系统使用它来组织经常访问的服务器。在"已注册的服务器"窗格中可以创建"服务器组""服务器注册"，编辑或删除已注册信息，查看已注册的服务器的详细信息等。

(2)"对象资源管理器"窗格

在"Microsoft SQL Server Management Studio"窗口中，可以通过选择位于左侧下方

"对象资源管理器"选项卡查看"对象资源管理器"窗格,系统使用它连接数据库引擎实例、Analysis Services、Integration Services、Reporting Services 和 SQL Server Mobile。它提供了服务器中所有数据库对象的树状视图,并具有可用于管理这些对象的用户窗格。用户可以使用该窗格可视化地操作数据库,如创建各种数据库对象、查询数据、设置系统安全、备份与恢复数据等。

(3)"对象资源管理器详细信息"文档窗格

文档窗格是"Microsoft SQL Server Management Studio"窗口中的最大部分,它可以是"查询编辑器"窗格,也可以是"浏览器"窗格。默认情况下是"对象资源管理器详细信息"文档窗格,用来显示有关当前选中的对象资源管理器节点的信息。

**3. "查询编辑器"窗格**

查询编辑器是代码和文本编辑器的一种(代码和文本编辑器是一个文字处理工具,可用于输入、显示和编辑代码或文本。根据其处理的内容,分为查询编辑器和文本编辑器,如果只包含文本而不包含有关联的语言,称为文本编辑器;如果包含与语言关联的源代码,称为查询编辑器。当指具体类型的查询编辑器时,会在名称中加上代码类型,例如 SQL 查询编辑器或 MDX 查询编辑器等),其主要功能如下:

• 编辑、分析、执行 T-SQL\MDX(多为数据分析查询)、XML\XMLA(XML FOR Analysis)等代码,执行结果在结果窗体中以文本或表格形式显示,或重定向到一个文件中。

• 利用模板功能,可以借助预定义脚本来快速创建数据库和数据库对象等。

• 以图形方式显示计划信息,该信息显示构成 T-SQL 语句的执行计划的逻辑步骤。

• 使用操作系统命令执行脚本的 SQLCMD 模式。

(1)打开查询编辑器

打开查询编辑器,可以单击"Microsoft SQL Server Management Studio"窗口中"标准"工具栏上的"新建查询"按钮,打开一个当前连接服务的查询编辑器,如果连接的是数据库引擎,则打开 SQL 编辑器,如果是 Analysis Servers,则打开 MDX 编辑器。或者是在"标准"工具栏上,单击与所需连接类型关联的查询按钮,打开具体类型的编辑器。也可以单击"标准"工具栏上的"打开文件"按钮,打开查询脚本,如图 2-25 所示。

图 2-25 "标准"工具栏

(2)分析和执行代码

假设在打开的"查询编辑器"窗格中,编写了完成一定任务的代码。在代码输入完成后,按 Ctrl+F5 组合键或单击工具栏上的"分析"按钮,对输入的代码进行分析查询。检查通过后,按 F5 键或单击工具栏上的"执行"按钮,执行代码,结果如图 2-26 所示。

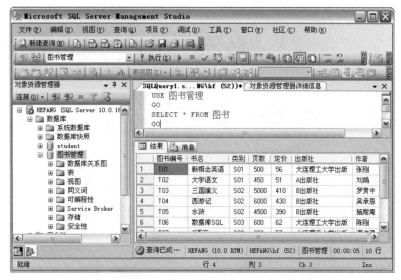

图 2-26　"查询编辑器"中的执行结果

（3）最大化"查询编辑器"窗格

如果编写代码时需要较多的代码空间，可以最大化窗口，使"查询编辑器"全屏显示。最大化"查询编辑器"窗格的方法为：在"查询编辑器"窗格中的任意位置单击，然后按Shift＋Alt＋Enter 组合键，在全屏显示模式和常规显示模式之间进行切换。

使"查询编辑器"窗格变大，也可以用隐藏其他窗格的方法实现，其方法为在"查询编辑器"窗格中的任意位置单击，在"窗口"菜单上选择"自动全部隐藏"命令，其他窗格将以标签的形式显示在"Microsoft SQL Server Management Studio"管理器的左侧。如果要还原窗格，先单击窗格中的标签，再单击窗格上的"自动隐藏"按钮￼即可。

**4. SQL Server 2008 中 SSMS 新特性**

SQL Server 2008 增加了很多新特性，这里主要介绍常用工具 SSMS 在 SQL Server 2008 中的一些改进。

（1）可以为不同的服务器设置不同的状态栏颜色

在登录服务器的时候，单击"选项"按钮，然后可以在"连接属性"选项卡中选中"使用自定义颜色"复选框，如图 2-27 所示。

登录后显示的状态栏将会是用户自定义的颜色，如图 2-28 所示。这样在项目开发中经常需要连接到多台服务器时，开发环境数据库为一种颜色、测试环境为一种颜色，内容醒目，不容易搞混。

（2）加强了对象资源管理器详细信息

SQL Server 2008 中默认不开启对象资源管理器详细信息，按快捷键 F7 可以开启对象资源管理器详细信息。在详细信息界面可以提供更多的信息，例如可以直接列出每个数据库的大小、每个表的行数等。通过右击详细信息的名称，可以选择要显出的内容，如图 2-29 所示。

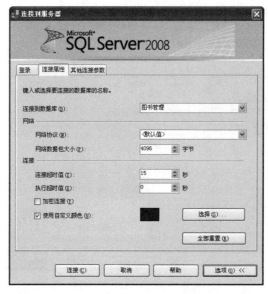

图 2-27　设置自定义颜色

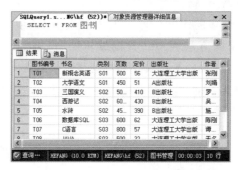

图 2-28　登录后显示为自定义颜色

图 2-29　对象资源管理器详细信息

（3）数据库对象搜索功能

搜索框就在对象资源管理器详细信息上方，使用方法与 LIKE 相同，使用"％"表示对多个字符进行模糊搜索。可搜索的数据库对象包括表、视图、存储过程、函数、架构等，而搜索范围可在对象资源管理器中选择，如果选中的是整个实例，那就是对整个数据库实例进行搜索；如果选择一个数据库，那就只搜索这个数据库，如图 2-30 所示。

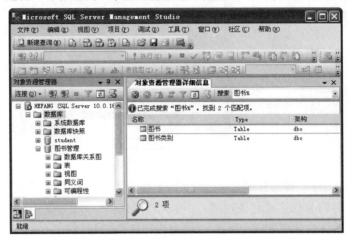

图 2-30　使用对象搜索功能

（4）对表实行"选择前 n 行"和"编辑前 m 行"

在 SQL Server 2005 版本中只有"编辑"和"打开表"，不能指定行数，对于数据量很大的表，很不方便。SQL Server 2008 中对此进行了改进，可以直接选择前 n 行，默认情况下是选择前 1000 行，编辑前 200 行。若需要修改默认值，可选择"工具"|"选项"命令，打开"选项"对话框进行修改，如图 2-31 所示。

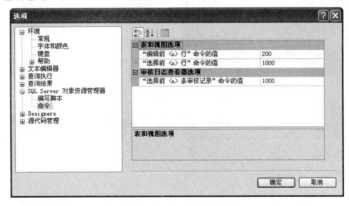

图 2-31　"选项"对话框

（5）智能感知

SQL Server 2008 中提供了智能感知功能。虽然 SQL Server 2008 中的智能感知技术没有 SQL Prompt 强大，但是毕竟 SQL Prompt 是要另外收费的。SQL Server 2008 中的智能感知提供了拼写检查、自动完成列出成员等功能。在图 2-32 中，智能感知对第一行中"SLECT"拼写错误提出了警告（应为"SELECT"），在第二个 SQL 语句的"FROM"

字句中自动列出了符合条件的成员列表。

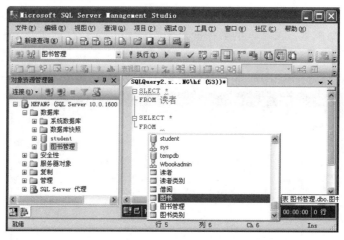

图 2-32　错误拼写警告与自动列出成员效果

需要注意的是，某些数据库定义操作之后，不能立即在该窗口中感应对象名称，可能对于该对象的名称仍会标注红色波浪线，并提示"对象名＊＊无效"。这时，选择"编辑"｜"IntelliSense"｜"刷新本地缓存"命令，可以启动代码智能感知，如图 2-33 所示。

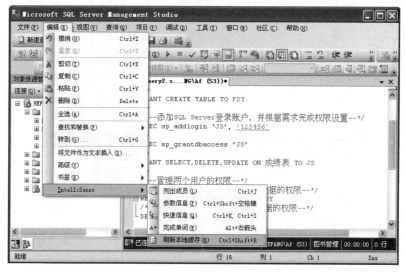

图 2-33　启动智能代码感知

(6)T-SQL 调试

在 SQL Server 2008 中可以直接调试 T-SQL 代码。以往版本的 SQL Server 系统不具备语句调试功能，而 SQL Server 2008 提供了该功能。在 SQL Server 2008 中可以设置断点，通过按 Alt＋F5 组合键来启动调试，如图 2-34 所示。这个功能必须针对 SQL Server 2008 的服务器，如果连接的是 SQL Server 2005，则无法调试。

(7)代码大纲显示

使用 Microsoft SQL Server Management Studio 查询编辑器中的大纲显示功能可在编辑查询时有选择地隐藏代码，从而可以更加方便地查看正在处理的代码，尤其是大型查

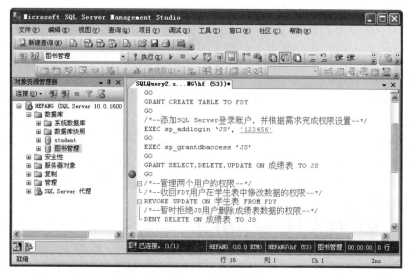

图 2-34　设置调试断点

询文件中的代码。

　　默认情况下,打开查询编辑器窗体时所有代码均可见。可将代码区域折叠起来以便在视图中隐藏该区域。编辑器窗格左侧边缘的竖线使用一个方块和一个减号来标识每个可折叠代码区域的起点。单击减号时,代码区域的文本将更换为一个含有三个句点的矩形框,且减号将变为加号。单击加号时,将显示折叠的代码,且加号将变为减号。将鼠标指针移动到含有三个句点的矩形框上方时,该处出现工具提示,显示折叠部分包含的代码。

　　如图 2-35 所示,单击"SELECT 读者姓名"所在行上的减号时,只有"SELECT 读者姓名 FROM 读者 WHERE 性别＝′男′"这部分代码会折叠起来;单击"USE"所在行上的减号时,所有的行均折叠起来。

图 2-35　代码大纲显示效果

　　将鼠标指针移动到含有三个句点的矩形框上方时,折叠区域中的代码将出现在工具提示中。

<h1 style="text-align:center">课后拓展</h1>

**拓展练习一:启动数据库系统的 SQL Server 代理服务**

　　【练习要点】

- 掌握启动、停止等管理服务的方法。

**拓展练习二:运行 SQL Server 2008 的 SSMS**

　　【练习要点】

- 完成 SQL Server 2008 的登录,并进入 SSMS,熟悉其各个组成部分。

# 课后习题

**一、选择题**

1. 下列服务中,(　　)服务是最基本的服务。

A. SQL Server

B. SQL Server Analysis Services

C. SQL Server 代理

D. SQL Server Reporting Services

2. 关于 SQL Server 2008 安装命名实例时,不正确的描述是(　　)。

A. 最多只能用 16 个字符

B. 实例的名称是区分大小写

C. 第一个字符只能使用文字、@、_ 和 ♯ 符号

D. 实例的名称不能使用 Default 或 MSSQLServer 这两个名字

3. SQL Server 2008 提供了一整套管理工具和实用程序,其中负责启动、暂停和停止 SQL Server 四种服务的是(　　)。

A. 查询分析器　　　B. 导入和导出数据　　C. 事件探察器　　　D. 配置管理器

4. 在 SQL Server 所提供的服务中,(　　)是最核心的部分。

A. MS SQL Server

B. SQL Server Agent

C. MS DTC

D. SQL XML

5. SQL Server 是一个(　　)的数据库系统。

A. 关系型　　　　B. 层次型　　　　C. 网状型　　　　D. 都不是

**二、填空题**

1. SQL Server 2008 服务的状态模式有启动、_____、停止和_____模式。

2. SQL Server 2008 中最重要的管理工具是_____,它是一个集成环境,用于访问、配置、管理和开发 SQL Server 的组件。

3. 用户登录过程中,_____登录方式不需要输入用户名和密码。

4. 在 SSMS 中_____窗格是用来显示数据库对象的树状结构视图。

5. 在 SSMS 中_____窗格是用来编写和执行 SQL 语句。

**三、判断题**

1. 当使用 SQL Server 用户登录到 SQL Server 2008 时,用户需要提供相应的帐号和密码。　　　　　　　　　　　　　　　　　　　　　　　　　　　　　　(　　)

2. SQL Server 2008 是目前主流的数据库管理系统,它和 Oracle 一样,都是软件巨头微软的产品。　　　　　　　　　　　　　　　　　　　　　　　　　　　　　(　　)

3. 为了能够成功的安装和运行 Microsoft SQL Server 2008,必须安装 Internet Explorer 8.0。　　　　　　　　　　　　　　　　　　　　　　　　　　　　　　(　　)

4. 每一个服务器必须属于一个服务器组。一个服务器组可以包含 0 个、1 个或多个服务器。　　　　　　　　　　　　　　　　　　　　　　　　　　　　　　　　(　　)

5. 认证模式是在安装 SQL Server 过程中选择的。系统安装之后,就不可以重新修改 SQL Server 系统的认证模式。　　　　　　　　　　　　　　　　　　　　　　(　　)

# 项目 3

# "销售管理"数据库的实施与管理

## ● 知识教学目标

- 了解 SQL Server 数据库管理系统中数据库相关概念;
- 掌握数据库实施参数的含义;
- 掌握数据库主要属性的含义;
- 掌握数据库基本的管理方式。

## ● 技能培养目标

- 掌握数据库实施过程中各种参数的设置方法;
- 掌握数据库属性的设置方法;
- 掌握数据库分离与附加的方法。

　　数据库就如同一个仓库,其中容纳着数据以及与数据相关的对象。学习数据库的使用与维护首先要完成数据库的实施,也就是创建数据库。数据库的实施主要包括创建数据库、设置数据库参数和数据库的管理等。数据库实施任务中,创建和管理数据库的相应操作都比较容易掌握。但是要注意在实施过程中各种参数的选择和设置,这些数值和参数将决定能否给数据库的运行与使用提供一个良好的基础环境。本项目主要围绕"销售管理"数据库的实施及设置展开。

## 任务 3.1　"销售管理"数据库的创建

数据库的创建

### 任务描述

　　按照为公司制订的信息化建设方案,小赵在完成相关理论学习后,就开始了公司数据库的创建工作,他需要根据公司的实际需要来完成数据库各种参数的设置及最后的实施。

### 任务分析

　　在完成数据库实施的过程中,最重要的就是理解各个参数的含义,并根据实际情况来确定其内容。所以不仅要掌握创建数据库的方法,更要理解其中各个参数的含义。创建数据库过程中主要的参数包括初始值、最大值和增量值,它们直接关系到数据库结构是否合理、在日后的运行过程中是否顺畅。

### 3.1.1　知识准备:SQL Server 系统中数据库相关概念

**1. 系统数据库**

在 SQL Server 数据库管理系统中,数据库分为系统数据库和用户数据库两大类,两者的功能都是用来存储和管理数据。系统数据库主要用来存储和管理 SQL Server 系统在运行和管理其他数据库过程中所需要使用的数据,通常普通用户是不会用到,也不允许修改系统数据库中的数据。

当 SQL Server 数据库管理系统被安装到计算机中后,系统会自动生成四个系统数据库来为 DBMS 服务,它们是 Master、Model、Msdb 和 Tempdb。系统数据库由至少两个文件组成,一个是扩展名为. mdf 的数据库文件,一个是扩展名为. ldf 的事务日志文件。它们存储在 SQL Server 默认安装路径下的 MSSQL 子目录下的 Data 文件夹中。

下面简单介绍系统数据库的基本功能和主要保存信息。

(1)Master 数据库

Master 数据库是 DBMS 中最重要的系统数据库,它存储了 SQL Server 2008 系统的所有系统级信息。这些信息主要包括所有的登录信息、系统设置信息、SQL Server 系统的初始化信息和其他数据库(包括系统数据库和用户数据库)的相关信息。Master 数据库对于 SQL Server 系统来说是十分重要的,一旦遭到破坏则可能引起整个系统的崩溃。

🐾 **小提示**:为了保护 Master 数据库,通常只有系统管理员 SA（System Administrator)才有权利访问和使用 Master 数据库。而作为学习者,通常都会使用 SA 用户登录系统,以获得足够的权限进行学习,此时就要注意不要轻易访问,更不要修改 Master 数据库。

(2)Model 数据库

Model 数据库是用户创建数据库和系统创建 Tempdb 数据库时使用的模板数据库。每当有新数据库创建时,系统都会将 Model 数据库的内容自动复制到新的数据库中,作为新数据库的基础,以此来简化新数据库及其他对象的创建和设置操作。用户如果对 Model 数据库进行了修改(如数据库大小、排序规则、恢复模式和其他数据库选项),则修改将应用于以后创建的所有数据库。

(3)Msdb 数据库

Msdb 数据库是代理服务数据库,是用来安排警报和作业以及记录操作员信息的数据库。

(4)Tempdb 数据库

Tempdb 数据库是一个临时数据库,它为系统在运行过程中所产生的所有临时表、临时存储过程及其他临时操作对象提供存储空间。作为全局资源,Tempdb 数据库没有专门的权限限制。在系统运行过程中,任何数据库在使用过程中所产生的临时性数据库对象都存储在其中,而当用户与 SQL Server 系统断开时,其创建的临时表等对象也会被删除。SQL Server 2008 实例每次启动时都会重新创建 Tempdb 数据库。

Tempdb 数据库存储的内容主要包括以下几个方面：

- 临时创建的对象。
- 查询或是排序过程中用来保存中间结果的表。
- SQL Server 的内部工作表。
- 创建或是修改索引时产生的临时排序结果。

**2. 用户数据库**

用户数据库就是具有数据库创建权限的 SQL Server 用户在系统中根据需要所创建的个人数据库，例如，本书前面介绍的"销售管理"数据库。

**3. 数据库存储结构**

通常数据库的存储分为逻辑存储结构和物理存储结构。逻辑存储结构是指用户在DBMS 中可以看见的各种数据库对象，例如表、视图和索引等。物理存储结构是指用户看不到的、实际保存在硬盘上的数据库介质文件。

（1）数据库文件

从物理层面上看，数据库在硬盘的保存形式是两类文件：数据文件和事务日志文件，两者的结构和保存的内容截然不同，在数据库中起着不同的作用，并且缺一不可。数据库中所有的数据、对象信息和操作日志等所有信息都保存在这些文件中。

如果将数据库文件详细分类的话，SQL Server 2008 数据库具有三种类型的文件：主要数据库文件、次要数据库文件和事务日志文件。

- 主要数据库文件（Primary Database File）：一个数据库可以拥有多个数据文件，但是其中一个且只有一个作为主要数据库文件，它是数据库的起点，指向数据库中的其他文件。主要数据库文件用来保存相应数据库的启动信息和部分甚至全部数据信息（如果只有一个数据文件则是全部）。主要数据文件的扩展名是".mdf"。
- 次要数据库文件（Secondary Database File）：次要数据库文件是主要数据库文件的辅助文件，也称为二级数据库文件，主要用于存储除主要数据库文件保存的数据外其他的数据和数据库对象。一个数据库根据需要既可以没有次要数据库文件，也可以有多个次要数据库文件。次要数据库文件的扩展名是".ndf"。使用次要数据库文件的主要好处是，当数据同时存储于多个物理文件时，可以拥有更快的访问速度和更高的处理效率。另外，如果数据库中数据的大小已经超出操作系统对文件大小的上限要求时，也需要被动地使用次要数据库文件来分担数据库的存储任务。
- 事务日志文件（Transaction Log File）：事务日志文件也是数据库必不可少的文件之一，数据库也可以拥有多个事务日志文件。事务日志文件主要用来保存数据库在运行过程中的各种操作信息，所有使用 INSERT、UPDATE、DELETE 等 SQL 命令对数据库进行的修改操作都会记录在事务日志文件中。事务日志文件的推荐文件扩展名是".ldf"。事务日志是数据库遭到破坏后进行恢复的主要依据，管理员可以根据事务日志所记录的操作记录对数据库进行一定程度的恢复。

（2）数据库文件组

在 SQL Server 2008 中，允许将多个数据库文件归为一组，用于更加方便地管理、分配和使用数据库。系统将文件组分为三种类型：

• 主要文件组：主要包含主要数据库文件和没有放入其他文件组的文件。每个数据库的系统表都将被放入该组中。

• 用户定义文件组：该组中主要用来存放用户在使用定义命令创建数据库或者修改数据库时使用了 FILEGROUP 命令进行约束的文件。

• 默认文件组：用来存放所有在创建时没有指定文件组的表等对象。同时一些内容比较庞大的类型数据也会存放在其中，例如，text、image 型数据。每个数据库都会拥有一个且只有一个默认文件组，在通常情况下使用主文件组作为默认文件组。

在对数据库文件进行分组时有一系列的规则。

• 每个数据库文件只能归入一个文件组。

• 一个文件组只能被一个数据库使用。

• 日志文件是独立的，不能被归入任何文件组。

• 每个文件组拥有一个独立的名称。

在日常维护和管理中，用户可以通过将数据库文件放置在不同驱动器，或是通过数据库内部的索引来提高数据库自身的性能，文件组正是为这种机制提供支持的。管理员可以在不同的磁盘上创建不同的文件组，然后根据需要将各类表、索引等对象及一些特殊数据类型的数据放到不同的文件组中。

**4. 数据库名称、逻辑名称和数据库文件名**

在实施数据库创建任务的过程中，需要对数据库的三个名称进行设置：数据库名称、逻辑名称和数据库文件名称。

• 数据库名称：数据库在 SQL Server 系统中显示、使用以及被其他系统引用时使用的名称。

• 逻辑名称：数据库在 DBMS 内部使用的名称，通常用户不会使用该名称。

• 数据库文件名称：数据库最终在硬盘上形成的文件名称，通常默认使用逻辑名称，用户也可以根据需要进行设置。

**5. 数据库初始大小**

数据库初始大小是指数据库在创建的初期，用户根据实际需要为数据库设置的初始容量。在设置该参数值时，应该考虑数据库目前所需保存的数据及对象大小，以及数据库在一定发展时间内可能增加的数据大小两方面因素。在 SQL Server 2008 中，数据文件的初始大小默认值及最小值均为 3 MB。

**6. 自动增长**

在数据库的使用过程中，创建数据库时设定好的初始值很可能会无法满足数据存储的需要，此时 SQL Server 2008 支持 DBMS 按照用户的设定，自动对已经创建好的数据库进行容量的增加，称之为自动增长。

数据库的自动增长有两种类型：按原文件的百分比增长和按照固定的大小增长。

**7. 数据库文件最大值**

用户可以根据需要设定数据库文件的最大值，以此来限制数据库文件的增长。文件上限也有两种设置方式：限制文件增长和不限制文件增长。前者可以由用户设置一个上限，来规定数据库文件的最大容量；后者则不设置上限，由磁盘空间决定。

## 3.1.2　任务实施：在 SSMS 中创建"销售管理"数据库

【例 3-1】　根据用户需求，创建"销售管理"数据库，合理设置各个参数的内容。

在开始实施数据库的创建之前，首先要先确定目标数据库实施过程中各种参数的数值，特别是初始大小、最大值和增长方式。根据公司需求情况，小赵分析得到以下信息：

• 公司目前所销售的产品大概有 1 万种，以后每年希望能增加 1 千种，每种产品基本需要 1 KB 空间进行保存。所以，公司目前需要使用大约 10 MB 空间保存产品信息，每年会再增加 1 MB。

• 公司目前有固定客户 500 个，每个买家客户的信息需要 500 B 空间进行保存，每年增加和失去的客户数量基本持平。所以，公司目前大约需要 0.25 MB 来保存客户信息，基本没有增长。

• 公司每年会发生交易次数大概为 1 万笔，每笔交易的信息需要 500 B 的空间来保存。所以，公司每年需要大约 5 MB 来保存销售信息。

由此可见，目前需要创建的数据库初始大小应该是 15.25 MB(10＋0.25＋5)，每年增长 6 MB(1＋5)，至于最大值则可以选择默认的不设定上限。

在 SQL Server Management Studio 中，按下列步骤创建数据库。

(1) 启动创建对话框

右击"数据库"节点，从弹出的快捷菜单中选择"新建数据库"命令，如图 3-1 所示。

图 3-1　"新建数据库"命令

(2) 创建数据库对话框

弹出的"新建数据库"窗口如图 3-2 所示，用户需要在该窗口设置数据库的名称、逻辑名称、各种文件大小、保存路径和文件名称等信息来完成数据库的创建。

(3) 数据库命名

首先在"数据库名称"文本框中输入数据库的名称，根据本任务需要，输入"销售管理"。

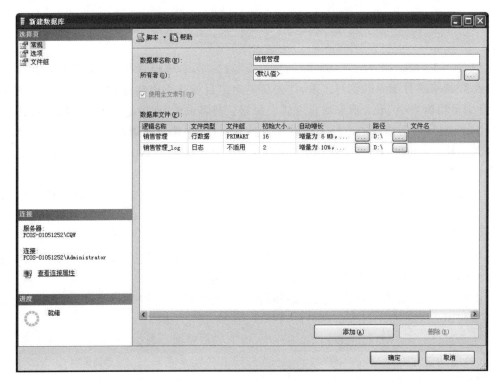

图 3-2　"新建数据库"窗口

数据库及数据库对象的名称通常按照一套约定的命名规范实施。SQL Server 系统并没有一套官方的或者强制的命名规则,通常由用户根据情况自行约定。本书提供一套命名规范供读者参考,详见附录 A。需要说明的是,本书并没有使用该命名规范,而是全部使用中文名称,目的是便于初学者理解对象内容,更轻松地学习数据库知识。

从图 3-2 中可以看出,数据库创建时除了要设置数据库名称外,还需要设置两个逻辑文件名称:数据文件和事务日志文件。默认情况下数据库文件的逻辑文件名称与数据库名称一样,而事务日志文件的逻辑文件名系统会自动增加一个"_log"的后缀。

小提示:在通常情况下,当用户设置了数据库名称后,系统会自动生成逻辑名称,其中数据库文件的逻辑名称是"数据库名称.mdf",日志文件的逻辑名称是"数据库名称_log.ldf"。

工匠精神

当我们设定"数据库名称"时,系统会自动在下方"逻辑名称"位置填入相应内容,同样,腾讯的 QQ 登录界面,如果输入密码错误,系统会自动清空错误密码,便于用户重新输入。虽然上述功能貌似十分简单,却凝聚着技术工程师"服务为中心"的精神。我们在工作的过程中,要多站在服务对象的角度思考问题,这样才能设计出让客户满意的方案或产品。

(4)设置数据库文件大小。

用户可以在"初始大小"栏目中设置数据库文件的初始大小。默认情况下,数据文件大小为 3 MB(也是数据库文件允许的最小值)、事务日志文件大小为 1 MB。这里按照任务要求将数据库文件大小改写为 16 MB,事务日志文件大小改写为 2 MB。

(5)设置文件增长策略

单击"自动增长"栏目中数据文件行旁边的按钮 ,弹出自动增长设置对话框,如图3-3所示。在该对话框中用户可以设置是否启用自动增长、增长的方式和增长的上限,以此确定文件增长策略。

根据任务需要,首先选中"启用自动增长"复选框,启用自动增长策略。

在"文件增长"设置部分,选中"按MB"单选按钮,并将后面的值设置为"6"。在"最大文件大小"选项组中,选中"不限制文件增长"单选按钮。

用同样方式,设置事务日志文件:自动增长20%,不限制文件大小。注意不用自己输入"%"。

(6)设置文件存储路径

单击"路径"栏目中数据文件行旁边的按钮,弹出路径设置对话框,用户可以从中选择某个已经存在于介质中的文件夹。事务日志文件也要进行相同的设置。

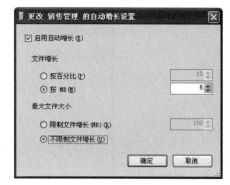

图 3-3 设置数据库的增长方式

(7)添加数据文件

如果在创建数据库时数据量较大,可以同时创建两个数据库文件,一个作为主文件,一个作为次要文件。单击图3-2窗口下方的"添加"按钮,系统会自动在默认的主文件和日志文件下方添加一个新的数据库文件,如图3-4所示。次要文件的设置方式与主文件的设置方式相似。

图 3-4 添加数据库文件

（8）新建及设置文件组

数据库文件通常都保存在 PRIMARY 文件组中，如果用户需要将新建的数据库文件保存到一个新的文件组中，单击该文件后面"文件组"项目中的下拉列表框，选择"＜新文件组＞"命令，如图 3-5 所示。

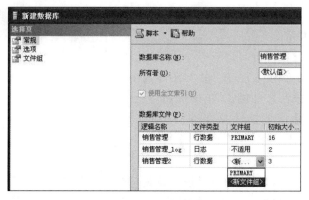

图 3-5　创建新文件组

在打开的新建文件组对话框中，可以设置新的文件组参数，如图 3-6 所示。

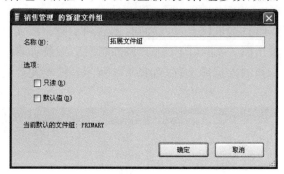

图 3-6　设置数据库增长方式

此外，也可以通过单击已有数据库文件后面相应的下拉列表框来修改该文件所在的文件组。

（9）完成创建

当上述信息确认无误后，单击图 3-2 中的"确定"按钮完成数据库的创建。

🌀 **小提示**：默认情况下，数据和事务日志被放在同一个驱动器上的同一个路径下。这是为处理单磁盘系统而采用的方法。但是，在生产环境中，这可能不是最佳的方法。建议将数据和日志文件放在不同的磁盘上。

## 课堂实践1

**1. 实践要求**

①创建"图书管理"数据库，并按要求命名。

②要求数据库文件初始值为 3 MB，按照每次 2 MB 的增长方式增长，不要超过 50 MB。日志参数为默认值。

③将数据库文件与日志文件保存到 D 盘的"图书管理"文件夹中。

**2.实践要点**

①注意理解数据库创建过程中各种参数的含义。

②注意参数设置对于数据库运行的影响。

# 任务 3.2　"销售管理"数据库的配置

### 任务描述

数据库创建结束后,小赵发现数据库有很多属性选项,并且这些属性的设置对于数据库的运行有着十分重要的影响,所以他需要根据公司数据库运行特点来设置"销售管理"数据库的属性,主要包括限制访问、自动关闭和自动压缩等。

### 任务分析

数据库属性的设置对于数据库运行有着十分重要的作用,在很多时候直接影响了数据库系统乃至整个操作系统的运行性能和效率。所以,根据需要制订恰当的属性设定方案是数据库创建结束后非常重要的工作。数据库的属性很多,这里只对自动关闭等一些比较常用的属性进行介绍,要注意每个属性中不同选项值的含义及相互区别。

## 3.2.1　知识准备:数据库的主要属性

#### 1.限制访问

数据库作为用来保存和处理数据的对象,其安全性要求是比较高的,SQL Server 系统创建了很多机制来从不同角度实施各种安全性保护。限制访问属性就是用来设定数据库允许用户访问的状态,或者说允许多少用户访问。限制访问属性一共有三个选项。

• MULTI_USER(多个):大多数数据库的正常状态,允许多个用户同时访问该数据库。

• SINGLE_USER(单个):通常用于数据库维护操作时的选项,一次只允许一个用户访问该数据库,杜绝了其他用户访问正在维护的数据库,减少数据丢失及错误的概率。

• RESTRICTED_USER(限制):一种特殊的状态,在该状态下只有在数据库系统中拥有特殊"身份"的用户才能访问该数据库,这些用户包括 db_owner(数据库拥有者)、dbcreator(数据库创建者)和 sysadmin(系统管理员) 角色的成员,通常一些具有特殊功能的数据库才会选用。

#### 2.自动关闭

不同功能的数据库,在运行过程中其运行特点也不相同。有些数据库是日常管理数据库,基本上一直处于运行状态,例如,银行后台数据库、电信局后台数据库等。有些数据库只是在某个时间段运行,甚至很少运行,例如,食堂后台数据库、某些数据备份数据库。为了减少数据库在闲置时间仍然占用系统资源,数据库具有自动关闭功能,也就是当数据库处于闲置状态时,自动关闭数据库,减少系统负担。

在设置数据库自动关闭时,一定要注意数据库运行的特点,因为即使关闭数据库能为系统减轻一些负担,但是如果一个数据库经常被用户使用,自动关闭后又要频繁地连接,对系统来说反而会增加负担。

**3. 自动压缩**

SQL Server 自动收缩有大量可用空间的数据库。服务器定期检查每个数据库中的空间使用情况。如果发现数据库中有大量闲置空间,而且它的自动收缩选项设置为 true,SQL Server 就缩小该数据库中的文件大小。数据库的文件压缩始终从末尾开始。

## 3.2.2 任务实施:配置"销售管理"数据库

【例 3-2】 根据实际需要,设置"销售管理"数据库的各种属性。

"销售管理"数据库作为管理整个销售流程的数据库系统,涉及的部门较多,所以需要允许同时有多个用户访问数据库。另外,因为公司的销售活动是一种日常活动,所以访问频率较高,应该始终处于开放状态。最后,一些过期的销售记录很少被访问,可以考虑由系统对其进行压缩,以减少系统负担。

**1. 查看数据库属性**

数据库创建完成后,用户可以通过对其属性的设置来达到提高数据库效率的目的。在对象资源管理器中,右击目标数据库"销售管理",从弹出的快捷菜单中选择"属性"命令,弹出数据库属性设置窗口,如图 3-7 所示。

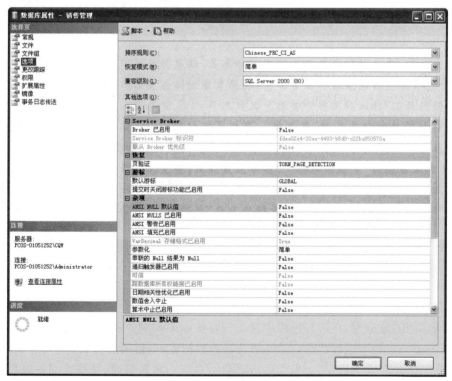

图 3-7 数据库属性设置窗口

**2. 设置主要属性**

单击左侧窗格的"选项",在其中可以设置数据库的一些常用选项。根据"销售管理"数据库的运行需要,完成下列属性的设置。

①设置限制访问。从"限制访问"选项对应的下拉菜单中选择"Multi_user"。

②设置自动关闭。将数据库的自动关闭选项设置成 False。

③设置自动收缩。将数据库的自动收缩选项设置成 True。

④完成设置。设置完成后,单击"确定"按钮,可以完成对数据库属性的设置。

### 课堂实践2

**1. 实践要求**

设置"图书管理"数据库为自动关闭和自动压缩模式。

**2. 实践要点**

注意属性设置对于数据库运行特点的要求。

# 任务 3.3　"销售管理"数据库的管理

### 任务描述

数据库的实施工作已经完成了,但是小赵感觉自己的计算机在使用 SQL Server 2008 时性能有些不足,于是向公司申请购买了新的计算机。现在需要将前面创建和配置好的数据库转移到新的计算机中。另外,要将原来计算机中的数据库删除掉。

### 任务分析

在数据库的运行过程中,某些情况下需要对数据库进行一些特殊的管理,例如转移、备份等,目的是保证数据库的安全。本次任务中的转移其实就是将一个数据库的文件"原封不动"地转移到另外一个硬件系统中,是一种特殊的备份。另外,删除数据库就是将数据库从系统中去除,这种操作通常是不可逆的,操作时需要谨慎。

## 3.3.1　知识准备:数据库的转移与删除

**1. 数据库的分离与附加**

数据库在运行或被访问的过程中是不能直接进行数据库文件转移的。要想将数据及事务日志文件转移到其他介质中,必须首先分离数据库,使数据库文件与系统处于一种完全断开状态,才能进行数据库文件的转移。

而对于复制到新位置的数据库文件,可以通过系统中的附加功能使之建立与管理系统的连接,使用户可以通过管理器来访问和使用数据库。

**2. 数据库的删除**

如果用户不再需要某数据库,则需要从系统中将其删除,可以减少系统的负担和被占用的空间。数据库的删除不仅是删除数据库文件与系统之间的联系,数据库文件也会一同从介质上被删除,而且删除操作通常很难恢复,所以操作时要谨慎。

### 3.3.2 任务实施：管理"销售管理"数据库

【例 3-3】 完成"销售管理"数据库的分离与附加。

**1. 数据库的转移**

数据库在无人使用的状态下可以通过分离操作使数据库与系统断开连接，以达到移动和处理数据库文件的目的。

（1）数据库分离命令

右击目标数据库"销售管理"节点，从弹出的快捷菜单中选择"任务"|"分离"命令，如图 3-8 所示。

图 3-8　数据库分离命令

（2）确认分离

弹出"分离数据库"窗口，如图 3-9（数据库存在连接状态）或图 3-10（数据库无连接状态）所示。用户需要在窗口中确认分离数据库的信息。用户需要注意的信息如下：

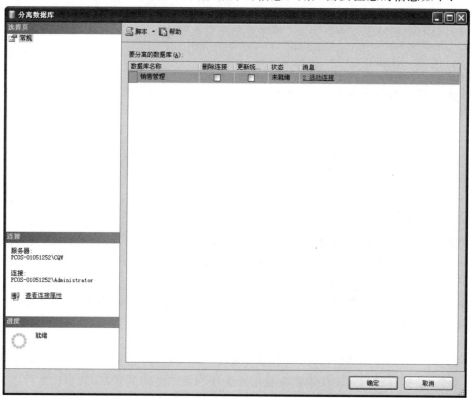

图 3-9　"数据库分离"窗口（带有活动连接）

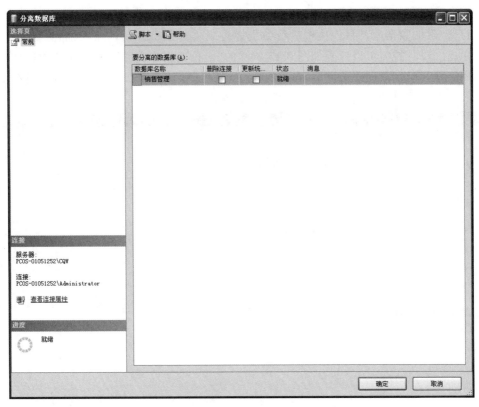

图 3-10   "数据库分离"窗口(无活动连接)

- 删除连接：数据库只有在无用户连接的状态下才能进行分离,如果将该选项选中,则系统在分离数据库之前,会先断开已经连接的用户和正在使用的连接。
- 更新统计信息：默认情况下,分离数据库时,系统将保留所有与数据库关联的目录。如果需要目录,请保证该复选框处于未选中状态。
- 状态：显示当前数据库的状态,分为"就绪"和"未就绪"。"就绪"意味着目前没有用户连接到该数据库,可以正常分离。"未就绪"意味着还有连接。
- 消息：如果当前数据库处于连接状态时,此处会显示连接的个数。如果用户单击该提示内容,系统会提示用户相应连接的具体内容。

当用户确认目标数据库正确,并且该数据库正处于关闭状态后,单击"确定"按钮,完成数据库分离。

分离任务完成后,用户可以随意移动该数据库的物理文件,以达到转移和备份的目的。

附加数据库的目的正好与分离相反,是将一个独立的数据库文件与数据库管理系统建立连接。

(1)数据库附加命令

在对象资源管理器中,右击"数据库"节点,从弹出的快捷菜单中选择"附加"命令,如图 3-11 所示。

图 3-11   "附加"数据库命令

（2）添加目标数据库文件

打开"附加数据库"窗口，从中进行数据库逻辑文件的选择及确认附加，如图 3-12 所示。单击"添加"按钮可以打开如图 3-13 所示的"定位数据库文件"窗口，并从中选择目标数据库文件。确定数据库文件后，单击"确定"按钮，返回"附加数据库"窗口，一般系统能根据数据库文件自动识别事务日志文件，如图 3-14 所示。

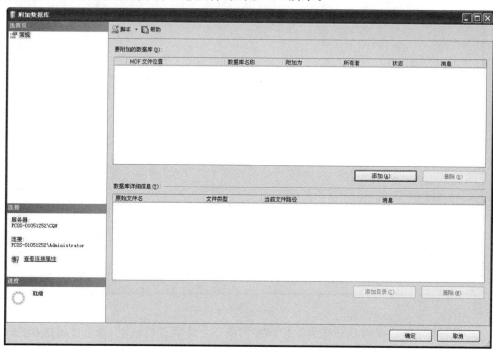

图 3-12　"附加数据库"窗口

图 3-13　"定位数据库文件"窗口

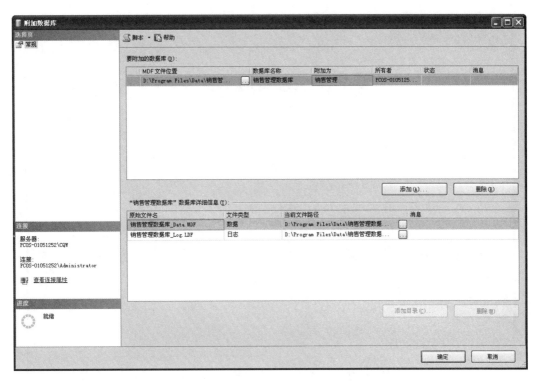

图 3-14 确认附加数据库窗口

（3）确认附加

完成数据库文件的添加后，系统会根据选择的数据库文件来规范附加到系统中的数据库信息。例如，在图 3-14 中添加名称为"销售管理"的数据库文件，系统会自动读取相应的数据库信息，例如"数据库名称""所有者"等。确认上述信息没有问题后，单击"确定"按钮，完成数据库附加到 SQL Server 系统中的操作。

**2. 数据库的删除**

【例 3-4】 完成"销售管理"数据库的删除。

当数据库及其中的数据失去意义时，可通过删除数据库释放磁盘空间，减轻数据库管理系统的负担。

（1）数据库删除命令

右击目标数据库"销售管理"节点，从弹出的快捷菜单中选择"删除"命令，如图 3-15 所示。打开的"删除对象"窗口如图 3-16 所示。

（2）确定删除

打开的"删除对象"对话框中显示该数据库的一些基本信息及目前状态。在窗口的下方有如下两个复选项：

• "删除数据库备份和还原历史记录信息"：该选项默认为选中状态，即在删除数据库文件的同时将所有的备份信息也一同删除，不再进行数据库恢复操作。

图 3-15 数据库"删除"命令

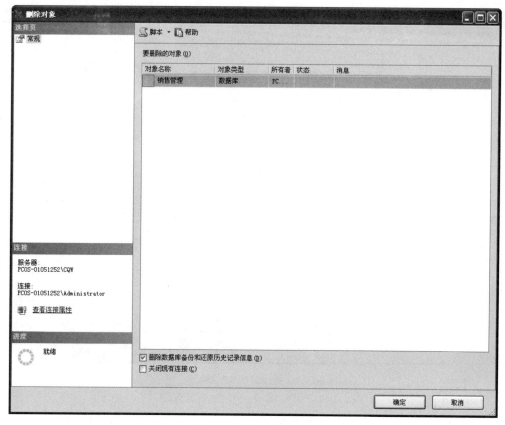

图 3-16 "删除对象"窗口

• "关闭现有连接":用户在删除数据库时若该数据库仍有活动连接,可选中该选项,强制断开所有连接后进行删除。

用户根据需要设置好相应选项,并确认目标删除数据库无误后,单击窗体下方的"确定"按钮完成删除。

小提示:在删除数据库的时候必须谨慎,因为一旦删除了数据库,该数据库中的所有信息都将丢失。

## 课堂实践3

**1.实践要求**

①分离"图书管理"数据库,复制两个数据库文件到 F 盘的"图书管理"文件夹中。

②附加 F 盘下的"图书管理"数据库文件到 SQL Server 2008 系统中,并删除。

③附加 D 盘下的"图书管理"数据库文件到 SQL Server 2008 系统中。

**2.实践要点**

①分离时一定要确认没有有效的数据库连接,保证数据库的完整性。

②转移数据库文件时要保证日志文件的转移。

# 课后拓展

拓展练习："学生管理"数据库的实施

【练习综述】

数据库文件和事务日志文件都保存到"D:\学生管理"文件夹中。

如果需要将学校目前的学生相关信息存储到数据库中大约需要 5 MB 的空间,每年入学的学生信息大约为 2 MB。事务日志文件每次增长大约是原有的 10%,为了节省空间,要求不得超过 100 MB。

学校有多个部门需要使用该数据库来进行日常办公;很多数据只是作为备案和保存,并不经常使用。

因为工作需要,要将数据库转移到 E 盘。

【练习要点】

- 根据给定的数据库环境设计制订数据库实施方案。
- 根据方案完成数据库实施,并完成数据库属性的设置。
- 完成"学生管理"数据库的转移。

【练习提示】

在设计数据库初始参数时,一些关于文件大小的数值可以适当向上调整,避免出现由于计算不够精确导致文件大小不能满足需求的情况。

# 课后习题

一、选择题

1. SQL Server 2008 中的主要数据库文件扩展名是(　　)。

A..sql　　　　　　　B..mdf　　　　　　　C..mdb　　　　　　　D..ldf

2. SQL Server 2008 中的数据库事务日志文件的扩展名是(　　)。

A..sql　　　　　　　B..mdf　　　　　　　C..mdb　　　　　　　D..ldf

3.(　　)的操作是把已经存在的数据库文件恢复成数据库。

A. 压缩数据库　　　　　　　　　　B. 创建数据库

C. 分离数据库　　　　　　　　　　D. 附加数据库

4.(　　)系统数据库包含系统的所有信息。

A. Master 数据库　　　　　　　　　B. Resource 数据库

C. Model 数据库　　　　　　　　　D. Msdb 数据库

5. 下面描述错误的是(　　)。

A. 每个数据库文件中有且只有一个主数据库文件

B. 日志文件可以存在于任意文件组中

C. 主数据库文件默认为 PRIMARY 文件组

D. 文件组是为了更好地实现数据库文件组织

6. SQL Server 数据库文件有三类,其中次数据库文件的扩展名为(　　)。

A..ndf　　　　　　　B..mdf　　　　　　　C..mdb　　　　　　　D..ldf

7. 以下关于数据库的叙述错误的是(　　)。

A. 数据库既可以扩充,也可以收缩

B. 数据库文件可以手工收缩,也可以定期自动收缩

C. 数据库文件可以收缩,日志文件不能收缩

D. 数据收缩不影响该数据库内的用户活动

8. (　　)系统数据库是一个模板数据库。

A. Master 数据库　　　　　　　　　B. Resource 数据库

C. Model 数据库　　　　　　　　　D. Msdb 数据库

9. 数据库文件必须经过(　　)操作,才可以移动相应的数据库文件。

A. 压缩数据库　　　　　　　　　　B. 断开数据库

C. 附加数据库　　　　　　　　　　D. 分离数据库

10. (　　)操作可以实现数据库的暂停运行,减少系统负担。

A. 压缩数据库　　　　　　　　　　B. 断开数据库

C. 关闭数据库　　　　　　　　　　D. 分离数据库

二、填空题

1. 在创建数据库的过程中,数据库文件大小的最小值是＿＿＿＿。

2. 用来决定数据库在使用过程中是否将不常用的数据压缩保存的属性是＿＿＿＿。

3. 如果需要将数据库文件移动到另一台计算机的数据库系统中,常用的方法是先对数据库实施＿＿＿＿操作,然后到另一台计算机上实施＿＿＿＿操作。

4. ＿＿＿＿文件主要用于保存数据库运行过程中的各种操作信息。

5. ＿＿＿＿数据库是一个临时数据库,它为系统在运行过程中所产生的所有临时表、临时存储过程及其他临时操作对象提供存储空间。

三、判断题

1. 数据库一旦创建好后,大小就固定了,所以创建数据库时一定要根据数据库的发展情况预留好空间。　　　　　　　　　　　　　　　　　　　　　　　(　　)

2. 数据库可以通过设置自动关闭功能来有效地减轻系统负担。　　　(　　)

3. 任何情况下数据库都可以通过分离来使得数据库与服务器断开连接。　(　　)

4. 数据库删除后,还可以通过附加命令重新附加到系统中。　　　　(　　)

5. 数据库的自动增长可以在硬盘介质所允许的范围内任意增长。　　(　　)

# "销售管理" 数据库中的对象

## ● 知识教学目标

- 了解数据库中基本表的相关知识;
- 掌握各种数据类型的含义;
- 了解数据完整性约束内容;
- 了解视图的相关知识;
- 了解索引的相关知识。

## ● 技能培养目标

- 掌握创建基本表和设置基本表的方法;
- 掌握创建视图和使用视图的方法;
- 掌握创建索引的方法。

　　数据库虽是存储数据的对象,但是并不直接保存数据,只是为数据的存储和管理提供一个平台。数据库中的数据需要通过基本表和视图这样的具体数据库对象来实现真正的存储和管理,所以数据库实施完成后的任务就是完成这些对象的实施。数据库对象对于数据库的应用起着十分重要的作用,因为数据是存放在对象中,并通过各种对象来进行管理与维护的。

## 任务 4.1 "商品表"和"买家表"等基本表的实施

### 任务描述

　　小赵创建好数据库后,就要开始使用数据库来管理公司的各种数据了。首先要做的就是在已经建好的"销售管理"数据库中创建"商品表""买家表"等基本表,为数据存储做好准备。"销售管理"数据库中各表结构,参见导论中的表0-6~表0-11。

### 任务分析

　　基本表的实施主要分为创建和设置两部分,本任务主要完成基本表的创建。表的创建是指创建表的主要结构,核心工作是按照表中所需保存数据的特征,设置表中各个字段的数据类型。数据类型设置的结果,直接决定后续数据库的使用,所以一定要按照数据本身的特征进行设置。

## 4.1.1　知识准备:基本表简述

微课

基本表的创建

数据库创建完成后,通常下一步工作就是创建基本表来存储数据。在关系数据库中,基本表是最重要的数据库对象,因为不仅所有数据都是存储在基本表中,而且类似视图这样的数据库对象也都是建立在基本表基础上的。

**1. 表的构成**

数据库中的基本表从结构上看主要是由记录(行)和字段(列)构成的。在 SQL Server 2008 中,每个表可以有 1024 个列,每列可以有 8060 个字节(不包括 image、ntext 和 text 数据类型)。

记录(Record):表中的行,是保存某一个事物相关属性的一组数据。

字段(Field):表中的列,是保存某些事物的某一属性值。

**2. 表的分类**

在数据库中,不同类型的基本表发挥着不同的作用,除了最常用的用户基本表外,还包括一些具有特殊功能的表。

(1)系统表

与系统数据库类似,系统表的功能是保存一些系统信息。一般用户是不能对系统表进行操作的,只有管理员有权使用。

(2)临时表

临时表是指在数据库的运行过程中,根据需要所创建的临时存储数据的表。临时表分为局部临时表和全局临时表。

局部临时表只对一个数据库实例的连接有效,当该连接断开时,临时表被删除。全局临时表对所有连接有效,只有当所有连接都断开时,该临时表才被删除。

(3)分区表

当一些基本表内的数据很庞大时,可以将其中的数据分成多个部分,分别放在数据库的多个文件组中,这样用户在访问该数据表时,实际是同时访问多个分区表,而不是整个数据表,大大提高了访问的速度。

**3. 数据类型**

在 SQL Server 2008 中,每个字段(列)、局部变量、表达式和参数都具有一个相关的数据类型(Data Type),用来限定该对象所存储数据的类型。数据类型是一种属性,用于指定对象可保存数据的类型,包括数值数据、字符数据、货币数据、日期和时间数据、二进制数据等。数据类型的选择将直接决定该数据在物理介质上的存储方式、存储大小和访问速度,所以为对象选择合适的数据类型是十分重要的。

表 4-1 列出了部分主要数据类型及其说明。

表 4-1                          SQL Server 2008 常用数据类型

| 字段名称 | 备注和说明 | 数据类型 | 说　　明 |
|---|---|---|---|
| 数字数据 | 精确数字 | bigint | $-2^{63} \sim 2^{63}-1$ |
| | | int | $-2^{31} \sim 2^{31}-1$ |
| | | smallint | $-2^{15} \sim 2^{15}-1$ |
| | | tinyint | 0 到 255 |
| | | decimal[(p[,s])] | 两种数据类型等效。p 指定小数点左边和右边可以存储的十进制数字的最大个数,p 必须是从 1～38 的值。s 指定小数点右边可以存储的十进制数字的最大个数,s 必须是从 0～p 的值,默认小数位数是 0 |
| | | numeric[(p[,s])] | |
| | | bit | 1、0 或 NULL |
| | 近似数字 | float | 用于表示浮点数值数据的大致数值数据类型 |
| | | real | |
| 日期和时间数据 | 日期和时间在单引号内输入,例如'2003-05-08' | datetime | 用于表示某天的日期和时间的数据类型 |
| | | date | 用于表示某天日期的数据类型 |
| 字符数据 | 字符数据包括任意字符、符号或数据组合,用单引号限定 | char | 固定长度,非 Unicode 字符数据,最长 8000 个字符 |
| | | varchar | 可变长度,非 Unicode 字符数据 |
| | | nchar | 固定长度的 Unicode 字符数据 |
| | | nvarchar | 可变长度的 Unicode 字符数据 |
| | | text | 存储长文本信息 |
| | | ntext | 存储可变长度的长文本信息 |
| 货币数据 | 代表货币或货币值的数据类型 | money | $-2^{63} \sim 2^{63}-1$,精确到四位小数 |
| | | smallmoney | $-214,748.3648 \sim 214,748.3647$,精确到四位小数 |
| 二进制数据 | 用来存储非字符和文本的数据类型 | binary | 固定长度的二进制数据 |
| | | varbinary | 可变长度的二进制数据 |
| | | image | 可用来存储图像 |

小提示:Unicode 标准为全球商业领域中广泛使用的大部分字符定义了一个单一编码方案,用于支持国际上的非英语语种字符。它通过两字节来进行编码,使不同语言在不同的计算机上的编码方式都是一样的,因此都能够被编译和识别。

数据库表的字段选择什么数据类型,明确表述该字段保存信息的类型。例如,用于存储商品的表可以有如下说明:商品名称、品牌、进价等信息可以使用字符数据类型存储;定价、页数等信息可以使用数值数据类型存储;商品封页可以使用 image 数据类型存储;而对于"买家表"性别字段可以选用 bit 数据类型区别男女。

当两个具有不同数据类型、排序规则、精度、小数位数或长度的表达式通过运算符进行组合时,结果的特征由以下规则确定:

①结果的数据类型是通过将数据类型的优先顺序规则应用到输入表达式的数据类型来确定的。

②当结果数据类型为 char、varchar、text、nchar、nvarchar 或 ntext 时,结果的排序规则由排序规则的优先顺序规则确定。

③结果的精度、小数位数及长度取决于输入表达式的精度、小数位数及长度。

## 4.1.2 任务实施:创建与使用"商品表"

### 1. 创建基本表

数据库中的表包含系统表和用户表。系统表是创建数据库时自动生成的,存储数据库和表的相关信息,用户不应该直接更改系统表的内容。用户表存储用户数据,可以设置数据类型、主键等,保证数据的完整性和稳定性。

【例 4-1】 创建"商品表",并合理设置各个字段的数据类型。

(1)启动创建表对话框

在 SQL Server 2008 的对象资源管理器中,单击"销售管理"数据库下的"表"节点,显示所有当前数据库中的表。右击"表"节点,从弹出的快捷菜单中选择"新建表"命令,如图 4-1 所示,弹出表结构设计窗口。

图 4-1 "新建表"命令

(2)字段设置

表结构设计的主要工作是设置字段,包括字段名、数据类型和是否允许空。首先在表结构设计窗口中按照要求在"列名"栏中输入字段名,然后在每个字段后的"数据类型"栏中完成字段数据类型的设置,最后取消选中各个字段"允许 Null 值"复选框,说明是不允许为空的,以保证实体的完整性,如图 4-2 所示。

根据任务需要,分别向表中添加"商品编号""商品名称"和"品牌"等字段,并根据如图 4-3 所示设置各自的数据类型及长度。

(3)保存

确认无误后进行保存。单击工具栏上的保存按钮 🖫,弹出确认保存对话框,在对话框的文本框中添加表名"商品表",单击"确定"按钮,完成表格结构的创建。

### 2. 查看与管理基本表中的数据

【例 4-2】 向"商品表"中添加数据,并进行适当的修改和删除。

(1)数据录入

表结构建立好之后可以进行数据录入工作。右击目标表"商品表"节点,从弹出的快捷菜单中选择"编辑前 200 行"命令,弹出数据浏览界面,如图 4-4 所示。

图 4-2 表结构设计窗口

图 4-3 "商品类型表"结构设计窗格

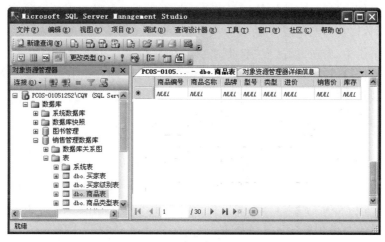

图 4-4 数据浏览界面

数据浏览界面如同常用的 Excel 软件一样,为二维表样式,用户可以直接在其中录入或者编辑数据,根据任务,按照如图 4-5 所示录入部分目标数据。

(2)数据修改

表中的数据输入好后,用户可以根据需要对其进行修改。打开表后,可以看见其中的数据,修改方式与 Excel 一样,单击相应的数据项即可进入编辑状态。数据修改好后不需要保存,关闭基本表时会自动保存修改内容。

(3)数据删除

如果表中的数据不需要了,可以将表中的数据删除。打开目标表后,右击要删除的数据项,从弹出的快捷菜单中选择"删除"命令,如图 4-6 所示。在弹出确认对话框中单击"是"按钮,完成删除。

图 4-5　"商品类型表"内容　　　　　　图 4-6　"删除"命令

需要注意的是,数据一旦被删除就不可恢复。

**3. 修改基本表**

【例 4-3】　修改"商品表"中"品牌"字段数据类型的长度为 30。

基本表在创建好后,在使用的过程中可以根据需要进行结构上的调整,例如增加或删除字段、字段数据类型的修改等。

在"表"节点中,右击"商品表"节点,在弹出的快捷菜单中选择"设计"命令,会弹出基本表结构修改窗口,该窗口与创建表的窗口完全一样,用户只要根据需要,将"品牌"字段后面对应的数据类型长度改为"30"即可。

小提示:如果修改涉及字段数据类型的改变,就有可能会影响到表中已经存储的数据,系统此时会弹出对话框提示用户防止数据丢失。例如,将"类型"字段的数据类型长度由 3 改为 1,当用户保存修改时,系统就会弹出提示对话框,如图 4-7 所示。如果用户确定修改不会影响到现有数据或者认为其影响可以忽略,可以确定修改。如果修改与现有数据冲突,而用户又确定修改的话,系统会强制执行,这可能引起数据的丢失,所以修改前用户一定要对修改操作进行认真的检查。

修改后的基本表与创建时一样,需要正常保存后再退出。

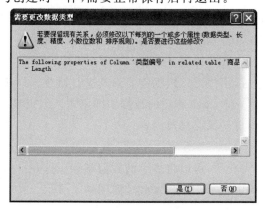

图 4-7　"需要更改数据类型"对话框

**4.删除基本表**

【例4-4】 删除"商品表"。

当基本表失去意义时,可以在数据库中将该表删除,以节省系统空间和减少系统维护负担。例如,删除刚才创建的"商品表"。

在"表"节点里,右击"商品表"节点,在弹出的快捷菜单中选择"删除"命令,弹出删除对象对话框,单击"确定"按钮,可以删除数据表。

介绍完"商品表"的创建及使用后,就可以按照相同的方法建立"商品类型表""买家表""买家级别表"和"销售表",并确定字段名称、数据类型,其他的设置在后面的任务中继续完成。

### 课堂实践1

**1.实践要求**

①根据导论中表0-16~表0-20的内容,创建"图书管理"数据库中各个基本表。

②向各个基本表中录入测试数据,并进行适当的修改。

③将"图书表"中"出版社"字段的数据类型长度改为100。

④删除"图书表"基本表。

**2.实践要点**

①注意为各个字段设置合理的数据类型。

②注意要将删除后的基本表再次创建出来,以备后面使用。

## 任务 4.2　"商品表"和"买家表"等基本表的高级设置

### 任务描述

小赵发现公司的数据很多都有一些特点和规律。有的应该在一定的范围之内;有的大多数都是一个值;有的则是和其他表的一些字段有很大关系。应如何体现和保证这些数据的特征呢?小赵决定围绕这些要求,为基本表中的数据制定一些约束。

### 任务分析

在基本表中,表格创建只是表格实施的第一步,通常使用者需要对基本表做出一些补充设置,以此来保证表的准确性和数据的完整性。数据库中关于数据的约束种类较多,在完成任务的过程中一定要注意约束种类的选择以及不同约束的设置方法。

### 4.2.1　知识准备:基本表的高级设置

**1.数据的完整性**

数据的完整性是要求数据库中的数据具有准确性,准确性是通过数据库表的设计和约束来实现的。例如,在存储买家信息的表中,如果允许任意

微课

基本表的设置

输入买家信息的话,则在同一张表中可能重复出现一个买家的信息;还有,如果不对表中存储的年龄信息加以限制,则买家可能出现年龄为负数的情况,这样的数据则不具备完整性。

SQL Server 中数据完整性包含四种类型,分别是实体完整性、域完整性、参照完整性和用户定义完整性。

(1)实体完整性

实体完整性将记录(行)定义为特定表的唯一实体,即每一行数据都反映不同的实体,不能存在相同的数据行。通过索引、UNIQUE(唯一)约束、PRIMARY KEY(主键)约束、标识列属性等,实现实体完整性。

下面举例说明。在"商品表"中,如果出现了同名称同品牌的情况,这样就很难区分具体是哪个商品。表 4-2 中,A 品牌有两种笔记本,在具体实现中无法区分商品,所以一般都为数据表设置相应的主键来进行唯一性说明,最终"商品表"形式见表 4-3。通过商品编号的唯一性,达到确定记录的唯一性,S02 和 S04 分别代表不同的商品。

表 4-2　　　　　　　　　　　缺少主键的商品表

| 商品名称 | 品牌 | 进价 | …… |
|---|---|---|---|
| 笔记本 | B 牌 | 4000 | |
| 笔记本 | A 牌 | 4500 | 无法区别 |
| 台式机 | B 牌 | 3000 | |
| 笔记本 | A 牌 | 4500 | 无法区别 |

表 4-3　　　　　　　　　　　商品表

| 商品编号 | 商品名称 | 品牌 | 进价 | …… |
|---|---|---|---|---|
| S01 | 笔记本 | B 牌 | 4000 | |
| S02 | 笔记本 | A 牌 | 4500 | |
| S03 | 台式机 | B 牌 | 3000 | |
| S04 | 笔记本 | A 牌 | 4500 | |

☞ 人生感悟

实体完整性的主要作用就是保证数据库中的每条数据都要具备"独特"的特征,保证其唯一性。而我们每个人也是一样,没有完全一模一样的人,即使双胞胎也是如此。所以,每个人都有自己独立的思想和对待事物的看法,我们在和他人交流的过程中要试着理解他人,经常换位思考,不要认为与自己的意见相左就是错误的。

(2)域完整性

域完整性指特定字段的项的有效性。可以强制域完整性限制类型(通过使用数据类型)、限制格式(通过使用 CHECK 约束和规则)或限制可能值的范围(通过使用 FOREIGN KEY 约束、CHECK 约束、DEFAULT 定义、NOT NULL 定义和规则)。

比如商品的价格一般要大于 0 元,为了保证不合格的数据不能进入数据库表中,可以使用 CHECK 约束来限制不合格数据的进入。

(3)参照完整性

在输入或删除数据行时,参照完整性约束用来保持表之间已定义的关系。在 SQL

Server 2008 中,参照完整性通过 FOREIGN KEY 和 CHECK 约束实现,以外键与主键之间或外键与唯一键之间的关系为基础。参照完整性确保键值在所有表中一致。这类一致性要求不引用不存在的值,如果一个键值发生更改,则整个数据库中对该键值的所有引用要进行一致的更改。

例如,一旦有销售关系,买家的信息(买家编号)就要存储在"销售表"中。买家编号必须是已经存在的,否则是不能存到"销售表"的。参照完整性可以防止出现见表 4-4 的错误。

表 4-4  "销售表"(一)

| 买家编号 | 商品编号 | …… |
| --- | --- | --- |
| M01 | S01 | |
| M02 | S03 | |
| M03 | S04 | |
| H04 | S05 | 买家编号不存在,出现异常 |
| M05 | S15 | |

另外,如果已经存在销售关系,A 大学(买家编号为 M01)购买了商品,在"销售表"中就有相应的记录"M01,S01,……",见表 4-5。如果不小心删除 A 大学信息,系统就会提示有联系,不能直接删除。

表 4-5  "销售表"(二)

| 买家编号 | 商品编号 | …… |
| --- | --- | --- |
| M01 | S01 | |
| M02 | S03 | |
| M03 | S04 | |
| M05 | S15 | |

(4)用户定义完整性

用户定义完整性用来定义特定的规则。例如,输入商品价格时,只能输入大于 0 的值。所有完整性类别都支持用户定义完整性。这包括创建表中所有列级约束和表级约束、存储过程以及触发器。

☞品德修养

各类完整性强调"不以规矩,不能成方圆",保障了数据库在创建和使用过程中的合理性和合法性。同样,每个个体的发展也需要正确的引导与规范,同学们在学习、生活和工作中需要遵守国家、社会和学校的各项法律法规和规章制度,不越位、不犯规,做一个遵纪守法的公民。

2. 主键和外键

(1)主键

主键(PRIMARY KEY)是用来唯一地标识表中一条记录(行)的,它可以由一个字段或多个字段组成,用于强制表的实体完整性。

一个表只能有一个主键约束,并且主键约束中的字段值不能是空值。由于主键约束可保证数据的唯一性,因此经常使用标识列定义这种约束。

如果为表指定了主键约束,则 SQL Server 2008 数据库引擎将通过为主键字段创建唯一索引来强制数据的唯一性。当在查询中使用主键时,此索引还可用来对数据进行快速访问。因此,所选的主键必须遵守创建唯一索引的规则。

如果某一字段数据的值可能重复,可以选择多个字段数据组合作为主键。例如,在"销售表"中,一个买家可以购买很多商品,每件商品也可以被多个买家购买,而某个买家也可以在多个时间购买相同的商品,所以仅仅依靠买家编号、商品编号或者销售时间都是不能唯一标识一行数据的,此时就需要用三个字段组合作为主键。

有时候,在同一张表中,有多个字段可以作为主键使用。在选择主键时,需要考虑以下两个原则:最少性和稳定性。

• 最少性是指字段数最少的键,如果可以通过一个字段确定,就不选择多个字段。

• 稳定性是指字段中数据的特征,由于主键通常用来在两个表之间建立联系,所以主键的数据不要经常更新,理想状况下,应该永远不改变。

(2)外键

外键(FOREIGN KEY)是 SQL Server 2008 保证参照完整性的设置。被设置外键的字段值必须在对应表的主键值之中。

例如,"销售表"(外键表)中的买家编号必须是存在于"买家表"(主键表)的买家编号,"销售表"(外键表)中的商品编号必须是存在于"商品表"(主键表)的商品编号,否则不能输入。

### 3. 标识列

在很多情况下,存储的信息中很难找到数据不重复的字段作为主键,这时候可以指定一个特殊的字段来区别每一条记录。SQL Server 提供了一个"标识列"(IDENTITY),特意对字段进行区分的可以递增的整数。标识列本身没有具体意义,不反映数据的意义。所以,前面提到的"买家表"中的"买家编号",不可以使用标识列来处理。因为如果使用标识列作为买家编号,可能造成买家编号不整齐的现象。

需要设计为标识列的字段必须选用整型数据类型。使用标识列需要设置种子和增量。种子就是标识列的初始数,通常使用默认值 1。增量是在种子数的基础上每次递增的值,通常使用默认值也是 1。如果一个表 T 中的 C 字段为标识列,并且种子为 1,增量也为 1,那么第一条记录的标识列的值为 1,第二条记录标识列的值为 2,依此类推。

标识列的数据不需要自己输入,每次输入本条记录的其他信息时,标识列数据自动生成。如果含有标识列的记录被删除了,那么以后的数据仍然继续递增。还以表 T 为例,连续输入记录(行)后,如果最后一条记录的标识列数据为 100,删除该记录,表中的最后一条记录的标识列数据为 99,再输入新的记录,标识列的数据将是 101。

### 4. 默认值

有些时候,表中某些字段的数据经常为某些固定值,或者某个值在字段中出现的频率较高。为了减少用户的工作量,可以为这些字段的值事先设置好默认值(DEFAULT)。用户在输入数据时,如果该字段的值为事先设置的默认值,则用户不必手动输入,系统会自动进行添加。

**5. 检查约束**

检查约束也叫作 CHECK 约束，用于定义列中可接受的数据值或格式，可以通过逻辑表达式判断输入的值是否正确。约束的基本格式为：[字段] 比较运算符 ＜数值＞，常用的约束主要包括数值约束、IN 约束和 LIKE 约束。

(1)数值约束

数值约束是通过表达式规定数值类型对象的取值范围，例如要求商品进价大于 0，表达式为：[进价]＞0。如果用户输入的进价小于或等于 0 将不能输入。检查约束还经常被使用验证数值范围，例如，学生系统中的年龄一般在 16～25 岁，所以可以写成表达式为：年龄＞＝16 AND 年龄＜＝25，或年龄 BETWEEN 16 AND 25。

(2)IN 约束

IN 约束通常用来规范取值范围较小的数据，可以是数值型，也可以是字符型。取值范围内的值用单括号括起来，值与值之间用逗号隔开。例如要求性别只能是男或女，表达式为：[性别] IN('男','女')。

(3)LIKE 约束

LIKE 约束用来约束某个数值的大致结构及内容，通过通配符的使用，使得约束格式比较灵活。用来比较的内容用单引号括起来，其一般语法格式如下：[字段] [NOT] LIKE '比较格式'。

'比较格式'中经常使用通配符"％"(百分号)和"_"(下划线)，并且这两个符号可以组合起来使用。其中：

- ％(百分号)：代表任意长度(长度可能为 0)的字符串；
- _(下划线)：代表任意单个字符。

此外，比较格式中还可以包含[]和[ˆ]，用来规定某一个字节的取值范围。

- [ ]：单个字符的特定范围(例如，[a-f])或特定集；
- [ˆ]：单个字符的特定范围外(例如，[ˆa-f])或特定集外。

例如，'A％B'表示以 A 开头、以 B 结尾的任意长度的字符串；'A_B'表示以 A 开头、以 B 结尾的长度为 3 的任意字符串；'A[B,C]％'表示以 A 开头，第二个字节是 B 或者 C 的字符串；'_[ˆA]％B'表示，第二位是非 A，最后一位是 B 的字符串。

典型示例：

[字段] LIKE '_im' 表示三个字母的、以 im 结尾的数据(例如，Jim、Tim)。

[字段] LIKE '％stein'表示任意长度以 stein 结尾的数据。

[字段] LIKE '％stein％' 表示任意长度，包含 stein 的数据。

[字段] LIKE '[J,T]im'表示三个字母的、以 J 或 T 开始、以 im 结尾的数据。

[字段] LIKE 'm[ˆc]％' 表示以 m 开始的、第二个字母不为 c 的任意长度的数据。

## 4.2.2　任务实施："商品表"等基本表的高级设置

**1. 设置主键**

【例 4-5】　将"商品表"中的"商品编号"字段设置为该表主键。

(1)启动目标表设计窗口

右击需要设置主键的目标表——"商品表"，选择"设计"命令，打开表结构设计窗体。

（2）设置主键命令

右击需要建立主键的字段"商品编号"，如图4-8所示。

在弹出的快捷菜单中选择"设置主键"命令，"商品编号"字段左侧出现一个钥匙图案，表示该字段为主键。

图4-8　设置主键

2.设置默认值

【例4-6】　为"商品表"的"品牌"字段设置默认值："A牌"。

（1）启动目标表设计窗口

右击"商品表"，从弹出的快捷菜单中选择"设计"命令，打开表结构设计窗体。

（2）设置默认

单击"品牌"字段，在窗口下方"列字段"选项卡中的"默认值或绑定"项目中输入：A牌，如图4-9所示。用户不需要输入单引号，由系统自动完成。

（3）保存设置

设置结束后，保存表结构，完成"商品表"主键、"品牌"字段默认值的设置。

按照上述的方法可以设置"买家表"级别字段的默认值为J03。

3.设置约束

【例4-7】　为"商品表"的"进价"字段设置条件为"大于零"的CHECK约束。

（1）启动约束设计窗口

右击"商品表"节点，从弹出的快捷菜单中选择"设计"命令，弹出表结构设计窗口，右击"进价"字段，从弹出的菜单中选择"CHECK约束"命令，如图4-10所示。

图4-9　默认值设置

图4-10　建立进价CHECK约束

（2）新增约束

在弹出的"CHECK约束"对话框中，单击"添加"按钮，可以新增一个约束表达式，如

图 4-11 所示。

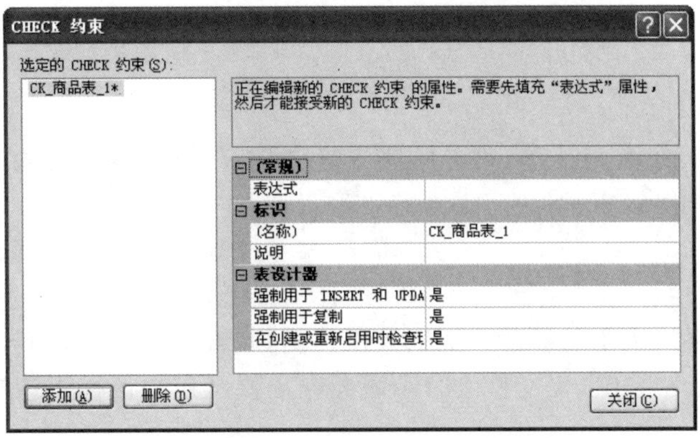

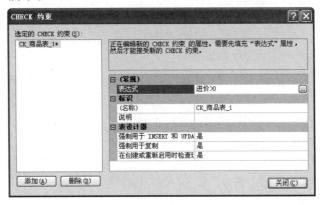

图 4-11　"CHECK 约束"对话框

（3）设置表达式

在对话框内的"表达式"项目中，可以直接输入约束表达式，根据任务要求，输入"进价＞0"，如图 4-12 所示。

图 4-12　在"CHECK 约束"对话框中输入约束表达式

也可以单击"表达式"栏目右侧的按钮，打开"CHECK 约束表达式"对话框，如图 4-13 所示。通常表达式比较复杂时在"CHECK 约束表达式"对话框中编辑表达式。

图 4-13　"CHECK 约束表达式"对话框

（4）验证规则

新输入的约束表达式默认有三种验证规则。

- 强制用于 INSERT 和 UPDATE：对新添加和修改的数据验证是否符合该约束。
- 强制用于复制：对复制的数据验证是否符合该约束。

- 在创建或重新启用时检查现有数据：验证基本表中现有数据是否符合该约束。

三个选项的默认值都是"是"，用户可以根据实际情况进行设置。本任务使用默认设置。

（5）保存

关闭"CHECK 约束"对话框，单击保存按钮 ![保存] 保存设置，如果输入表达式没有错误，数据也符合要求，则可以正常保存，否则需要重新验证表达式。

（6）验证规则

创建好约束后，系统会根据约束设置的条件及验证方式保护数据的完整性，一旦数据不符合约束要求，系统则给予提示并拒绝操作。例如，将"商品表"打开，将表中第一条记录的"进价"数据项改为"0"，提交修改时系统会弹出提示用户该操作违反规则对话框，如图 4-14 所示。

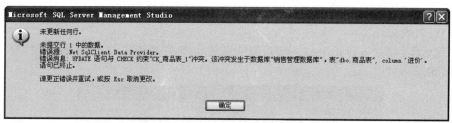

图 4-14　提示违反约束规则对话框

【例 4-8】　为"商品表"的"销售价"字段设置 CHECK 约束。

第一种方式采用修改表结构方式实现，本任务使用另一种方式实现约束的创建。

（1）启动约束设计对话框

打开"商品表"节点，右击"约束"节点，在弹出的快捷菜单中选择"新建约束"命令，如图 4-15 所示。

（2）创建约束

打开"商品表"的"CHECK 约束"对话框。与第一种方式类似，在"表达式"栏目中输入约束条件："销售价＞0"，保存即可。关于复杂表达式的书写，将在以后的项目中介绍。

4. 设置外键

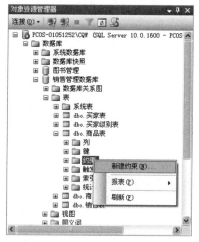

图 4-15　"新建约束"命令

【例 4-9】　为"商品表"和"商品类型表"创建外键联系，保证数据引用的完整性。

（1）确定目标表及字段

首要任务是确定"商品表"与"商品类型表"两个表当中哪个是外键表，因为外键的设置必须在外键表中进行。首先确定两个表之间通过哪两个字段进行关联，通过对两个表的分析，确定"商品表"中的"类型"字段和"商品类型表"中的"类别编号"字段为关联字段；然后确定"商品表"中"类型"字段的值是参考"商品类型表"中的"类型编号"字段。所以，"商品表"的"类型"字段应该是关系中的外键，"商品表"为外键表。

（2）打开关系设置对话框

右击外键表"商品表"节点，从弹出的快捷菜单中选择"设计"命令，弹出"商品表"的结构设计窗口。

右击"商品表"结构设计窗口中的"类型"字段，从弹出的快捷菜单中选择"关系"命令，如图 4-16 所示，弹出"外键关系"对话框。

（3）新建关系

在弹出的"外键关系"对话框中，可以查看和管理当前基本表与其他表的关系，如图 4-17 所示。

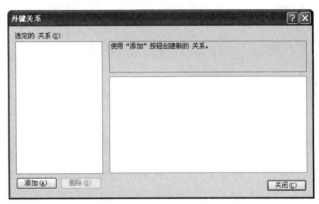

图 4-16　设置"商品表"的外键关系　　　　　　图 4-17　"外键关系"对话框

根据任务，需要添加一个新的关系，所以单击"添加"按钮，系统会在对话框中自动添加一个新的空白关系，如图 4-18 所示。

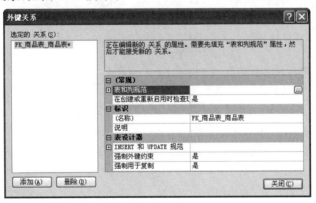

图 4-18　添加新关系

（4）设置主、外键表

选中对话框中的"表和列规范"节点，单击右侧按钮![]弹出"表和列"对话框，如图 4-19 所示，进行具体的外键表及字段设置。

从图 4-19 中可以看出，外键表部分的"商品表"是固定的，也就意味着在外键的设置过程中，外键表是固定不可设置的，所以在前面的操作中，必须在外键表"商品表"中完成外键关系的设置。因此，这里主要是完成主键表的设置。

根据任务,通过"主键表"下拉列表选择主键表为"商品类型表"。

（5）设置外键字段

在"主键表"和"外键表"栏目下方,分别进行字段的设置。根据任务,主键表的目标字段设置为"类型编号",外键表的目标字段为"类型",如图 4-20 所示。确认无误后,单击"确定"按钮,退出表和列的设置。

图 4-19  "表和列"对话框            图 4-20   设计结果

（6）保存

回到"外键关系"对话框,此时系统会根据用户设置自动将该关系名称命名为:FK_商品表_商品类型表 1,如图 4-21 所示,如果用户不希望使用该名称,可以自行在"名称"栏目中进行设置。

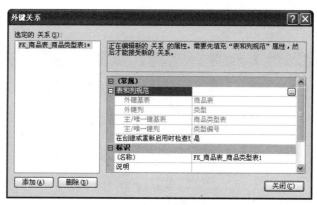

图 4-21  "外键关系"对话框

对上述信息确认无误后,单击"关闭"按钮,退回到表结构设计窗口,对表结构进行保存即可。

（7）验证

外键关系一旦创建完成,系统就会按照外键规则规范这个关系。例如打开"商品表",将第一条记录的"类型"数据项改为"L07",因为在"商品类型表"的"类型编号"字段中并不存在这一类型编号,所以这一修改是违反外键规则的,系统会弹出对话框提示用户,如图 4-22 所示。

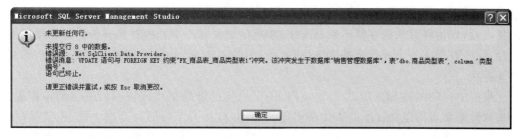

图 4-22　提示违反外键规则对话框

## 课堂实践2

**1. 实践要求**

①为"图书管理"数据库中的各个表创建主键。

②给"图书表"中的出版社字段设置默认值"A 出版社"。

③为"图书表"中的"定价"和"页数"字段设置约束,要求数值大于 0。

④利用外键关系,将"图书管理"数据库中的各个表连接起来。

**2. 实践要点**

①掌握各种完整性约束的实施方法。

②注意外键约束建立过程中外键表及外键的选择。

# 任务 4.3　"所有商品"等视图的创建

视图的创建

## 任务描述

经过小赵的努力,公司完成了数据的规范性保存。但是现在一个新的问题摆在了小赵面前,每次经理向他要数据,他都需要从表中的所有数据中查找这些目标数据,很不方便。有没有一种比较简单的方法,可以只查看自己感兴趣的数据,而不显示那些不需要的数据呢? 小赵决定用视图来解决这个问题。

## 任务分析

视图可以构建一种虚拟的表结构,并从相应表中读取数据填充到这个虚拟结构中,方便用户的查看。在完成视图的实施过程中,重点是在理解了视图概念的基础上,掌握视图创建窗口中各个组成部分的功能与设置方法。

## 4.3.1　知识准备:视图介绍

**1. 视图概述**

视图是系统中的虚拟表,是存储在数据库中的,预先定义好结构的查询结果集。同真实的表一样,视图包含一系列带有名称的列和行数据,甚至可以像基本表一样进行数据的存取、修改和检索,但其并不占用磁盘的物理空间,是一个只有结构,没有真正数据的虚拟表(除非是索引视图,否则视图的数据不会作为非重复对象存储在数据库中)。因为视图定义以后,只是将其结构存储于数据库中,相应的数据并不单独再存储一份。每次使用视图时,这些数据从一个或几个基本表(或视图)中映射生成,所以视图依赖于基本表,不能独立存在。

视图中存储的是 SELECT 语句,SELECT 语句的结果集构成视图所返回的虚拟表。行和列数据来自由定义视图的查询所引用的表,并且在引用视图时动态生成,也就是说,表中数据的变更可以及时地反映到视图中。用户可以采用引用表时所使用的方法,在 SQL 语句中引用视图名称来使用此虚拟表。

**2. 视图的优点**

视图主要具有以下四个优点:

(1)简化操作

因为事先根据用户的需要定义好了相应结构,所以只要用户查看视图,就可以看到该定义结构所对应的数据,而不必反复通过查询语句来检索这些数据。

(2)方便用户

视图中只保存了用户感兴趣的数据,而相应基本表中的其他数据并不会显示出来"打扰"用户。

(3)安全机制

管理员可以将一些不需要保密的数据存储为视图,允许其他用户访问,而基本表则杜绝用户访问,在不改变数据库结构的前提下,提高了数据库的安全性。

(4)定制数据

同样的一个或者多个表格,可以衍生出无数个视图,这对于一个多用户访问的数据库来说十分重要,可以在这些基本表的基础上,为用户定制完全不同的数据方案。

## 4.3.2 任务实施:创建"商品概述"等视图

**1. 创建视图**

【例 4-10】 创建"商品概述"视图,显示所有商品名称、品牌和进价。

(1)启动视图创建窗口

在目标数据库"销售管理"数据库节点下,右击"视图"节点,选择"新建视图"命令,打开"添加表"对话框。

(2)添加目标表

在"添加表"对话框中需要设置创建视图所需要的基本表。选中目标表,单击"添加"按钮进行添加,如图 4-23 所示。根据任务,将"商品表"添入其中。

添加结束后,单击"关闭"按钮,启动"创建视图"窗口。

(3)创建视图窗口介绍

创建视图窗口共分为四个部分:基本表列表,字段列表,SQL 语句栏和结果栏,如图 4-24 所示。前三部分用于设置视图的条件,在结果栏中则可以显示当前设置下视图所包含的字段和结果数据。

图 4-23 "添加表"对话框

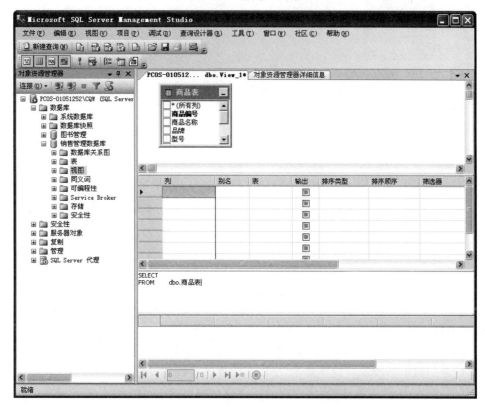

图 4-24 创建视图窗口

窗口的四部分功能如下：

• 基本表列表：按照用户前面的设置列出视图所需要的基本表,如果事先基本表已经确定了关系,则列表中的基本表会直接连接,否则需要用户手动建立连接。表中每个字段前面都有一个复选框,用户需要在目标字段前选中该复选框。

• 字段列表：列表中会列出用户在基本表列表中选中的所有字段,用户需要对这些字段进行详细的设置,例如是否输出、是否包含条件、具体条件和排序等。

• SQL 语句栏：用户所做的设置会在该栏目转化为 SQL 语言,用户也可以在这里直接编辑相应的 SQL 查询语句,达到编辑视图的目的。

• 结果栏：可以显示目前设置下，视图的结果集情况。

综上所述可以看出，前三个栏目是用于设计视图的，而且这三部分的设置是相通的，用户在一个栏目中对视图进行的设置，会相应地反映到其他两个栏目中。例如在图 4-24 所示的基础上，在基本表列表中选中"品牌"字段，此时字段列表中会自动出现"品牌"字段，SQL 语句栏中的 SELECT 语句后也会出现"品牌"语句，如图 4-25 所示。

（4）设置目标字段

首先在基本表列表中选中视图所需要的字段，根据任务要求，在"商品表"基本表字段中选中"商品名称""品牌"和"进价"三个复选项，如图 4-26 所示。

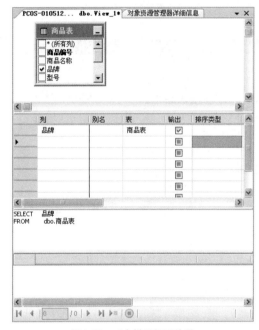

图 4-25　三个栏目相互关联　　　　图 4-26　关系窗口中选择对应字段

（5）字段详细设置

此时，字段列表会将目标字段显示出来，并可以在其中进行详细设置，如图 4-27 所示。本任务中对于字段没有特殊要求，所以不需要进行特别设置。

图 4-27　条件窗口

（6）语句设置

经过上述设置，SQL 窗口会自动生成视图相应的 SELECT 语句，如下所示：

SELECT 品牌，商品名称，进价
FROM dbo.商品表

如果用户对视图的创建有特殊设置，也可以直接在语句部分进行设置。SELECT 语句的应用将在以后的项目中详细介绍，在此部分不需要进行特别设置。

小提示：有时候可以利用视图设计器，建立查询语句。

（7）执行并保存视图

设置结束后，可以单击工具栏上的 🕯 按钮执行预览操作，可以看到当前设置下视图的结果，如图 4-28 所示。

图 4-28　预览视图结果

（8）保存

如果确认设置无误，单击工具栏上的保存按钮 🖫 保存视图，并在弹出的对话框中输入视图名称为"商品概述"。

【例 4-11】　创建"高价商品"视图显示所有售价在 4000 元以上的商品名称、品牌和进价，并按进价升序排序。

与上一个任务不同的是，该视图加入了约束条件"进价 4000 元以上"。

①右击目标数据库"销售管理"数据库中的"视图"节点，在弹出的快捷菜单中选择"新建视图"命令，与前任务操作类似。

②将目标基本表"商品表"添入视图。

③根据任务要求，在视图创建界面中，首先在基本表列表栏目中选中"商品表"中的"商品名称""品牌""进价"和"销售价"四个字段。

④在字段列表栏目中，在"销售价"字段右侧对应的"筛选器"栏目中输入："＞4000"，完成任务中的销售价格条件设置，如图 4-29 所示。

| 列 | 别名 | 表 | 输出 | 排序类型 | 排序顺序 | 筛选器 | 或... |
|---|---|---|---|---|---|---|---|
| 商品名称 | | 商品表 | ☑ | | | | |
| 品牌 | | 商品表 | ☑ | | | | |
| 进价 | | 商品表 | ☑ | 升序 | 1 | | |
| 销售价 | | 商品表 | ☐ | | | ＞4000 | |

图 4-29　条件筛选

⑤在"进价"字段右侧的"排序类型"下拉列表中选择"升序"，由于任务中只有一个排序条件，所以默认"排序顺序"为"1"，如图 4-29 所示。

⑥在任务中，"销售价"字段只是作为一个条件存在，并没有要求输出，所以取消选中"销售价"右侧的"输出"复选框。

⑦单击 ▓ 按钮执行预览操作，确认无误后，保存视图为"高价商品视图"。

【例 4-12】 创建"个人购买"视图，显示所有个人购买商品的名称和时间。

该任务与前两个的不同之处在于视图中涉及"买家表""销售表"和"商品表"三个表格。

①右击"销售管理"数据库中的"视图"节点，在弹出的快捷菜单中选择"新建视图"命令。

②在"添加表"对话框中，依次添加"买家表""销售表"和"商品表"。

③因为在前面的任务中，已经将"销售管理"数据库中的各表建立了相互的外键关系，所以当三个表添加到视图创建窗口中时，已经存在的关系自动显示在基本表列表栏目中，如图 4-30 所示。

图 4-30　基本表自动创建连接

④按任务要求，首先设置所需字段，将"买家名称""销售日期"和"商品名称"三个字段添加到字段列表中。

⑤设置好任务中买家名称为"个人"这一筛选条件，如图 4-31 所示。

| 列 | 别名 | 表 | 输出 | 排序类型 | 排序顺序 | 筛选器 | 或... |
|---|---|---|---|---|---|---|---|
| 商品名称 | | 商品表 | ☑ | | | | |
| 销售日期 | | 销售表 | ☑ | | | | |
| 买家名称 | | 买家表 | ☑ | | | = '个人' | |
| | | | ☐ | | | | |

图 4-31　销售视图条件

⑥单击 ▓ 按钮执行并查看结果。最后，保存视图名称为"个人购买"视图。

**2. 使用视图**

视图创建好后，用户就可以通过使用视图来查看那些自己感兴趣的数据。视图是一个虚拟表，其数据来源于后台的基本表，所以视图每次打开时都显示表中即时的数据。

视图的使用与基本表的查看及管理基本一致，打开视图后可以直接查看数据，并可以对视图中的数据进行修改，这种变动会反映到后台的基本表中。

【例 4-13】 查看前面所创建的"个人购买"视图。

①选择要查看视图所在的目标数据库，展开"视图"节点，右击需要查看的目标视图对象"个人购买"，从弹出的快捷菜单中选择"编辑前 200 行"命令，如图 4-32 所示。

②弹出的视图查看窗口与前面介绍的如图 4-5 所示基本表查看窗口基本一致，设置方法也相同，这里不再复述。

**3. 修改视图**

在使用视图的过程中，用户可以根据新的需要对其结构进行调整，以满足用户最新的需要。视图修改的界面与创建的界面是一样的，所以这里只介绍如何进入修改界面。

【例 4-14】 修改"高价商品"视图中的条件,将销售价由大于 4000 改为大于 5000。

①选择需要修改的视图所在目标数据库,展开其"视图"节点,右击需要修改的目标视图对象"高价商品",从弹出的快捷菜单中选择"设计"命令,如图 4-33 所示。

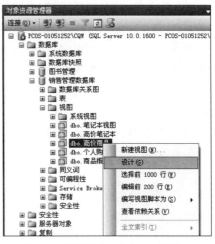

图 4-32 视图的查看命令——"编辑前 200 行"     图 4-33 视图的修改命令——"设计"

②弹出的修改"高价商品"视图窗口与前面创建的窗口完全一致,设置方法基本相同,只需要将"4000"改为"5000"即可,具体方法不再复述。

**4. 删除视图**

【例 4-15】 删除"高价商品"。

当视图失去存在的意义时,用户可以选择删除视图来减轻系统负担。

右击需要删除的"高价商品"视图,从弹出的快捷菜单中选择"删除"命令,然后在如图 4-34 所示的"删除对象"视图中单击"确定"按钮即可。

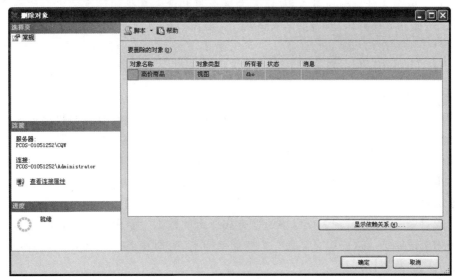

图 4-34 "删除对象"视图

**课堂实践3**

**1. 实践要求**

①创建"男读者"视图,存储所有男读者的信息。

②创建一个"高价图书"视图,存储所有定价大于50的图书书名、定价和作者信息。

③创建一个"高级读者"视图,存储所有高级读者的姓名和单位信息。

④查看上述三个视图的内容。

⑤将"高价图书"视图中的条件更改为大于100。

**2. 实践要点**

①注意创建视图过程中各个功能窗口的组合应用。

②注意多表视图的设置。

# 任务4.4 "商品表"等基本表中索引的创建

## 任务描述

小赵利用数据库管理公司的各种数据,大大提升了公司的办公效率。但是也有个别部门反映,随着数据的不断增加,一些表中数据的查询速度也变得越来越慢。小赵翻看了一些资料,发现索引是提高查询速度最有效的方法之一。

## 任务分析

为了更快地在"销售管理"数据库中找到目标数据,用户需要在数据库中创建相应的索引文件。索引文件就如同目录,可以大大提高用户检索数据的速度。索引的创建过程比较简单,也不需要单独应用,所以关键就是掌握索引的类型和创建索引的原则。

## 4.4.1 知识准备:索引简介

**1. 索引的概念**

用户所使用的数据虽然表面上保存在数据库中,但归根结底所有的数据都是保存在硬盘这样的介质中。用户可以通过数据库管理系统来使用数据,但是对于这些数据具体在介质上是如何保存的却并不清楚。然而,恰恰这些物理存储方式的设计,是影响数据库性能的重要因素,特别是影响检索数据速度的重要因素。常用的解决方案就是引入索引。

索引是与表或视图关联的磁盘结构,可以加快从表或视图中检索行的速度。索引就像字典的目录一样,通过索引可以快速地查找指定的数据。索引包含由表或视图中的一列或多列生成的键。这些键存储在一个树形结构中,使SQL Server可以快速有效地查找与键值关联的数据行。

索引通常是作为一个单独的对象保存在数据库中,它和建立于其上的基本表是分开存储的。建立索引的主要目的是提高数据检索的性能。索引可以被创建或撤销,这对数据毫无影响。不过,一旦索引被撤销,数据查询的速度可能会变慢。索引要占用物理空间,且常常比基本表本身占用的空间还要大。

当索引建立后,它便记录了被索引列的每一个数值在表中的位置。当在表中加入新的数据时,索引中也增加相应的数据项。当对建立了索引的基本表进行数据查询时,首先在相应的索引中查找。如果数据被找到,则返回该数据在基本表中的确切位置。

对一个基本表,可以根据应用环境的需要创建若干索引以提供多种存取途径。通常,索引的创建和撤销由 DBA 或表的拥有者负责。索引创建后,用户不能也不必在存取数据时选择索引,索引的选择由系统自动进行。

**2. 索引的分类**

表或视图可以包含以下类型的索引:聚集索引和非聚集索引。

(1)聚集索引根据数据行的键值在表或视图中排序和存储这些数据行

索引定义中包含聚集索引列。每个表只能有一个聚集索引,因为表和视图中的数据行本身只能按一个顺序排序。

(2)非聚集索引具有独立于数据行的结构

非聚集索引包含非聚集索引键值,并且每个键值项都有指向包含该键值的数据行的指针。

每当修改了表数据后,都会自动维护表或视图的索引。

对表列定义了 PRIMARY KEY 约束和 UNIQUE 约束时,会自动创建索引。例如,"商品表"以"商品编号"为主键,则 SQL Server 2008 自动对该列创建主键约束和索引。

通过引入一个现实中类似工作的实例,来说明无索引、普通索引和聚集索引对于数据检索的影响。

这里将在数据库中检索数据比喻成班级里发作业的工作。假设在一个班级中,每个学生的座位是没有顺序的,也就是没有按照学号进行排序,并且没有每个学生的具体座位坐标。这就如同一个没有索引的表。假设学生目前实际的座位情况如图 4-35 所示,现在要发放学号为 1、4 和 13 三名学生的作业。

(1)没有索引

首先发放 1 号学生的作业,因为座位号无序,也没有座位表,所以只能逐个座位去查看是否为 1 号,其路线如图 4-36 所示。

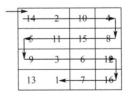

图 4-35　原始座位情况　图 4-36　发放 1 号学生作业路线

接下来发放 4 号学生的作业,因为没有任何依据,就需要返回起点再进行查找,路线如图 4-37 中━ ━ ▶线路所示。发放 13 号作业时同理,也要返回起点后再逐个查看。可见,这样的方案效率是十分低的。

（2）普通索引

当一个基本表具有索引时，就如同发作业时具有了座位表一样，发放作业时可以直接找到该学生座位，这样发放作业的路线就变得简单很多，如图 4-38 所示。

可见，这种方法发 3 本作业的路线基本与上一个方案发 1 本的路线一致，效率大大提高了。但是同时可以看出，这种路线也存在折返与重复的情况，即不是最佳方案。

（3）聚集索引

聚集索引会将数据按照逻辑顺序重新排列，就如同学生的座位按照学号有序排列一样，这使发放的方案更加优化，如图 4-39 所示。

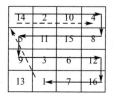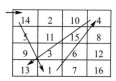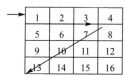

图 4-37　发放 4 号学生作业路线　　图 4-38　有索引发放　　图 4-39　聚集索引发放

从路线中可以看出，该方案没有折返和重复的路线，基本上是最优的发放方法。所以，从上述三种方法可以看出，无索引、普通索引和聚集索引之间的区别。

**3. 创建索引的注意事项**

设计索引时，应考虑以下几条准则：

（1）对于一个基本表不要建立大量的索引

索引文件需要占用存储空间，索引过多会使系统负担加重。索引需要自身维护，当基本表的数据增加、删除或修改时，索引文件要随之变化，以保持与基本表一致。显然，索引过多会影响数据增、删、改的速度。

（2）是否创建索引取决于表的数据量大小和对查询的要求

基本表中记录的数量越多，记录越长，越有必要创建索引，创建索引后加快查询速度的效果越明显。相反，对于记录比较少的基本表，则创建索引的意义不大。另外，索引要根据数据查询或处理的要求而创建，即对那些查询频度高、实时性要求高的数据一定要建立索引，否则不必考虑创建索引。

尽管使用索引可以强化数据库的性能，但也有需要避免使用索引的时候，如下面所述的情况：

- 包含太多重复值的列。
- 查询中很少被引用的列。
- 值特别长的列。
- 查询返回率很高的列。
- 具有很多 NULL 值的列。
- 需要经常增、删、改的列。
- 记录较少的基本表。
- 需要进行频繁的、大批量的数据更新的基本表。

## 4.4.2 任务实施:"销售管理"数据库中索引的实施

### 1.创建索引

打开"商品表"的"索引"节点时,发现已经存在"PK_商品(聚集)"索引了,如图 4-40 所示,为什么呢?

前面介绍过,设置主键的同时,SQL Server 2008 系统自动添加对应的聚集索引。由于设置过"商品编号"为主键,所以这个索引就是在"商品编号"字段上创建的唯一聚集索引。

那么如何手动创建自己的索引呢?

图 4-40 索引节点

【例 4-16】 为"商品表"的"商品名称"字段创建索引。

(1)打开"新建索引"窗口

右击目标数据表"商品表"中的"索引"节点,从弹出的快捷菜单中选择"新建索引"命令,打开"新建索引"窗口,如图 4-41 所示。

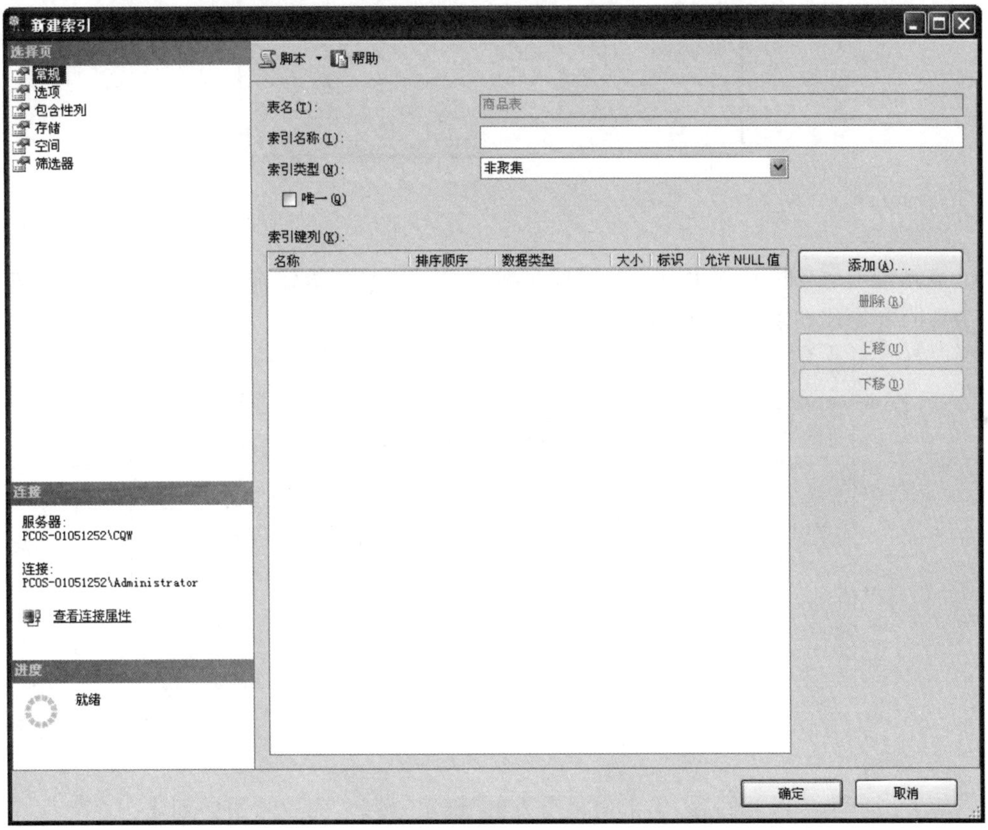

图 4-41 "新建索引"窗口

(2)设置索引

首先在"索引名称"文本框中输入索引名称"SP_IND",然后设置索引类型为"非聚集"。取消选中"唯一"复选框,如图 4-42 所示。

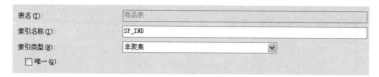

图 4-42　设置索引

（3）添加目标字段

单击"新建索引"窗口中的"添加"按钮，弹出索引列设置窗口，选中目标字段"商品名称"，如图 4-43 所示。

图 4-43　设置索引列

（4）保存

设置结束后，单击"确定"按钮，完成字段选择，退回到"新建索引"窗口，窗口下方列表中出现刚刚创建的索引信息，如图 4-44 所示。

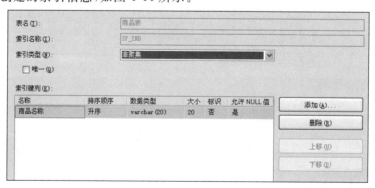

图 4-44　新索引

（5）确认

如果用户确认没有问题，单击窗口下方的"确定"按钮，完成索引的创建。

同理，可以为"买家表"创建买家姓名索引。

**2. 管理索引**

创建索引后，用户可以对其进行管理与维护。

（1）查找目标索引

当用户需要查看自己创建的索引时，首先选择目标表"商品表"节点，单击其中的"索引"节点,此时在右侧属性窗格列出"商品表"中的所有索引。

（2）设置索引属性

右击目标索引,从弹出的快捷菜单中选择"属性"命令,如图 4-45 所示。弹出的界面与创建索引时的图 4-41 基本相同,用户可以通过该界面查看该索引的一些基本属性,并进行修改。

3. 删除索引

因为索引的日常维护由系统完成,意味着索引越多,系统的负担越重。所以当一些索引失去存在的意义时,应该及时进行删除。

【例 4-17】　删除"商品表"中"商品名称"字段的索引。

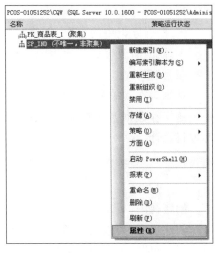

图 4-45　设置索引属性

（1）查找目标索引

当用户需要删除索引时,首先选择目标表的"商品表"节点,单击其中的"索引"节点,此时在右侧属性窗格中可以列出"商品表"中的所有索引。

（2）确认删除

右击目标索引,从弹出的快捷菜单中选择"删除"命令,弹出删除索引窗口,单击"确定"按钮即可。

### 课堂实践4

1. 实践要求

①在"图书表"的"书名"字段上创建一个普通索引。

②删除刚才创建的索引。

2. 实践要点

注意创建索引过程中主要参数的设置。

## 课后拓展

拓展练习一:完成学生管理数据库中基本表的实施

【练习综述】

基本表信息可参考导论中关于"学生管理"数据库的描述。

为每个基本表设置相应的主键。

完成表与表之间外键的设置。

为"学生表"的性别字段设置默认值:男,数据只能是男或者女。

为"系部表"的系部名称字段设置默认值:信息工程系。

"课程表"中学分字段的数值必须大于 0,小于 8。

【练习要点】

- 根据导论中的介绍,创建"学生管理"数据库中的各个表。
- 根据需要完成基本表中各种约束的设置。

【练习提示】

基本表在实施的过程中,最重要的就是数据类型的选择,这会决定数据库能否合理和安全地保存数据。而基本表中各种完整性约束的设计则不是越多越好,应该根据实际需要进行设计。

拓展练习二:完成"学生管理"数据库中视图的实施

【练习综述】

创建视图,要求获得学分大于 5 的课程名称,命名为:核心课程。

创建视图,要求获得信息工程系所有学生的信息,命名为:信息系学生。

创建视图,要求获得数据库考试成绩大于 80 的学生姓名,命名为:优秀学生。

【练习要点】

视图创建过程中各个窗格的应用。

【练习提示】

通过 SSMS 创建视图的过程比较简单,关键是各部分功能窗格的使用。

拓展练习三:完成学生管理数据库中索引的实施

【练习综述】

为"学生表"创建姓名索引,要求升序。

为"课程表"创建类型索引,要求降序。

【练习要点】

不同索引的设置方法。

【练习提示】

索引的创建比较简单,但是与约束一样,要想合理地实施索引,需要比较丰富的应用经验,所以这里的任务重点是熟练掌握操作方法,经验要在后期慢慢积累。

# 课后习题

一、选择题

1. 下列数据类型的表达式不能使用比较运算符的是(    )。

A. INT          B. CHAR          C. VARCHAR          D. TEXT

2. 下列数据类型的列不能作为索引的是(    )。

A. IMAGE          B. CHAR          C. INT          D. DATETIME

3. SQL 数据库中的视图与(    )是对应的。

A. 关系模式          B. 存储模式          C. 子模式          D. 以上都不是

4. 下列说法正确的是(    )。

A. 视图是观察数据的一种方法,只能基于基本表的建立

B. 视图是虚拟表,观察到的数据是实际基本表中的数据

C. 索引查找法一定比表扫描法查询速度快

D. 索引的创建只和数据的存储有关系

5. 一个表最多允许拥有(　　)个非聚集索引。

A. 1　　　　　　　　B. 249　　　　　　　C. 250　　　　　　　D. 没有限制

6. 关系数据库中,主键是(　　)。

A. 为标识表中唯一的实体　　　　　　B. 创建唯一的索引,允许空值

C. 只允许以表中第一字段建立　　　　D. 允许有多个主键的

7. 表中的外键实现的是(　　)。

A. 值域完整性　　　　　　　　　　　B. 参照完整性

C. 用户定义完整性　　　　　　　　　D. 实体完整性

8. 下面(　　)不是 SQL Server 2008 的基本数据类型。

A. VARIANT　　　　B. VARCHAR　　　　C. VARBINARY　　　D. NVARCHAR

9. 以下关于外码和相应的主码之间的关系,正确的是(　　)。

A. 外码一定要与相应的主码同名,但并不一定唯一

B. 外码一定要与相应的主码同名

C. 外码一定要与相应的主码同名而且唯一

D. 外码并不一定要与相应的主码同名

10. SQL Server 的视图最多可以包含(　　)列。

A. 250　　　　　　　　B. 1024　　　　　　　C. 24　　　　　　　D. 99

二、填空题

1. SQL Server 中索引类型包括三种类型,分别是_____、_____和_____。

2. 在 SQL Server 中,与索引的顺序和数据表的物理顺序相同的索引是_____。

3. 主键用来实现_____完整性。

4. 主键自动获得_____性和_____性。

5. 一般文字内容较多的数据应该选择_____数据类型。

三、判断题

1. 经常被查询的列和列值唯一的列不适合建索引。　　　　　　　　　(　　)

2. 一个表可以没有主关键字。　　　　　　　　　　　　　　　　　　(　　)

3. 在基本表中,标识列是不允许被修改的。　　　　　　　　　　　　(　　)

4. 视图创建好后,可以被作为数据源使用。　　　　　　　　　　　　(　　)

5. 唯一索引和唯一约束是一回事。　　　　　　　　　　　　　　　　(　　)

# 项目 5

# "销售管理"数据库的数据查询

● **知识教学目标**

- 了解 SQL 语言概况；
- 了解 SQL 语言的基本语法；
- 了解 SQL 语言运算符号和语法的约定；
- 掌握 SQL 查询语句的基本结构。

● **技能培养目标**

- 掌握使用 SQL 语言检索单表数据的方法；
- 掌握使用汇总方式查询和统计数据的方法；
- 掌握使用连接方法查询多表数据的方法；
- 掌握子查询等特殊查询方法。

在前面项目中介绍的数据库及对象实施，都是通过 SSMS 实现的。但是在数据库的应用过程中，很多任务不能通过界面实现，只能通过语句实现，其中就包括数据的查询。本项目重点介绍数据库语言——SQL 以及使用 SQL 来查询数据的方法。

SQL 是一门 ANSI 的标准计算机语言，用来访问和操作数据库系统，可以取回和更新数据库中的数据。SQL 语言可与数据库管理系统协同工作，比如 MS Access、DB2、Informix、MS SQL Server、Oracle、Sybase 以及其他数据库系统。了解和掌握 SQL 语言是操作数据库的基础。

## 任务 5.1　SQL 基础查询语句

✍ **任务描述**

小赵使用 SSMS 将公司的数据库系统搭建得初具规模，但是他深知，数据库并不是用来简单存放数据的，要通过数据库的应用来提升公司的效率，其中最重要的应用就是数据的查询与统计。要想高速、准确地查询数据，比较可行的途径就是使用 SQL 查询语句。小赵决定，从数据库查询所使用的 SQL 语言及最基本的查询语句开始学习。

## 任务分析

SQL 语言与其他编程语言相比并不复杂,更多的是依靠经验而不是知识来解决问题。但是作为刚刚接触 SQL 语言的用户,还是要重视基础语言的学习,为后期的学习打下良好基础。

### 5.1.1    知识准备:SQL 查询语言入门

#### 1. SQL 语言概述

SQL 是结构化查询语言(Structure Query Language)的缩写,是关系数据库的标准语言。SQL 语言是 1974 年由 Boyce 和 Chamberlin 提出来的,1975—1979 年 IBM 公司研制的关系数据库管理系统原形系统 System R 实现了这种语言。

创新研究精神

SQL 语言目前是全球通用的数据库语言,其权威性和标准性得到了一致认可,但是各个公司仍在不断试图探索在其基础上开发更加优化的数据库语言,因为只有不断地创新才可能创造更大的价值。

1975 年,计算机汉字激光照排技术创始人王选,打破日本和欧美的技术垄断,主持计算机汉字激光照排系统的研究开发,他敏锐地意识到,要实现技术的跨越必须从高起点开始,所以他跨越当时日本的光机式二代机和欧美的阴极射线管式三代机阶段,直接从第四代激光照排技术开始研制,开创性地研制当时国外尚无商品的第四代激光照排系统。1987 年 5 月 22 日,世界上第一张整页输出的中文报纸诞生,标志着方正将自己的核心技术成功地转化为推动社会生产力发展的产品。如今,第八代方正激光照排系统已经在国内市场处于绝对垄断地位,市场占有率达到 95%,并在全球华文市场占据 90% 的市场,中文照排市场份额全球第一。

当今世界正经历百年未有之大变局,高质量发展对加快科技创新提出了更为迫切的要求,青年一代要勇挑重担积极主动地参与到创新工作中。

虽然在命名 SQL 语言时,使用了"结构化查询语言"这一名称,但是实际上 SQL 语言有四大功能:查询、操纵、定义和控制。这四大功能使 SQL 语言成为一个综合的、通用的、功能强大的关系数据库语言。经过多年的发展,SQL 语言已成为关系数据库的标准语言。

(1)数据定义语言

数据定义语言(Data Definition Language,DDL)通常是数据库管理系统的一部分,在 SQL Server 2008 中,数据库对象包括表、视图、触发器、存储过程、规则、默认、用户自定义的数据类型等。数据定义语言的语句有 CREATE、ALTER 和 DROP 等。

(2)数据操纵语言

数据操纵语言(Data Manipulation Language,DML)用于检索和操作数据的 SQL 语句子集。数据操纵语言的语句包括 SELECT、INSERT、UPDATE 和 DELETE 等。

(3)数据控制语言

数据控制语言(Data Control Language,DCL)是用来设置数据库用户或角色权限的语句,包括 GRANT、DENY 和 REVOKE 等命令。在默认状态下,只有 sysadmin、 dbcreator、db_owner 或 db_securityadmin 等人员才有权力执行数据控制语言。

（4）控制流语句

SQL 还为用户提供了控制流语句，用于控制 SQL 语句、语句块或者存储过程的执行流程。常用流程控制语句有 BEGIN…END、IF…ELSE、WHILE、BREAK、GOTO、WAITFOR 和 RETURN 等语句。

作为关系数据库的标准语言，SQL 语言具有以下特点：

（1）语言功能一体化

SQL 语言集数据定义语言、数据操纵语言、数据控制语言功能于一体，并且它不严格区分数据定义和数据操纵，在一次操作中可以使用任何语句。这为数据库应用开发提供了良好的环境。同时，用户在数据库运行以后，还可以修改模式，不影响数据库的运行。

（2）两种使用方式、统一的语法结构

SQL 语言有两种使用方式：联机交互方式和嵌入某种高级程序设计语言方式。在联机交互使用方式下，SQL 语言为自含式语言，可以独立使用，这种方式适合非计算机专业人员使用；在嵌入某种高级语言的使用方式下，SQL 语言为嵌入式语言，它依附于主语言，这种方式适合程序员使用。

尽管使用 SQL 语言的方式可能不同，但是 SQL 语言的语法结构是基本一致的。这就大大改善了最终用户和程序设计人员之间的通信。

（3）高度非过程化

在使用 SQL 语言时，无论使用哪种方式，用户都不必了解文件的存取路径。存取路径的选择和 SQL 语句操作的过程由系统自动完成。也就是说，只要求用户提出"干什么"，而无须指出"怎么干"。

（4）语言简洁，易学易用

SQL 语言的语法不复杂，十分简洁。

**2. SQL 语法要素**

在使用 SQL 语言的过程中，很多语法结构的描述都具有语法约定，具体约定内容及说明见表 5-1。

表 5-1 　　　　　　　　　　　　　SQL 语法要素表

| 语 法 约 定 | 用 途 说 明 |
|---|---|
| 大写字母 | Transact-SQL 关键字 |
| 斜体 | 用户提供的 Transact-SQL 语法的参数 |
| 粗体 | 数据库名、表名、列名、索引名、存储过程、实用工具、数据类型名以及必须按所显示的原样输入的文本 |
| 下划线 | 指示当语句中省略了包含带下划线的值的子句时应用的默认值 |
| \|（竖线） | 分隔括号或大括号中的语法项。只能选择其中一项 |
| [ ] | 可选语法项。不要输入方括号 |
| { } | 必选语法项。不要输入大括号 |
| [ ,…n ] | 指示前面的项可以重复 n 次。每一项由逗号分隔 |

（续表）

| 语 法 约 定 | 用 途 说 明 |
|---|---|
| [...n] | 指示前面的项可以重复 n 次。每一项由空格分隔 |
| [;] | 可选的 Transact-SQL 语句终止符。不要输入方括号 |
| <标签>::= | 语法块的名称。用于对可在语句中的多个位置使用的过长语法段或语法单元进行分组和标记。可使用的语法块的每个位置由括在尖括号内的标签指示:<标签> |

### 3.基本运算符

运算符是用来执行算术运算、字符串串联、赋值以及在字段、常量和变量之间进行比较的操作符。运算符主要有以下六大类:算术运算符、比较运算符、逻辑运算符、位运算符、字符串串联运算符和赋值运算符。

（1）算术运算符

算术运算符在 SQL 语句中用于执行数学运算。同大多数语言一样,对于数学运算,通常有四种操作符:＋(加)、－(减)、＊(乘)和/(除)。算术运算符既可以单独使用,也可以组合使用。

（2）比较运算符

比较运算符用来比较两个表达式的大小。它们能够比较除文本(text)、可变长度文本(ntext)和图像(image)数据类型之外的其他数据类型的表达式,见表 5-2。

表 5-2　　　　　　　　　　　比较运算符

| 运算符 | 含 义 |
|---|---|
| = | 等于 |
| > | 大于 |
| < | 小于 |
| >= | 大于或等于 |
| <= | 小于或等于 |
| <>(! =) | 不等于 |
| ! | 非 |
| ! > | 不大于 |
| ! < | 不小于 |

其中,! ＝、! ＞、! ＜ 为 SQL Server 在 ANSI 标准基础上新增加的比较运算符。比较表达式的返回值为逻辑数据类型,即 True 或 False。如果比较表达式的条件成立,则返回 True,否则返回 False。

（3）逻辑运算符

当计算指定的是逻辑表达式时需要使用逻辑运算符。逻辑运算符可返回逻辑表达式被执行的最终结果,且返回值要么为真(True),要么为假(False),见表 5-3。

表 5-3                                              逻辑运算符

| 运算符 | 含义 |
|---|---|
| AND | 若两个逻辑表达式都为 True,则为 True |
| OR | 若两个逻辑表达式中的一个为 True,则为 True |
| NOT | 对任何其他逻辑运算符的值取反 |
| ALL | 若一系列的比较都为 True,则为 True |
| ANY | 若一系列的比较中任何一个为 True,则为 True |
| BETWEEN | 若操作数在某个范围之内,则为 True |
| EXISTS | 若子查询包含一些行,则为 True |
| IN | 若操作数等于表达式列表中的一个,则为 True |

SQL 还提供了四种通配符,这些通配符与逻辑运算符一起用于描述一组符合特定条件的表达式。通配符可以在语句中实现替代字符的功能,使得语句更加灵活。主要通配符见表 5-4。

通配符经常与 LIKE 关键字一起配合使用。

表 5-4                                              主要通配符

| 通配符 | 含义 |
|---|---|
| _ | 任何单个字符 |
| % | 任意长度字符串 |
| [] | 在括号中所指定范围内的一个字符 |
| [^] | 不在括号中所指定范围内的任意一个字符 |

（4）位运算符

位运算符只能用于整数或二进制类型数据,用于在两个整型操作数之间执行位运算,主要包括 &、|、^、~。

（5）字符串串联运算符

字符串串联运算符的形式与加号（＋）一致,但用于两个字符串的连接。例如:

PRINT ′ABC′＋′def ′＋′123′,其结果为 ABCdef123。

（6）赋值运算符

SQL 中只有一个赋值运算符（＝）。赋值运算符可以将数据值赋给某个特定的对象。还可以使用赋值运算符在列标题和为列定义值的表达式之间建立关系。

**4. 运算符的优先级**

一个表达式中如果出现了多种运算符,计算机在处理时还涉及处理的先后顺序,这就是运算符的优先级,见表 5-5。

表 5-5                                              运算符的优先级

| 优先级 | 运算符 |
|---|---|
| 1 | ＋（正）、－（负）、~（按位取反） |

（续表）

| 优先级 | 运算符 |
|---|---|
| 2 | ＊（乘）、/（除）、％（取模） |
| 3 | ＋（加）、＋（字符串串联）、－（减） |
| 4 | ＝、＞、＜、＞＝、＜＝、＜＞、！＝、！＞、！＜ |
| 5 | &（位与）、｜（位或）、^（位异或） |
| 6 | NOT |
| 7 | AND |
| 8 | ALL、ANY、BETWEEN、IN、LIKE、OR、SOME |
| 9 | ＝（赋值） |

**5. 查询语句的基本语法格式**

数据查询是数据库的核心操作，其功能是根据用户的需要以一种可读的方式从数据库中提取所需数据，由 SQL 数据操纵语言的 SELECT 语句实现。SELECT 语句是 SQL 中用途最广泛的一条语句，具有灵活的使用方式和丰富的功能。

数据表在接受查询请求的时候，可以简单地理解为它将逐行选取，判断是否符合查询条件，如果符合就提取出来，然后把所有被选择的行组织在一起，形成另一个类似于表的结构，这便是查询的结果，通常称为结果集。

一个完整的 SELECT 语句包括 SELECT、FROM、WHERE、GROUP BY 和 ORDER BY 子句。它具有数据查询、统计、分组和排序的功能。它的语法及各子句的功能如下：

SELECT［ALL｜DISTINCT］［TOP n］［＜＊｜目标字段表达式＞［...n］］
［INTO ＜新表＞］
FROM ＜表名或视图名＞［,＜表名或视图名＞［...n］］
［WHERE ＜条件表达式＞］
［GROUP BY ＜字段名 1＞［HAVING ＜条件表达式＞］］
［ORDER BY ＜字段名 2＞［ASC｜DESC］］；

微　课

查询语句基础

功能：从指定的基本表或视图中，选择满足条件的元组数据，并对它们进行分组、统计、排序和投影，形成查询结果集。

说明：

（1）SELECT 和 FROM 语句

SELECT 和 FROM 语句为必选子句，而其他子句为可选子句。INTO ＜新表＞用于指定使用结果集来创建新表，＜新表＞指定新表的名称。

（2）SELECT 子句

SELECT 子句用于指明查询结果集的目标字段，＜目标字段表达式＞是指查询结果集中包含的字段名，可以是直接从基本表或视图中投影得到的字段，也可以是与字段相关的表达式或数据统计的函数表达式，目标字段还可以是常量。

- ALL 表示所有满足条件的元组，DISTINCT 说明要去掉重复的元组。

- TOP 表示只显示结果集的前多少行,n 是对行数的说明。

- "∗"表示显示结果集中的所有字段,<目标字段表达式>表示指定显示某些字段,字段间用","隔开。

- 在某字段后加"AS",表示给该字段起别名以及在结果中使用新字段名称。

(3)FROM 子句

FROM 子句用于指明要查询的数据来自哪些数据源,通常是基本表或视图。如果包含多个基本表或视图,则名称之间用","分隔。

如果查询使用的基本表或视图不在当前数据库中,还需要在表或视图前加上数据库名进行说明,即使用"<数据库名>.<表名>"的形式表示。如果在查询中需要一表多用,则每种使用都需要一个表的别名标识,并在各自使用中用不同的基本表别名表示。定义基本表别名的格式为"<表名> <别名>"。

(4)WHERE 子句

WHERE 子句通过条件表达式描述对基本表或视图中元组的选择条件。DBMS 处理语句时,以元组为单位,逐个考察每个元组是否满足 WHERE 子句中给出的条件,将不满足条件的元组筛选掉,所以 WHERE 子句中的表达式也称为元组的过滤条件。通常条件表达式的结构是"<字段> 运算符 <数值>",例如"品牌 = ′A 牌′"。

(5)GROUP BY 子句

GROUP BY 子句的作用是将结果集按<字段名 1>的值进行分组,即将该字段值相等的元组分为一组,每个组产生结果集中的一个元组,可以实现数据的分组统计。当 SELECT 子句后的<目标字段表达式>中有统计函数,且查询语句中有分组子句时,则统计为分组统计,否则为对整个结果集进行统计。

GROUP BY 子句后可以使用 HAVING<条件表达式>短语,它用来把分组后的结果进行筛选。HAVING 必须跟随 GROUP BY 子句使用。

(6)ORDER BY 子句

ORDER BY 子句的作用是对结果集按<字段名 2>的值进行升序(ASC)或降序(DESC)排序,其中 ASC 为默认排序规则。查询结果集可以按多个排序字段进行排序,根据各排序字段的重要性从左向右列出。

## 5.1.2 任务实施:数据的简单查询

### 1.选择表中的若干字段

选择表中的全部或部分字段就是表的投影运算,这种运算可以通过 SELECT 子句给出的字段列表来实现。字段列表中的列可以是表中的字段,也可以是表达式列。所谓表达式列,就是由多个列运算或是利用函数计算后所得到的列。

【例 5-1】 查询所有商品信息。(注:输出表中所有字段。)

```
USE 销售管理              --打开销售管理数据库
GO
SELECT ∗ FROM 商品表      --查询商品表所有字段
GO
```

例 5-1 的结果如图 5-1 所示。

【例 5-2】 查询所有商品的商品名称、型号、进价、库存。（注：输出表中部分字段。）

USE 销售管理

GO

SELECT 商品名称,型号,进价,库存 FROM 商品表

GO

例 5-2 的结果如图 5-2 所示。

图 5-1 查询所有商品信息　　　　　　图 5-2 输出表中部分字段

【例 5-3】 查询所有商品的商品名称、型号、（销售价与进价之间的）差价、库存。
（注：为结果集内的字段指定别名,输出列表中可以是表达式或常量。）

USE 销售管理

GO

SELECT 商品名称,型号,销售价－进价 AS 差价,库存 FROM 商品表

GO

例 5-3 的结果如图 5-3 所示。

小提示：在默认情况下,查询结果中的字段标题可以是表中的字段名或无列标题。
用户可以根据实际需要,对字段标题进行修改,或者为没有标题的字段添加标题。修改字
段标题可以采用以下方法：

SELECT 字段名/表达式 列别名 FROM 数据源

SELECT 字段名/表达式 AS 列别名 FROM 数据源

SELECT 列别名＝字段名/表达式 FROM 数据源

【例 5-4】 从"销售表"中查询买家编号。（注：用 DISTINCT 关键字剔除重复行。）

在表中,可能会包含重复值。当需要去掉重复值时,可以使用关键词 DISTINCT。
关键词 DISTINCT 用于返回唯一不同的值。

USE 销售管理

GO

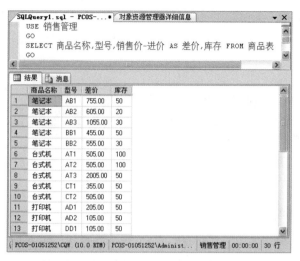

图 5-3　为结果集内的字段指定别名

```
SELECT 买家编号 FROM 销售表              --不会剔除重复行
GO
SELECT DISTINCT 买家编号 FROM 销售表     --将剔除重复行
GO
```

例 5-4 的结果如图 5-4 所示。

本例有两个查询语句,得到两个结果集。如图 5-4 所示,这两个不同的结果集,前者不会剔除重复行,后者剔除了重复行。

☞ 工匠精神

数据查询是大多数数据操作的基础,其准确性决定了应用系统的生命,所以查询语句务必精准。根据企业需求确定是否剔除重复数据,是对查询结果更高的要求,是一种精益求精、追求卓越的要求,也正是我国 2016 年政府工作报告中首次提出的"工匠精神"。

在日常生活中我们也要一点一滴地培养做事一丝不苟、精益求精的科学精神。精益求精,是要把每一个细节都做足功夫。超越平凡并不是要去做多大的事情,只要我们把生活和工作中的每一件小事都做到完美,就能成就卓越。"共和国勋章"获得者袁隆平,不满足于自己已经培育出的水稻,一生都在不断钻研,追求培育出更好的杂交水稻。就是因为他有着一种精益求精的科学精神,被誉为"杂交水稻之父""当今中国最著名的科学家""当代神农""米神"等称号。

【例 5-5】　查询"商品表"中前三条信息。(注:限制返回行数。)

如果用户只是需要查看记录的样式和内容,就没有必要显示表中全部的记录。这时可以通过 TOP n 关键字限定显示表中的记录数,具体数目由 n 来决定。如果在字段列表前使用 TOP n PERCENT 关键字,则查询结果只显示前面的 n% 条记录。

```
USE 销售管理                        --打开销售管理数据库
GO
SELECT TOP 3 * FROM 商品表          --查询前三行商品的所有字段
GO
```

例 5-5 的结果如图 5-5 所示。

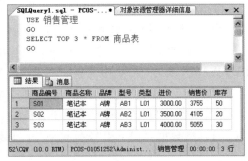

图 5-4 用 DISTINCT 关键字剔除重复行　　　　图 5-5 查询表中前三条记录

**2. 选择表中的若干记录**

有目的地选择表中若干记录就是表的选择运算,通过 WHERE 子句实现。WHERE 子句中的条件表达式多种多样,其格式及使用的运算符可参考知识准备中的介绍。

(1)关系运算

【例 5-6】 查询"商品表"中商品名称为"笔记本"的所有信息。

```
USE 销售管理
GO
SELECT * FROM 商品表 WHERE 商品名称='笔记本'
GO
```

例 5-6 的结果如图 5-6 所示。

(2)逻辑运算

【例 5-7】 查询"商品表"中商品名称为"笔记本",进价在 3000 元及以上的所有信息。

多重条件查询时,可以使用逻辑运算符 AND、OR、NOT 连接多个查询条件。

```
USE 销售管理
GO
SELECT * FROM 商品表 WHERE 商品名称='笔记本' AND 进价>=3000
GO
```

例 5-7 的结果如图 5-7 所示。

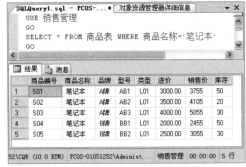

图 5-6 带条件查询　　　　　　　　　图 5-7 联合条件查询

(3)确定范围 BETWEEN... AND

【例 5-8】 查询"商品表"中进价在 3000 元到 5000 元间的商品。代码如下：

SELECT ＊ FROM 商品表 WHERE 进价 BETWEEN 3000 AND 5000

GO

本例也可以使用以下代码：

SELECT ＊ FROM 商品表 WHERE 进价＞＝3000 AND 进价＜＝5000

如果要查询不在 3000 元到 5000 元间这个范围的商品，只需将本例题中的 BETWEEN 改为 NOT BETWEEN 即可。

【例 5-9】 查询"销售表"中 2020 年下半年商品的销售情况。代码如下：

SELECT ＊ FROM 销售表 WHERE 销售日期 BETWEEN ′2020-07-01′ AND ′2020-12-31′

日期型数据要用单引号括起来，并且要保证日期格式正确。也可以用′2020/07/01′表示。

(4)确定集合 IN 和 NOT IN

【例 5-10】 查询"商品表"中笔记本、台式机、打印机的信息。代码如下：

SELECT ＊ FROM 商品表 WHERE 商品名称 IN(′笔记本′,′台式机′,′打印机′)

本例也可以使用以下代码：

SELECT ＊ FROM 商品表 WHERE 商品名称＝′笔记本′ OR 商品名称＝′台式机′ OR 商品名称＝′打印机′

IN 和 NOT IN 可以用来查询属性值属于(或不属于)指定集合的记录。IN 的左边是字段，IN 的右边是多个值构成的集合，各值间用逗号隔开。

(5)模糊运算 LIKE

【例 5-11】 查询"商品表"中商品名以"电脑"开始的商品信息。代码如下：

SELECT ＊ FROM 商品表 WHERE 商品名称 LIKE ′电脑%′

例 5-11 的结果如图 5-8 所示。

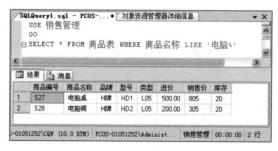

图 5-8 模糊查询

在实际应用中，有时不能给出精确的查询条件，需要根据一些不确定的信息来查询，称之为模糊查询。模糊查询使用 LIKE 运算符，即字符串匹配运算符，LIKE 后的字符串可以是完整的字符串，也可以含通配符，主要通配符见表 5-4。

【例 5-12】 查询"买家表"中电话含 8 的买家信息。代码如下：

SELECT ＊ FROM 买家表 WHERE 电话 LIKE ′%8%′

【例 5-13】 查询“买家表”中电话中的第 3 位为 8 的买家信息。代码如下：

```
SELECT * FROM 买家表 WHERE 电话 LIKE '__8%'
--注意'__8%'处,8 的前面有 2 个下划线
```

【例 5-14】 查询“买家表”中电话最后 1 位为 3、8 或 9 的买家信息。代码如下：

```
SELECT * FROM 买家表 WHERE 电话 LIKE '%[3,8,9]'
--如果查询电话最后 1 位不为 3、8 或 9,则改为 LIKE '%[^3,8,9]'
--如果查询电话最后 3 位依次为 3、8、9,则改为 LIKE '%389'
```

(6)空值判断 IS NULL

【例 5-15】 查询“买家级别表”中,享受折扣为空的相关信息。代码如下：

```
SELECT * FROM 买家级别表 WHERE 享受折扣 IS NULL
```

通常,一条记录对应的每列都有相应数据,但有时某列的值暂时没有确定,此时可以不填入数据(表设置时允许该列为空),那么该列的值为空(NULL)。NULL 既不是 0,也不是空格。判断数值是否为空时,使用 IS NULL,而不能写成等于空("=NULL")。

### 3. 对查询结果进行排序

数据查询过程中,有时需要把查询结果按照一定的顺序排列,此时可以通过 ORDER BY 子句实现。排序方式分为升序(ASC)排列和降序(DESC)排列,默认情况下按升序排列。ORDER BY 子句语法格式如下：

ORDER BY {列名 [ASC|DESC]} [,... n]

当排序语句中包含多个排序列时,首先按第一排序列排序,在第一排序列数值相同的情况下,再按后续排序列排序。

【例 5-16】 查询笔记本电脑的相关信息,并按进价降序排列。代码如下：

```
SELECT * FROM 商品表 WHERE 商品名称='笔记本'
ORDER BY 进价 DESC
```

例 5-16 的结果如图 5-9 所示。

【例 5-17】 输出“商品表”中品牌为“A 牌”的相关信息,按商品名升序排列,同一商品名按销售价降序排列。代码如下：

```
SELECT * FROM 商品表 WHERE 品牌='A 牌'
ORDER BY 商品名称,销售价 DESC
```

例 5-17 的结果如图 5-10 所示。

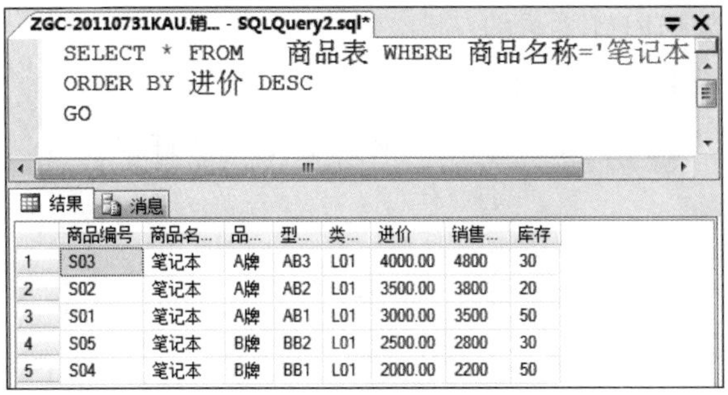

ZGC-20110731KAU.销... - SQLQuery2.sql*

```
SELECT * FROM 商品表 WHERE 商品名称='笔记本'
ORDER BY 进价 DESC
GO
```

结果 消息

| | 商品编号 | 商品名... | 品... | 型... | 类... | 进价 | 销售... | 库存 |
|---|---|---|---|---|---|---|---|---|
| 1 | S03 | 笔记本 | A牌 | AB3 | L01 | 4000.00 | 4800 | 30 |
| 2 | S02 | 笔记本 | A牌 | AB2 | L01 | 3500.00 | 3800 | 20 |
| 3 | S01 | 笔记本 | A牌 | AB1 | L01 | 3000.00 | 3500 | 50 |
| 4 | S05 | 笔记本 | B牌 | BB2 | L01 | 2500.00 | 2800 | 30 |
| 5 | S04 | 笔记本 | B牌 | BB1 | L01 | 2000.00 | 2200 | 50 |

图 5-9 降序排列

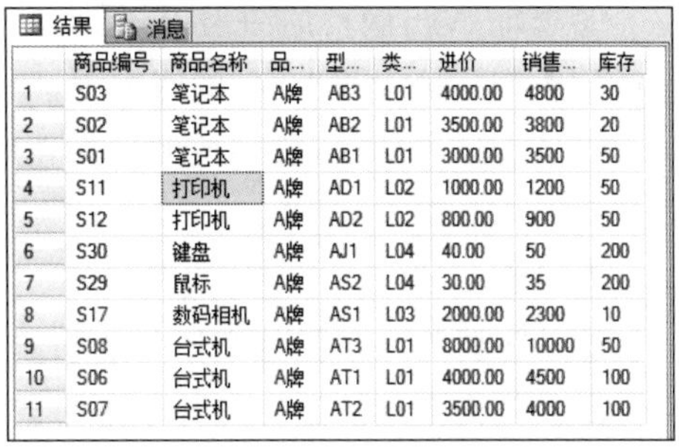

结果 消息

| | 商品编号 | 商品名称 | 品... | 型... | 类... | 进价 | 销售... | 库存 |
|---|---|---|---|---|---|---|---|---|
| 1 | S03 | 笔记本 | A牌 | AB3 | L01 | 4000.00 | 4800 | 30 |
| 2 | S02 | 笔记本 | A牌 | AB2 | L01 | 3500.00 | 3800 | 20 |
| 3 | S01 | 笔记本 | A牌 | AB1 | L01 | 3000.00 | 3500 | 50 |
| 4 | S11 | 打印机 | A牌 | AD1 | L02 | 1000.00 | 1200 | 50 |
| 5 | S12 | 打印机 | A牌 | AD2 | L02 | 800.00 | 900 | 50 |
| 6 | S30 | 键盘 | A牌 | AJ1 | L04 | 40.00 | 50 | 200 |
| 7 | S29 | 鼠标 | A牌 | AS2 | L04 | 30.00 | 35 | 200 |
| 8 | S17 | 数码相机 | A牌 | AS1 | L03 | 2000.00 | 2300 | 10 |
| 9 | S08 | 台式机 | A牌 | AT3 | L01 | 8000.00 | 10000 | 50 |
| 10 | S06 | 台式机 | A牌 | AT1 | L01 | 4000.00 | 4500 | 100 |
| 11 | S07 | 台式机 | A牌 | AT2 | L01 | 3500.00 | 4000 | 100 |

图 5-10 组合排列

**4. 用查询结果生成新表**

在实际应用中,可以将查询的结果保存到一个新表中。该功能通过 INTO 子句实现。INTO 子句的语法格式如下:

INTO 新表名

例如,查询"商品表"信息,并保存到一个新表中。代码如下:

SELECT ＊ INTO 商品表副本 FROM 商品表

这样,在数据库中就多了一张新表:"商品表副本"。如果并不想将目标数据永久性地存到一个新表中,只是临时保存为一个表,可以将数据保存到一个临时表中,语句改为

SELECT ＊ INTO ♯商品表副本 FROM 商品表

那么新生成的表"♯商品表副本"为临时表。

🐾 小提示:临时表只在本次服务器连接过程中有效,一旦服务器断开连接,则该表失效并被删除。

INTO 语句也可以用来生成一个空表。代码如下:

SELECT ＊ INTO 商品表副本 FROM 商品表 WHERE 1＝2

🐾 小提示:从商品表中检索符合条件的数据并形成一个新表,因为 1＝2 这个公式不会成立,所以就不会检索出符合条件的数据,故生成的是一个没有数据的空表。

## 课堂实践1

**1. 实践要求**

①查询所有图书的信息。

②查询读者的姓名和工作单位。

③查询前五本图书。

④查询都有哪些单位的读者。

⑤查询图书馆里都有哪些出版社的图书。

⑥查询所有 A 出版社图书的信息。

⑦查询所有定价大于 100 的图书名称和出版社。

⑧查询所有 B 出版社出版的页数大于 50 页的图书书名。

⑨查询定价为 100~200 元的图书信息。

⑩查询 A 出版社的图书中,哪些是与数据库有关系的。

⑪查询定价大于 30 元的图书中,B 和 C 出版社都有哪些图书。

⑫查询读者的信息,并按照超期次数的多少排序。如果超期次数相同,则按照姓氏排序。

**2. 实践要点**

①首先要熟练掌握每个子句的功能。

②在查询条件的编写过程中要注意运算符的运用。

③排序过程中要注意字段前后顺序对结果的影响。

# 任务 5.2　SQL 汇总查询

## 任务描述

完成了一些基本的数据查询之后,小赵感受到 SQL 查询语句功能的强大。正好到了年终盘点时间段,销售部门的经理希望小赵能根据要求获取一些并不是直接存储在数据库中的统计数据,小赵决定用 SQL 查询语句中的汇总查询来解决这些问题。

## 任务分析

汇总查询是查询语句中略为复杂的一种查询方式,因为与其他查询语句相比,汇总查询略显抽象,它所得到的数据并不是基本表中直接存在的。所以在解决类似问题时,首先要分析清楚所需要的数据应该如何计算或是统计,然后再使用语句来实现它们。

## 5.2.1　知识准备:聚合函数与分组语句

### 1. 聚合函数概述

聚合函数是用来统计或是计算数据库中数据的函数命令,常用的六个聚合函数命令及功能见表 5-6。

表 5-6　　　　　　　　　　　　　　　　聚合函数

| 函　数 | 说　明 |
| --- | --- |
| COUNT( * ) | 统计所有记录个数 |
| COUNT([DISTINCT ｜ ALL]<字段名>) | 统计字段中值的个数 |
| SUM([DISTINCT ｜ ALL]<字段名>) | 对指定字段求总和(字段必须是数值型) |
| AVG([DISTINCT ｜ ALL]<字段名>) | 对指定字段求平均值(字段必须是数值型) |
| MAX(<字段名>) | 求一个字段值中的最大值 |
| MIN(<字段名>) | 求一个字段值中的最小值 |

在 SELECT 子句中聚合函数用来对结果集进行统计计算。DISTINCT 是去掉指定列中的重复值,ALL 是不取消重复值,如果不特殊声明,默认是 ALL。

### 2. 聚合函数的使用

聚合函数的使用语法格式如下:

SELECT 聚合函数(字段名)[,...n]

FROM 表名

[WHERE 条件]

可以看出,其语法结构和查询语句的基本相同,所以聚合函数是查询语句的一种特殊用法,而不是一种独立的查询。

### 3. 分组查询语句

某些查询需要将数据按照一定信息分组后再进行统计。例如,在"销售表"中存储了所有商品的销售情况,而统计每种商品的销售总金额、每个买家的购买总金额等都需要先将商品或买家根据某种条件分组后再进行统计与计算。

这种检索情况很普遍,通常称为分组查询。分组查询采用 GROUP BY 子句来实现。GROUP BY 子句的语法格式如下:

微课

分组查询

GROUP BY 字段名 [HAVING 分组后的筛选条件表达式]

特别提醒:

• "BY 字段名"按指定的字段进行分组,字段值相同的记录放在一组,每组经汇总后只生产一条记录。

• HAVING 的筛选是对经过分组后的结果集进行筛选,而不是对原始表筛选。

• SELECT 子句后的字段列表必须是聚合函数或 GROUP BY 子句中的字段名。

**4. 计算查询语句**

有时不仅要对查询结果集中的所有记录进行汇总统计,还希望显示所有参加汇总记录的详细信息,以便能直观地看出汇总结果正确与否。此时就需要用到 COMPUTE 子句。

COMPUTE 子句的语法格式如下:

COMPUTE 聚合函数 [BY 字段名]

特别提醒:

• COMPUTE 子句所有的字段都必须出现在 SELECT 列表中。

• COMPUTE...BY 子句中每一列的名字必须出现在 ORDER BY 子句中。

• COMPUTE 和 ORDER BY 子句中字段的顺序必须一致。

## 5.2.2 任务实施:使用聚合函数分组统计数据库中的数据

**1. 聚合函数的使用**

【例 5-18】 统计买家级别中有多少种不同的级别。代码如下:

SELECT COUNT( * ) AS 级别总数 FROM 买家级别表

例 5-18 的结果如图 5-11 所示。

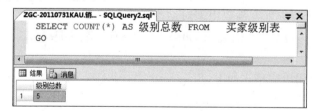

```
ZGC-20110731KAU.销... - SQLQuery2.sql*              ▼ ×
    SELECT  COUNT(*)  AS  级别总数  FROM        买家级别表
    GO

⏴                        ▬▬                        ▶
⊞ 结果  ⌷ 消息
    级别总数
1   5
```

图 5-11 统计记录总数

【例 5-19】 统计买家级别中特权不为空的行数。代码如下:

SELECT COUNT(特权) AS 行数 FROM 买家级别表

-- COUNT(特权)与 COUNT(ALL 特权)等同

【例 5-20】 统计"商品表"中有多少个商品名称及多少种不同的商品名称。本例包括两种结果,比较两者查询结果。代码如下:

SELECT COUNT(商品名称) AS 总行数 FROM 商品表

SELECT COUNT(DISTINCT 商品名称) AS 不同商品数 FROM 商品表

例 5-20 的结果如图 5-12 所示。

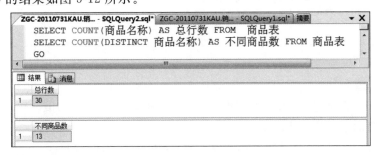

图 5-12　过滤重复值

从结果可以看出,在使用 COUNT 计数的过程中,结合 DISTINCT 命令,可以得到某字段中不重复的数据数量。

【例 5-21】　查询笔记本电脑的最高进价和最低进价。代码如下:

SELECT MAX(进价)AS 最高进价, MIN(进价)AS 最低进价 FROM 商品表

WHERE 商品名称='笔记本'

例 5-21 的结果如图 5-13 所示。

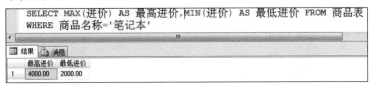

图 5-13　查询最大、最小值

【例 5-22】　查询笔记本电脑的进价总和及笔记本电脑库存总价值。代码如下:

SELECT SUM(进价) AS 单价总和,SUM(进价 * 库存) AS 金额总和 FROM 商品表

WHERE 商品名称='笔记本'

例 5-22 的结果如图 5-14 所示。

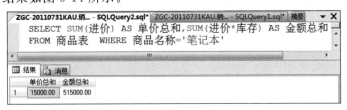

图 5-14　求总和

【例 5-23】　查询笔记本电脑的平均进价(以下通过两种方法计算)。代码如下:

SELECT AVG(进价)AS 平均进价,SUM(进价)/COUNT(进价)AS 平均进价 2

FROM 商品表 WHERE 商品名称='笔记本'

例 5-23 的结果如图 5-15 所示。

两种方式中,第一种是通过函数直接求平均进价,第二种是先求进价总和,再除以商品总数。显而易见第一种方式更简单、直观,但是第二种方式也应该掌握,以便在其他情况下应用。

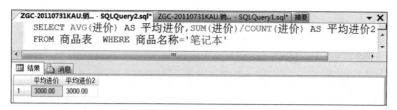

图 5-15　求平均值

2. 聚合函数与分组查询的配合使用

【例 5-24】　查询"销售表"中每种商品的实际销售价格的平均值。要求输出商品编号及销售价格的平均值。代码如下：

SELECT 商品编号,AVG(实际销售价格)AS平均销售价格 FROM 销售表
GROUP BY 商品编号

例 5-24 的结果如图 5-16 所示。

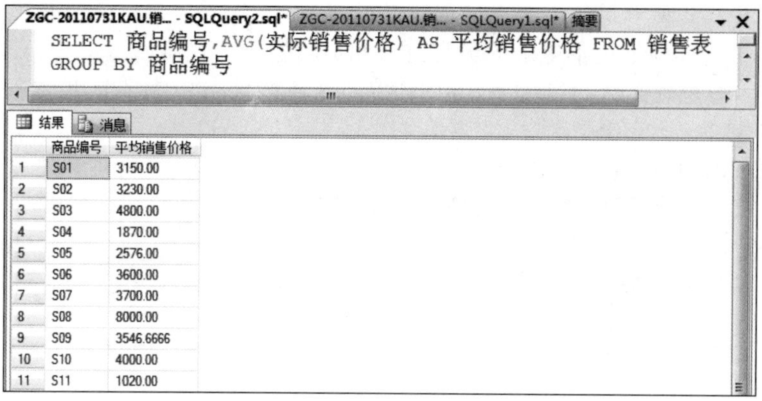

图 5-16　分组后求平均值

【例 5-25】　查询"销售表"中每个买家购买商品的次数。要求输出买家编号及购买商品的次数。代码如下：

SELECT 买家编号,COUNT( * ) AS 商品种类 FROM 销售表
GROUP BY 买家编号

例 5-25 的结果如图 5-17 所示。

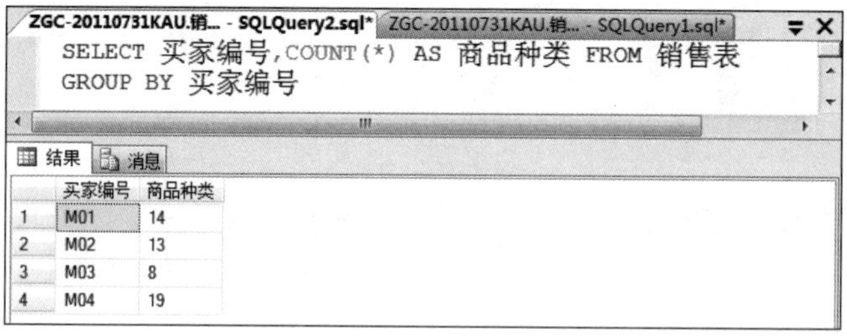

图 5-17　分组后统计行数

【例 5-26】　在例 5-25 的基础上,要求只输出买家购买商品的次数在 10 以上的信息。代码如下：

SELECT 买家编号,COUNT(＊)AS 商品种类 FROM 销售表

GROUP BY 买家编号

HAVING COUNT(＊)>＝10

例 5-26 的结果如图 5-18 所示。

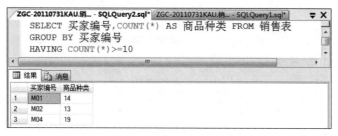

图 5-18 分组后再经过 HAVING 筛选

小提示:WHERE 子句与 HAVING 子句作用的对象不同,前者作用于基本表,后者作用于分组后的结果集;HAVING 子句可以有聚合函数,而 WHERE 子句不可以。

**3. 使用计算子句显示数据明细**

**【例 5-27】** 查询"销售表"中的总行数并显示详细信息。代码如下:

SELECT ＊ FROM 销售表

COMPUTE COUNT(买家编号)

例 5-27 的结果如图 5-19 所示。

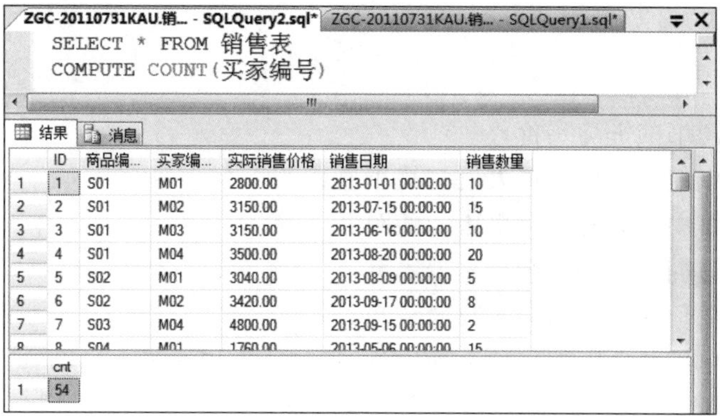

图 5-19 统计行数并显示详细信息

**【例 5-28】** 查询"销售表"中每个买家购买商品的次数并显示详细信息。代码如下:

SELECT ＊ FROM 销售表

ORDER BY 买家编号

COMPUTE COUNT(买家编号)

BY 买家编号

例 5-28 的结果如图 5-20 所示。

小提示:ORDER BY 子句用的是"买家编号",COMPUTE...BY 子句也只能用买家编号。

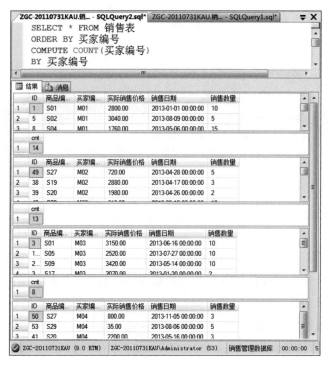

图 5-20　明细汇总查询

## 课堂实践2

### 1. 实践要求

①查询所有图书的平均定价。

②查询读者中超期次数的最大值与最小值。

③查询图书馆中一共有几个出版社的图书。

④查询图书馆拥有各个出版社多少本书。

⑤查询每个单位读者的超期次数的总和。

⑥查询每个出版社出版图书的平均定价,只显示平均定价在 50 元以上的信息。

### 2. 实践要点

①聚合函数在使用时首先要确定计算与统计方案。

②很多统计与计算时需要去掉重复的数据。

③分组与聚合函数是经常配合使用的,要注意两者在查询过程中各自的作用。

# 任务 5.3　连接查询

## 任务描述

随着数据库技术在公司各方面应用的不断深入,经理提出的一系列新问题让小赵很困惑,因为经理所需要的数据不再像以前一样存储在一个表中,而是涉及多个基本表。要怎样才能从两个甚至多个表中查询数据呢？要怎样才能将多个表格连接起来呢？

## 任务分析

在实际的数据检索任务中，多数情况都是多表连接查询，也就是查询的条件或者查询的结果来源于数据库中多个表。在学习连接查询的过程中，可以将连接查询也看作单表查询，只不过这个"单表"是通过语句形成的一个新表，除此之外，查询的方法与函数的使用跟单表查询是相同的。

### 5.3.1  知识准备：连接查询语语句

微课

连接查询

**1. 连接查询种类**

与连接查询有关的关键字有以下几种：

- INNER JOIN：内连接，结果只包含满足条件的记录。
- LEFT JOIN：左外连接，结果包含满足条件的行及左侧表中的全部行。
- RIGHT JOIN：右外连接，结果包含满足条件的行及右侧表中的全部行。
- FULL JOIN：全外连接，结果包含满足条件的行和两侧表中的全部行。
- CROSS JOIN：交叉连接，结果包含两个表中所有行的组合，指明两个表的笛卡儿操作(用得不多，在此不再介绍)。

**2. 表内连接查询**

内连接(INNER JOIN)是最常用的连接方式，它通过比较两表共同拥有的字段，从两个表查找符合连接条件的行。一般是通过等值运算符进行比较，也可以用其他关系运算符。等值连接可以分为 ANSI 方式和 SQL Server 方式。

(1)ANSI 语法

ANSI 方式的内连接是在 FROM 语句中实现的，其语法格式为：

SELECT 字段列表

FROM 表 1 [INNER] JOIN 表 2 ON 表 1.列名＝表 2.列名

WHERE ＜查询条件＞

其中，关键字 ON 后面为等值连接条件。

(2)SQL Server 语法

SQL Server 的内连接是在 WHERE 语句中实现的，其语法格式为：

SELECT 字段列表

FROM 表 1，表 2

WHERE 表 1.列名＝表 2.列名 [AND ＜查询条件＞]

其中，关键字 WHERE 后面为等值连接条件及其他查询条件。

【例 5-29】  查询一级买家的信息。代码如下：

SELECT a. * FROM 买家表 a INNER JOIN 买家级别表 b ON a. 级别＝b. 级别编号

WHERE 级别名称＝'一级'

小提示：＜表名＞ a 的意思是将某个表在本次查询中命名为"a"，这样在整个查询语句中都可以使用"a"来代替该表,简化操作。

本例也可以按以下格式编写代码:

SELECT a. *

FROM 买家表 a,买家级别表 b

WHERE a.级别＝b.级别编号 AND 级别名称＝'一级'

**3.多表内连接查询**

如果查询中涉及多个表,则需要两两连接,再去连接其他表。这时有两种常用连接方式:一种是直接通过多次 INNER 内连接实现;第二种是通过 WHERE 连接条件实现。

【例 5-30】 查询 A 大学购买的商品名称。

分析:要输出的这些字段来自三张表,即"商品表""买家表"和"销售表"。通过多次 INNER 内连接方式的代码如下:

SELECT 商品名称

FROM 买家表 a INNER JOIN 销售表 b ON a.买家编号＝ b.买家编号

INNER JOIN 商品表 c ON b.商品编号＝ c.商品编号

WHERE 买家名称＝'A 大学'

通过 WHERE 语句方式的代码如下:

SELECT 商品名称

FROM 买家表 a,销售表 b,商品表 c

WHERE a.买家编号＝ b.买家编号 AND b.商品编号＝ c.商品编号 AND 买家名称＝'A 大学'

**4.外连接查询**

在内连接中,只把两个表中满足连接条件的行显示出来。而在外连接中,不仅要显示满足条件的行,还要显示不满足条件的行。简单来说,加入"买家表"中的有五个买家,四个买了商品,一个没有买。此时要是使用内连接,只会将买了商品的买家查询出来,没有购买商品的买家因为其买家编号不存在于"销售表",所以不会被查询出来。而如果使用了外连接,即使该买家没有购买商品,也会被查询出来,只是其对应的购买数据部分是NULL。

(1)左外连接

左外连接就是以连接表的左表为主表,以左表的每行数据去匹配右表的数据列,符合连接条件的数据将直接返回到结果集中。对那些在左表中有数据,而在右表中找不到匹配的行,此时会将左表的数据放在结果集中,对应右表中的值将以 NULL 值(空值)来代替。语法格式如下:

SELECT 字段列表

FROM 表 1 LEFT [OUTER] JOIN 表 2

ON 表 1.列名 1 ＝ 表 2.列名 2

其中,写在连接命令 LEFT 左端的表 1 为主表。外连接中,一般用于等值连接的列名(格式中的列名 1、列名 2)在各自的表中具有唯一属性,最好也不要再加上其他连接条件,否则得到的结果集是不准确的。

【例 5-31】 查询所有买家的购买信息。代码如下:

SELECT *

FROM 买家表 LEFT JOIN 销售表 ON 买家表.买家编号= 销售表.买家编号

分析:因为需要显示所有买家信息,所以"买家表"是主表。

(2)右外连接

右外连接就是以连接表的右表为主表,以右表的每行数据去匹配左表的数据列,符合连接条件的数据将直接返回到结果集中;对那些在右表中有数据,而在左表中找不到匹配的行,此时会将右表的数据放在结果集中,对应左表中的值将以 NULL 值(空值)来代替。语法格式如下:

SELECT 字段列表

FROM 表 1 RIGHT [OUTER] JOIN 表 2

ON 表 1.列名 1 = 表 2.列名 2

🐾小提示:从某种意义上来讲,左外连接和右外连接是等同的。加入主表时,表 1 放在左边就使用左外连接,放在右边就使用右外连接,其结果是相同的。

(3)全外连接

全外连接就是将左、右外连接合并。结果集中除了有内连接的结果,还包含左、右外连接中不满足连接条件的记录,在左、右表的相应列上以 NULL 值来代替那些无法匹配部分的值。语法格式如下:

SELECT 字段列表

FROM 表 1 FULL [OUTER] JOIN 表 2

ON 表 1.列名 1 = 表 2.列名 2

使用全外连接,会将两个表中符合连接条件的数据,以及各自不符合条件的数据都查询出来。符合条件的显示相互连接数据,不符合的则显示 NULL。

## 5.3.2 任务实施:使用连接查询检索"销售管理"数据库中的数据

### 1.内连接查询

【例 5-32】 查询"销售表"的销售情况,同时显示商品名称。代码如下:

SELECT a. * ,b.商品名称 FROM 销售表 a INNER JOIN 商品表 b

ON a.商品编号=b.商品编号

例 5-32 的结果如图 5-21 所示。

本例也可以按以下格式:

SELECT a. * ,b.商品名称

FROM 销售表 a, 商品表 b

WHERE a.商品编号=b.商品编号

【例 5-33】 查询笔记本电脑 2021 年 5 月的销售情况。代码如下:

SELECT a. * ,b.商品名称

FROM 销售表 a INNER JOIN 商品表 b ON a.商品编号=b.商品编号

WHERE b.商品名称='笔记本'

```
SELECT a.*,b.商品名称 FROM 销售表 a INNER JOIN 商品表 b
ON a.商品编号=b.商品编号
```

| | ID | 商品编 | 买家编号 | 实际销售价格 | 销售日期 | 销售数量 | 商品名称 |
|---|---|---|---|---|---|---|---|
| 1 | 1 | S01 | M01 | 2800.00 | 2013-01-01 00:00:00 | 10 | 笔记本 |
| 2 | 2 | S01 | M02 | 3150.00 | 2013-07-15 00:00:00 | 15 | 笔记本 |
| 3 | 3 | S01 | M03 | 3150.00 | 2013-06-16 00:00:00 | 10 | 笔记本 |
| 4 | 4 | S01 | M04 | 3500.00 | 2013-08-20 00:00:00 | 20 | 笔记本 |
| 5 | 5 | S02 | M01 | 3040.00 | 2013-08-09 00:00:00 | 5 | 笔记本 |
| 6 | 6 | S02 | M02 | 3420.00 | 2013-09-17 00:00:00 | 8 | 笔记本 |
| 7 | 7 | S03 | M04 | 4800.00 | 2013-09-15 00:00:00 | 2 | 笔记本 |
| 8 | 8 | S04 | M01 | 1760.00 | 2013-05-06 00:00:00 | 15 | 笔记本 |

图 5-21　内连接查询

AND a.销售日期 BETWEEN ′2021/05/01′ AND ′2021/05/31′

小提示：本例中也可以把查询条件写到 FROM 语句的最后，查询结果相同。但为了让思路显得更清晰，建议把等值连接条件（两表共同拥有的字段相等）放在 ON 的后面，其他条件放在 WHERE 的后面。另外，在输出列表中，如果某字段在连接的两张表中都有，那么为了区别该字段取自哪个表，应在字段前有前缀，表与字段间用句点"."分隔。

**2. 多表内连接查询**

【例 5-34】　要求输出笔记本电脑的销售情况，包括商品编号、商品名称、型号、进价、实际销售价格、销售日期、销售数量、买家名称和电话。

SELECT c.商品编号,商品名称,型号,进价,实际销售价格,销售日期,销售数量,买家名称,电话
FROM 买家表 a INNER JOIN 销售表 b ON a.买家编号＝ b.买家编号
INNER JOIN 商品表 c ON b.商品编号＝ c.商品编号
WHERE 商品名称＝′笔记本′

例 5-34 的结果如图 5-22 所示。

| | 商品编号 | 商品名 | 型 | 进价 | 实际销售价格 | 销售日期 | 销售数 | 买家名 | 电话 |
|---|---|---|---|---|---|---|---|---|---|
| 1 | S01 | 笔记本 | AB1 | 3000.00 | 2800.00 | 2013-01-01 00:00:00 | 10 | A大学 | 23584585 |
| 2 | S01 | 笔记本 | AB1 | 3000.00 | 3150.00 | 2013-07-15 00:00:00 | 15 | B医院 | 36586478 |
| 3 | S01 | 笔记本 | AB1 | 3000.00 | 3150.00 | 2013-06-16 00:00:00 | 10 | C局 | 22548692 |
| 4 | S01 | 笔记本 | AB1 | 3000.00 | 3500.00 | 2013-08-20 00:00:00 | 20 | 个人 | 88888888 |
| 5 | S02 | 笔记本 | AB2 | 3500.00 | 3040.00 | 2013-08-09 00:00:00 | 5 | A大学 | 23584585 |
| 6 | S02 | 笔记本 | AB2 | 3500.00 | 3420.00 | 2013-09-17 00:00:00 | 8 | B医院 | 36586478 |
| 7 | S03 | 笔记本 | AB3 | 4000.00 | 4800.00 | 2013-09-15 00:00:00 | 2 | 个人 | 88888888 |
| 8 | S04 | 笔记本 | BB1 | 2000.00 | 1760.00 | 2013-05-06 00:00:00 | 15 | A大学 | 23584585 |
| 9 | S04 | 笔记本 | BB1 | 2000.00 | 1980.00 | 2013-05-19 00:00:00 | 10 | B医院 | 36586478 |
| 10 | S05 | 笔记本 | BB2 | 2500.00 | 2240.00 | 2013-08-29 00:00:00 | 20 | A大学 | 23584585 |
| 11 | S05 | 笔记本 | BB2 | 2500.00 | 2520.00 | 2013-08-14 00:00:00 | 15 | B医院 | 36586478 |
| 12 | S05 | 笔记本 | BB2 | 2500.00 | 2520.00 | 2013-07-27 00:00:00 | 10 | C局 | 22548692 |

图 5-22　三表内连接

**3. 外连接查询**

【例 5-35】　查询所有商品的销售情况。代码如下：
SELECT *
FROM 商品表 LEFT JOIN 销售表 ON 商品表.商品编号＝ 销售表.商品编号
例 5-35 的结果如图 5-23 所示，特别注意结果集中的第 34 行。

小提示：这道题目用右外连接如何实现呢？

【例 5-36】　查询所有商品类别及其中商品的信息。代码如下：
SELECT *
FROM 商品类型表 LEFT JOIN 商品表 ON 商品类型表.类型编号＝商品表.类型

```
SELECT    *
FROM   商品表    LEFT    JOIN    销售表
ON    商品表.商品编号= 销售表.商品编号
```

| | 商品编号 | 商品名 | 品 | 型 | 类 | 进价 | 销售 | 库 | ID | 商品编 | 买家编 | 实际 |
|---|---|---|---|---|---|---|---|---|---|---|---|---|
| 32 | S14 | 打印机 | D牌 | DD2 | L02 | 1500.00 | 2000 | 20 | 32 | S14 | M01 | 1600 |
| 33 | S14 | 打印机 | D牌 | DD2 | L02 | 1500.00 | 2000 | 20 | 33 | S14 | M04 | 2000 |
| 34 | S15 | 扫描仪 | B牌 | BS1 | L02 | 1000.00 | 1200 | 20 | NULL | NULL | NULL | NULL |
| 35 | S16 | 扫描仪 | E牌 | ES1 | L02 | 500.00 | 600 | 10 | 34 | S16 | M01 | 480.0 |
| 36 | S16 | 扫描仪 | E牌 | ES1 | L02 | 500.00 | 600 | 10 | 35 | S16 | M04 | 600.0 |

图 5-23    左外连接查询

#### 4. 全外连接查询

【例 5-37】    查询所有买家及商品的销售情况。代码如下:

SELECT  *

FROM 买家表 FULL JOIN 销售表 ON 买家表.买家编号=销售表.买家编号 FULL JOIN 商品表 ON 商品表.商品编号= 销售表.商品编号

### 课堂实践3

**1. 实践要求**

①查询所有文学类图书信息。

②查询所有高级读者的姓名。

③查询刘一鸣读者借阅图书的书名。

④查询所有读者的借阅情况。

⑤查询所有读者及所有图书的借阅情况。

**2. 实践要点**

①其中部分题目可以有多种解决方法,应该每种方法都尝试一下。

②外连接时,要注意主表的选择及位置。

## 任务5.4    子查询

### 任务描述

小赵前几次完成的数据查询任务得到了经理的肯定,以往需要大量人力和时间解决的问题,小赵一个人就完成了。于是经理又给小赵下发了新的任务:查询 A 品牌中进价比其他品牌商品进价都贵的商品信息。

### 任务分析

子查询是一种并不常用的多表查询方式,因为只有当遇到连接查询不能解决的问题时才会使用子查询。在本任务中,部分题目是连接查询和子查询都可以实现的,而这里使用子查询实现,重点是学习子查询的理念和使用方法。

## 5.4.1 知识准备:子查询语句

**1. 子查询**

子查询是指将一条 SELECT 语句作为另一条 SELECT 语句的一部分的查询方式。外层的 SELECT 语句被称为外部查询(或父查询),内层的 SELECT 语句被称为内部查询(或子查询)。子查询的 SELECT 子句用圆括号括起来,且不包含 COMPUTE 子句。事实上,在 INSERT、DELETE、UPDATE 语句中也可用子查询。

子查询出现的形式:

- 多数情况下,子查询出现在外部查询的 WHERE 子句中。
- 出现在外部查询的 SELECT 子句中,即子查询的结果作为字段列表输出。
- 出现在外部查询的 FROM 子句中,即把子查询的结果集作为另外一张表看待。

子查询还可分为嵌套子查询和相关子查询。

嵌套子查询的执行不依赖于外部的查询。执行过程:①执行子查询,其结果不被显示,而是传递给外部查询,作为外部查询的条件使用;②执行外部查询,并显示整个结果。

相关子查询的执行依赖于外部查询。多数情况下是子查询的 WHERE 子句中引用了外部查询的表。执行过程:①从外层查询中取出一个记录,将记录相关列的值传给内层查询;②执行内层查询,得到子查询操作的值;③外查询根据子查询返回的结果判断 WHERE 后的条件是否为真,若为真则输出结果;④外层查询取出下一个记录重复进行步骤①～③,直到外层的记录全部处理完毕。

**2. 使用比较运算符的子查询**

如果子查询返回的是单列单个值,可以通过比较运算符进行比较,如果比较结果为真,则显示查询结果,否则不显示。

【例 5-38】 查询一级买家的信息。

SELECT * FROM 买家表

WHERE 级别=

(SELECT 级别编号 FROM 买家级别表 WHERE 级别名称='一级')

例 5-38 中,括号内的子查询将一级的级别编号查询出来,然后将这个查询结果作为一个条件带到外部的父查询中,进而从父查询中得到最终的结果。

**3. 使用 ALL、ANY 运算符的子查询**

当子查询返回的是单列多值时,比较运算符与 ALL、ANY 配合来构成外查询特殊查询条件。

使用 ANY 和 ALL 的一般格式为:

<比较运算符> ANY | ALL(SELECT 子查询)

- ALL 的含义:在进行比较运算时,若子查询中所有行的数据都使结果为真,则条件才为真。
- ANY 的含义:在进行比较运算时,只要子查询中有一行数据能使结果为真,则条件为真。
- ANY 或 ALL 与比较符结合的含义见表 5-7。

表 5-7　　　　　　　　　　ANY 或 ALL 与比较符结合的含义

| 表 达 式 | 语 义 |
|---|---|
| ＞ANY | 大于子查询结果中的某个值,即表示大于查询结果中最小值 |
| ＞ALL | 大于子查询结果中的所有值,即表示大于查询结果中最大值 |
| ＜ANY | 小于子查询结果中的某个值,即表示小于查询结果中最大值 |
| ＜ALL | 小于子查询结果中的所有值,即表示小于查询结果中最小值 |
| ＞=ANY | 大于或等于子查询结果中的某个值,即表示大于或等于查询结果中最小值 |
| ＞=ALL | 大于或等于子查询结果中的所有值,即表示大于或等于查询结果中最大值 |
| ＜=ANY | 小于或等于子查询结果中的某个值,即表示小于或等于查询结果中最大值 |
| ＜=ALL | 小于或等于子查询结果中的所有值,即表示小于或等于查询结果中最小值 |
| =ANY | 等于子查询结果中的某个值,即相当于 IN |
| !=(或＜＞)ANY | 不等于子查询结果中的某个值 |
| !=(或＜＞)ALL | 不等于子查询结果中的任何一个值,即相当于 NOT IN |

【例 5-39】　查询哪些台式机比笔记本电脑的进价还要贵。代码如下:

SELECT ＊ FROM 商品表

WHERE 商品名称＝'台式机' AND 进价＞ALL

(SELECT 进价 FROM 商品表 WHERE 商品名称＝'笔记本')

子查询将所有笔记本电脑的进价查询出来形成一个结果集,然后通过＞ALL 的方式,实现查询进价比这个结果集所有数据都大的台式机的目的。

**4. 使用 IN 运算符的子查询**

使用 IN 的一般格式有两种:

＜单值表达式＞ IN ＜多值列表＞　　　　　--多值列表中的各项用逗号隔开

＜单值表达式＞ IN ＜单列多值子查询＞　　--此处可以把 IN 改为＝ANY

只要单值表达式的值与多值列表中的某项值相等,比较结果就为真。只要单值表达式的值与子查询的结果集中的某项值相等,比较结果就为真。NOT IN 的作用刚好相反。

【例 5-40】　查询进价大于 5000 的商品销售情况,显示商品编号与买家编号。代码如下:

SELECT 商品编号,买家编号 FROM 销售表

WHERE 商品编号 IN

(SELECT 商品编号 FROM 商品表 WHERE 进价＞5000)

**5. 使用 EXISTS 运算符的子查询**

EXISTS 的作用是判断子查询中是否有结果返回,若有则结果为真,否则为假。

NOT EXISTS 的作用刚好相反。其格式为:

EXISTS ＜子查询＞

【例 5-41】　查询至少有一次实际销售价比进价还低的商品信息。代码如下:

SELECT ＊ FROM 商品表 a

WHERE EXISTS(SELECT ＊ FROM 销售表 b

WHERE a.商品编号＝b.商品编号 AND b.实际销售价格＜a.进价)

由于不需要在子查询中返回具体值,所以这种子查询的选择列表常用“SELECT * ”格式。

## 5.4.2 任务实施:使用子查询检索“销售管理”数据库中的数据

### 1. 使用比较运算符进行子查询

【例 5-42】 查询“销售表”中每种商品(由商品编号区分)销售价格最贵的销售情况。

分析:可以通过分组查询,得到部分信息。代码如下:

```
SELECT 商品编号,MAX(实际销售价格) FROM 销售表
GROUP BY 商品编号
```

这种方法无法输出“销售表”中其他销售信息,所以本例更合理的解决方案应该是使用子查询。代码如下:

```
SELECT * FROM 销售表 a
WHERE 实际销售价格=
(SELECT MAX(实际销售价格)FROM 销售表 b WHERE a.商品编号=b.商品编号)
ORDER BY 商品编号
```

本例也属于自连接(自己与自己的一个副本连接)。例 5-42 的结果如图 5-24 所示。

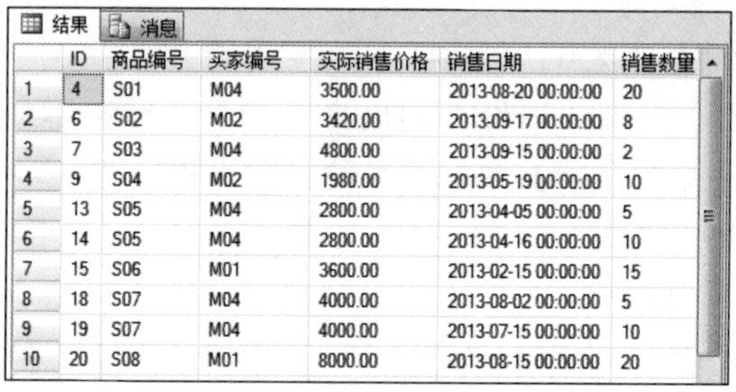
结果 消息

| | ID | 商品编号 | 买家编号 | 实际销售价格 | 销售日期 | 销售数量 |
|---|---|---|---|---|---|---|
| 1 | 4 | S01 | M04 | 3500.00 | 2013-08-20 00:00:00 | 20 |
| 2 | 6 | S02 | M02 | 3420.00 | 2013-09-17 00:00:00 | 8 |
| 3 | 7 | S03 | M04 | 4800.00 | 2013-09-15 00:00:00 | 2 |
| 4 | 9 | S04 | M02 | 1980.00 | 2013-05-19 00:00:00 | 10 |
| 5 | 13 | S05 | M04 | 2800.00 | 2013-04-05 00:00:00 | 5 |
| 6 | 14 | S05 | M04 | 2800.00 | 2013-04-16 00:00:00 | 10 |
| 7 | 15 | S06 | M01 | 3600.00 | 2013-02-15 00:00:00 | 15 |
| 8 | 18 | S07 | M04 | 4000.00 | 2013-08-02 00:00:00 | 5 |
| 9 | 19 | S07 | M04 | 4000.00 | 2013-07-15 00:00:00 | 10 |
| 10 | 20 | S08 | M01 | 8000.00 | 2013-08-15 00:00:00 | 20 |

图 5-24 比较运算符的相关子查询

【例 5-43】 查询“销售表”中商品销售价格最贵的商品信息。

分析:涉及两张表,即“销售表”和“商品表”。先在“销售表”中查找销售价格最贵的商品编号,再根据此编号转到“商品表”中查找它的信息。代码如下:

```
SELECT * FROM 商品表
WHERE 商品编号=
(SELECT TOP 1 商品编号 FROM 销售表 ORDER BY 实际销售价格 DESC)
```

此为嵌套子查询,巧妙地把 TOP 1 与 DESC 联合应用,不必用 MAX 聚合函数。将此子查询的结果看成一个常量,让此常量与商品编号进行比较。

### 2. 使用 ALL、ANY 运算符进行子查询

【例 5-44】 将例 5-42 通过运算符 ALL 实现。代码如下:

```
SELECT * FROM 销售表 a
WHERE 实际销售价格>=ALL
(SELECT 实际销售价格 FROM 销售表 b WHERE a.商品编号=b.商品编号)
```

【例 5-45】 查询 A 品牌中进价比其他品牌商品进价都贵的商品信息。代码如下:

```
SELECT * FROM 商品表 a
```

WHERE 品牌＝'A 牌' AND 进价＞ALL

（SELECT 进价 FROM 商品表 b WHERE 品牌！＝'A 牌'）

【例 5-46】　查询进价比实际销售价还高的商品信息。

分析：进价字段在"商品表"中，实际销售价字段在"销售表"中。对于同种商品，只要在"销售表"能找到一例实际销售价低于进价，就输出该商品的信息。这里就需要用"＞ANY"。代码如下：

SELECT ＊ FROM 商品表 a

WHERE 进价＞ANY

（SELECT 实际销售价格 FROM 销售表 b WHERE b.商品编号＝a.商品编号）

例 5-46 的结果如图 5-25 所示。

| | 商品编号 | 商品名称 | 品... | 型号 | 类... | 进价 | 销售 | 库存 |
|---|---|---|---|---|---|---|---|---|
| 1 | S01 | 笔记本 | A牌 | AB1 | L01 | 3000.00 | 3500 | 50 |
| 2 | S02 | 笔记本 | A牌 | AB2 | L01 | 3500.00 | 3800 | 20 |
| 3 | S04 | 笔记本 | B牌 | BB1 | L01 | 2000.00 | 2200 | 50 |
| 4 | S05 | 笔记本 | B牌 | BB2 | L01 | 2500.00 | 2800 | 30 |
| 5 | S06 | 台式机 | A牌 | AT1 | L01 | 4000.00 | 4500 | 100 |
| 6 | S07 | 台式机 | A牌 | AT2 | L01 | 3500.00 | 4000 | 100 |
| 7 | S09 | 台式机 | C牌 | CT1 | L01 | 3500.00 | 3800 | 50 |
| 8 | S11 | 打印机 | A牌 | AD1 | L02 | 1000.00 | 1200 | 50 |
| 9 | S13 | 打印机 | D牌 | DD1 | L02 | 500.00 | 600 | 50 |

图 5-25　运算符＞ANY 的用法

以上两例都是单值与子查询的结果集（单列多值）进行比较，此时不能直接用关系运算符连接，只能让关系运算符与 ANY、ALL 联合使用。

**3. 使用 IN 运算符进行行子查询**

【例 5-47】　查询进价与实际销售价相等的商品信息。代码如下：

SELECT ＊ FROM 商品表 a

WHERE 进价 IN

（SELECT 实际销售价格 FROM 销售表 b WHERE b.商品编号＝a.商品编号）

例 5-47 的结果如图 5-26 所示。

| | 商品编号 | 商品名... | 品... | 型... | 类... | 进价 | 销售 | 库存 |
|---|---|---|---|---|---|---|---|---|
| 1 | S08 | 台式机 | A牌 | AT3 | L01 | 8000.00 | 10000 | 50 |
| 2 | S30 | 键盘 | A牌 | AJ1 | L04 | 40.00 | 50 | 200 |

图 5-26　运算符 IN 的用法

查询结果反映，只有商品 S08、S30 出现过进价与实际销售价相等的情况。本例也可用内连接查询实现。

### 课堂实践4

**1. 实践要求**

①查询文学类图书的书名。

②查询普通类读者的信息。

③所有被借阅过的图书的书名。

④所有没有被借阅过的图书的书名。

⑤查询比 A 出版社所有图书都要贵的图书书名和出版社名。

⑥查询比 A 出版社其中任意一本图书贵的图书书名和出版社名。

**2. 实践要点**

①所有题目使用子查询方式解决。

②注意不同类型子查询的选择。

# 课后拓展

**拓展练习一:"学生管理"数据库中的基础查询**

【练习综述】

①查询所有系部的信息。

②查询所有男同学的信息。

③查询年纪较大的两名学生信息。

④查询所有学分为 2 的课程名和课程编号。

⑤查询姓王的年龄大于 20 岁的男同学信息。

⑥查询与数据库相关的课程信息。

【练习要点】

• 熟练掌握相应子句的应用方法。

• 掌握各种查询条件的设置方法。

【练习提示】

基本查询练习的主要目的就是掌握各种基本子句的应用方法,其中的难点是查询条件的设置。

**拓展练习二:"学生管理"数据库中的汇总查询**

【练习综述】

①查询所有学生的平均年龄。

②查询学分为 2 的课程数量。

③查询信息系的人数,信息系编号为"X03"。

④查询各个学分的课程数量。

⑤查询各个系部的人数,要求仅显示人数在 5 人以上的系部编号和人数。

⑥查询各个系部的男同学数量,显示数量在 5~8 人的系部编号和人数。

【练习要点】

• 掌握聚合函数的含义。

• 掌握各种聚合函数的使用方法。

• 掌握分组查询的方法。

【练习提示】

练习中的重点内容就是分组查询的使用,一定要首先分析清楚分组的方式,然后再设计汇总或使用统计的方法。另外,如果涉及多个条件,一定要分清这些条件的应用位置,是在 WHERE 中还是在 HAVING 中。

**拓展练习三:"学生管理"数据库中的连接查询**

【练习综述】

①查询所有信息系学生资料。

②查询所有选修课信息。

③查询英语不及格的学生信息。

④查询所有学生的成绩信息。

【练习要点】

• 不同内连接的连接方法。

• 左(右)外连接的方法。

【练习提示】

练习的重点是内连接与左(右)外连接,因为这两种连接方式是最常用的连接方式。在使用外连接时,一定要注意主表的选择。

**拓展练习四:"学生管理"数据库中的子查询**

【练习综述】

①查询所有选修课信息。

②查询比所有信息系学生年龄都大的自控系学生的信息。

③查询英语不及格学生的信息。

④查询所有学生的成绩信息。

【练习要点】

• 所有题目使用子查询方式完成。

• 父查询与子查询的连接。

【练习提示】

练习的重点是内连接与左(右)外连接,因为这两种连接方式是最常用的连接方式。在使用外连接时,一定要注意主表的选择。

# 课后习题

一、选择题

1. 在 SELECT 语句的 FROM 子句中,数据源使用(　　)隔开。

A. AND　　　　　　B. ,　　　　　　　C. 、　　　　　　　D. —

2. 如果想显示数据中前几行,使用到的命令是(　　)。

A. DISTINCT　　B. AS　　　　　　C. TOP　　　　　　D. WHERE

3. 设 Students 表有三个字段 Num1、Num2、Num3,并且都是整数类型,则以下(　　)查询语句能按照 Num2 字段进行分组,并在每一组中取 Num3 的平均值。

A. SELECT AVG(Num3) FROM Students

B. SELECT AVG(Num3) FROM Students ORDER BY Num2

C. SELECT AVG（Num3）FROM Students GROUP BY Num2

D. SELECT AVG（Num3）FROM Students GROUP BY Num3，Num2

4. 假设 Users 表中的 Tel 字段存储电话号码信息，则查询是以 7 开头的所有电话号码的查询语句是（    ）。

A. SELECT Tel FROM Users WHERE Tel IS NOT ′％7′

B. SELECT Tel FROM Users WHERE Tel LIKE ′7％′

C. SELECT Tel FROM Users WHERE Tel NOT LIKE ′7％′

D. SELECT Tel FROM Users WHERE Tel LIKE ′[1-6]％ ′

5. 假设 Users 表中有四行数据，Score 表中有三行数据，且表中数据均为有效数据。如果执行以下的语句：

SELECT ＊ FROM Users，Score WHERE Users. ID ＝ Score. ID

则可能返回（    ）行数据。

A. 0　　　　　　　　　B. 3　　　　　　　　　C. 9　　　　　　　　　D. 12

6. 要查询一个班中低于平均成绩的学员，需要使用到（    ）。

A. TOP 子句　　　　　　　　　　　B. ORDER BY 子句

C. Having 子句　　　　　　　　　　D. 聚合函数 Avg

7. 下列各运算符中，（    ）不属于逻辑运算符。

A. &.　　　　　　　B. not　　　　　　　C. and　　　　　　　D. or

8. 选项（    ）在 T-SQL 语言中使用时不用括在单引号中。

A. 单个字符　　　B. 字符串　　　C. 通配符　　　D. 数字

9. SQL 语言是（    ）。

A. 结构化查询语言

B. 标准化查询语言

C. Microsoft SQL Server 数据库管理系统的专用语言

D. 一种可通用的编程语言

10. Student 数据库中有一张 studentinfo 表用于存放学校的学生信息，现在数据库管理员想通过使用一条 SQL 语句列出所有学生所在的城市，而且列出的条目中没有重复项，那么他可以在"SELECT City FROM studentinfo"语句中使用（    ）关键词。

A. TOP　　　　　　B. DISTINCT　　　　　C. DESC　　　　　D. ASC

二、填空题

1. T-SQL 语言中，有＿＿＿＿运算、字符串串联运算、比较运算和＿＿＿＿运算。

2. 若想从学生表中查询出姓名的第二个字是"敏"的学生信息，则 SELECT ＊ FROM 学生表 WHERE 姓名 LIKE ′＿＿＿＿′。

3. 如果需要按照一定的顺序排列查询语句选中的行，则需要使用＿＿＿＿子句，并且排列可以是升序（ASC）或者降序＿＿＿＿。

4. 嵌套查询一般的执行顺序是由＿＿＿＿向＿＿＿＿或由下层向上层处理，即先执行子查询再执行父查询，子查询的结果集用于建立其父查询的查找条件。

5. SQL 语言中,逻辑运算符的返回值有_____和_____。

三、判断题

1. 通配符"_"表示某单个字符。　　　　　　　　　　　　　　　　(　　)

2. SQL 语言是一种用于存取和查询数据,更新并管理关系数据库系统的数据库查询和编程语言。　　　　　　　　　　　　　　　　　　　　　　　　　　　(　　)

3. 在 SQL 语句中,引用数值时可以不使用单引号。　　　　　　　　(　　)

4. 在 WHERE 子句中,完全可以用 IN 子查询来代替 OR 逻辑表达式。　(　　)

5. 所有的子查询都可以使用连接查询代替。　　　　　　　　　　　(　　)

# 项目 6

# "销售管理"数据库中数据的管理

在项目 4 中介绍了如何使用 SSMS 界面的方式来管理数据库中的数据。但是在实际的项目开发中，很多时候是不能直接使用 SSMS 这种界面式工具的，必须通过 T-SQL 语句方式来实现数据库中数据的管理。本项目将使用 SQL 语言中的操作语言实现"销售管理"数据库中数据的管理，包括数据的添加、修改和删除。

☞ **工匠精神**

2019 年 9 月，一艘名为 Golden Ray 的大型汽车运输船在经过美国佐治亚州不伦瑞克附近的圣西蒙斯海峡时突发侧翻，总损失超过 10 亿美元。美国国家运输安全委员会认为，轮船倾覆原因是大副在稳定性计算程序中输入了错误的压载舱液位数据，导致了其对本船稳定性的错误判断，数据操作的重要性可见一斑。

认真严谨，是一个人应具备的优良品格。它不但代表着严谨细致的做人做事态度，还体现着认真负责的做人做事精神。作为社会主义事业接班人，我们更应该培养认真严谨的工作态度和工作作风，做好每一件事。

## 任务 6.1 "销售管理"数据库中数据的添加

✍ **任务描述**

小赵在掌握了使用 SQL 语句检索数据的方法后，感觉使用命令的方式来管理和使用数据库是数据库管理员必须掌握的技能。所以，他想学习如何用语句的方式来管理数据库中的数据,首先从向数据库中添加数据开始。

## 任务分析

INSERT 命令与查询命令比较起来简单很多,因为更多时候其语法结构和实际内容都是固定的,用户只要对号入座地填入相应信息即可,所以这个任务的重点就是熟练掌握其语法结构。

### 6.1.1  知识准备:INSERT 语句

使用 INSERT 语句往表中插入数据时有两种方式:插入单行数据(使用关键字VALUES)和插入多行数据(使用关键字 SELECT)。

**1. 使用 INSERT 语句插入单行数据**

使用 INSERT 语句一次插入一行数据是最常用的数据添加方法。

INSERT 语句基本语法格式如下:

INSERT [INTO] <表名> [<字段名列表>]

VALUES(值列表)

<字段名列表>中各个字段之间用逗号隔开,<值列表>中各个值之间也用逗号隔开。

在插入数据时,需要注意以下事项:

• 值列表与字段名列表中的各项是一一对应的,每个数据值的数据类型也必须与对应字段匹配。

• INSERT 语句不能为标识列指定值,因为其中数据是由系统自动生成的。

• 对于非数值型数据需用单引号括起来。

• 有约束的字段,输入内容必须满足约束条件。

• 对于不允许为空的字段,必须输入内容,允许为空的字段可以用 NULL 代替。

• 有默认值的字段,如果没有添加数据,系统会自动插入默认值。

• 如果<字段名列表>省略,则对表中所有字段插入数据。

【例 6-1】  向"买家表"插入一行数据。代码如下:

INSERT INTO 买家表(买家编号,买家名称,电话,级别)

VALUES('M05','电子校','65928099','J02')

由于本例是对表中所有字段插入数据,所以也可改为:

INSERT INTO 买家表

VALUES('M05','电子校','65928099','J02')

小提示:只有当填入数据的数量、顺序都与基本表中字段一一对应时,才可以省略字段名列表。

【例 6-2】  向"买家表"插入一行数据,但客户级别未定,暂不录入数据。代码如下:

INSERT INTO 买家表(买家编号,买家名称,电话)

VALUES('M06','理工大学 A','65928088')

本例中,系统会把客户级别用 NULL 来代替。由于买家编号是主键,既不允许有重复值,也不允许为空,在插入数据时要留意。

**2. 使用 INSERT 语句插入多行数据**

在插入数据时,还可以一次插入多行数据,通过 INSERT SELECT 语句可以实现将 SELECT 查询语句的结果集添加到当前表中,格式如下:

INSERT [INTO] <当前表名> [<字段名列表>]

SELECT <字段名列表>

FROM 源表名 [,... N]

[WHERE 逻辑表达式]

其中,SELECT 查询语句的结果集中每个字段必须有列名,如果无列名必须声明别名。

【例 6-3】 新建一表,其名为"高价销售表",表结构完全与"销售表"相同。将"销售表"中实际销售价格大于 3000 元的记录插入该表中。代码如下:

SELECT * INTO 高价销售表 FROM 销售表 WHERE 1=2

GO

INSERT INTO 高价销售表(商品编号,买家编号,实际销售价格,销售日期,销售数量)

SELECT 商品编号,买家编号,实际销售价格,销售日期,销售数量

FROM 销售表 WHERE 实际销售价格>3000

GO

🐾小提示:本例中,为了建一张空表,用到查询条件"WHERE 1=2"永远不成立,这是一常用方法。

使用这种方法一定要杜绝表中有标识列的情况,因为 INSERT 语句不能为标识列指定值,系统会提示错误。

## 6.1.2 任务实施:向"销售管理"数据库中添加数据

**1. 向数据库中添加单条记录**

【例 6-4】 向"商品表"中添加如下两条信息,见表 6-1。

表 6-1 向"商品表"中添加的两条信息

| 商品编号 | 商品名称 | 品牌 | 型号 | 类型 | 进价 | 销售价 | 库存 |
|---|---|---|---|---|---|---|---|
| S40 | 笔记本 | A牌 | AB1 | L01 | ¥4,000.00 | ¥3,500.00 | 50 |
| S41 | 笔记本 | C牌 | CG1 | L01 | ¥4,500.00 | | 50 |

(1)数据与字段对应

第一条数据的数量和顺序与基本表中字段一一对应,所以在添加的时候可以省略字段名列表。代码如下:

INSERT INTO 商品表

VALUES('S40','笔记本','A牌','AB1','L01',4000,3500,50)

(2)数据与字段不对应

第二条数据的数量和顺序与基本表中字段不对应,所以在添加时要声明字段名称,并且数据要和字段一一对应。代码如下:

INSERT INTO 商品表(商品编号,商品名称,品牌,型号,类型,进价,库存)

VALUES('S41','笔记本','C 牌','CG1','L01',4500,50)

**2. 向数据库中添加多条记录**

【例 6-5】　将所有一级买家的基本信息存入新表"高级买家"中。

(1)创建新表

先创建一个包含买家基本信息的空表,并命名为:高级买家。代码如下:

SELECT ＊ INTO 高级买家 FROM 买家表 WHERE 1＝2

GO

(2)添加数据

将所需要的数据通过查询语句检索出来,然后填入新表中。代码如下:

INSERT INTO 高级买家

SELECT 买家表.＊

FROM 买家表,买家级别表

WHERE 买家表.级别＝买家基本表.级别编号 AND 级别名称＝'一级'

GO

🐾小提示:因为只需要买家的基本信息,而查询过程中使用了两个表格,所以在
SELECT 语句中一定要注意声明最后字段的内容,即只要买家表的基本信息。

课堂实践1

**1. 实践要求**

①向"图书表"中添加如下数据,见表 6-2。

表 6-2　　　　　　　　　　　　向"图书表"中添加的数据

| 图书编号 | 书　名 | 类　别 | 页　数 | 定价 | 出 版 社 | 作　者 |
|---|---|---|---|---|---|---|
| T20 | 网站建设案例 | S01 | 500 | 40 | B 出版社 | 赵康 |
| T21 | 计算硬件 | S01 | 300 | 30 | | |

②将所有价格大于 100 元的图书信息检索出来,并保存到新表"高价图书"中。

**2. 实践要点**

①注意添加单条数据时,数据与字段的对应关系。

②注意添加多条数据时,查询语句的编写要准确。

## 任务 6.2　　"销售管理"数据库中数据的修改

✍️ 任务描述

　　公司的销售部门经理找到小赵,希望他能统一地将所有商品的销售价格提升 5％。
起初小赵很为难,因为用以往界面的方式只能逐一地修改每个销售价格,而且还要自己计
算应该修改成多少,工作量大,操作复杂。于是小赵决定学习 UPDATE 语句,使用命令
的方式,批量地修改数据。

 任务分析

UPDATE 语句与 INSERT 语句相比，稍微复杂一些，通常会加入修改数据的限制条件。但是因为前期学习了 SQL 查询语句，所以限制条件已经不算难点，关键是掌握好数据修改子句，也就是 SET 子句。

## 6.2.1 知识准备：UPDATE 语句

在实际应用中，数据库中的某些数据需要调整，如库存、价格、客户级别等，这时需要对表中的数据进行修改。与在对象资源管理器中打开表直接修改相比，通过 UPDATE 语句可以更快捷、更高效地实现数据的修改。修改语句可以分为普通 UPDATE 语句和关联 UPDATE 语句。

**1. 普通 UPDATE 语句**

UPDATE 语句基本语法格式如下：

UPDATE 表名　　　　　　--需修改的表名

SET｛字段名 ＝ 表达式｜NULL｜DEFAULT｝[，...N]　　　--修改指定字段的值

[WHERE 逻辑表达式]　　--修改满足条件的记录

【例 6-6】 为了促销，需把"买家级别表"中的所有折扣减少 0.1。代码如下：

UPDATE 买家级别表 SET 享受折扣＝享受折扣－0.1

数据修改前后对照如图 6-1 和图 6-2 所示。

| | 级别编号 | 级别名 | 享受折... | 特权 |
|---|---|---|---|---|
| 1 | J01 | 一级 | 0.5 | 货到付款，技术支持，7天可退 |
| 2 | J02 | 二级 | 0.6 | 技术支持，7天可退 |
| 3 | J03 | 三级 | 0.8 | 技术支持 |
| 4 | J04 | 四级 | 0.9 | NULL |
| 5 | J05 | 五级 | 1 | NULL |

| | 级别编号 | 级别名 | 享受折... | 特权 |
|---|---|---|---|---|
| 1 | J01 | 一级 | 0.4 | 货到付款，技术支持，7天可退 |
| 2 | J02 | 二级 | 0.5 | 技术支持，7天可退 |
| 3 | J03 | 三级 | 0.7 | 技术支持 |
| 4 | J04 | 四级 | 0.8 | NULL |
| 5 | J05 | 五级 | 0.9 | NULL |

图 6-1　修改折扣前的数据　　　　图 6-2　修改折扣后的数据

【例 6-7】 由于买家"电子校"去年合作的情况很好，需将级别由 J02 调整为 J01。代码如下：

UPDATE 买家表 SET 级别＝'J01' WHERE 买家名称＝'电子校'

两个示例的最大区别在于：第一个示例因为没有使用 WHERE 语句限定条件，所以所有的数据都进行了相应修改；而第二个示例因为使用了 WHERE 语句作为条件，所以只修改了一行目标数据。

**2. 子查询 UPDATE 语句**

有时在修改表中数据时，需要以其他表中的数据作为依据，此时就可用子查询 UPDATE 语句。格式如下：

UPDATE 表名

SET｛字段名 ＝ 表达式｜NULL｜DEFAULT｝[，...N]

[ WHERE 字段名 比较运算符 ＜子查询＞]

【例 6-8】　下调个人买家所属级别的折扣 0.1。代码如下：

UPDATE 买家级别表

SET 享受折扣＝享受折扣－0.1

WHERE 级别编号 ＝(SELECT 级别 FROM 买家表 WHERE 买家名称＝'个人')

### 3. 关联 UPDATE 语句

有时在使用中需要用其他表的值来修改当前表的内容,此时就可用关联 UPDATE 语句。格式如下：

UPDATE 表名

SET {字段名 ＝ 表达式 | NULL | DEFAULT } [, ... N]

[ FROM 源表名 [, ... N]]

[ WHERE 逻辑表达式 ]

【例 6-9】　用"销售表"中的实际销售价格来修改"商品表"中的销售价格。代码如下：

UPDATE 商品表

SET 商品表.销售价＝b.实际销售价格

FROM 商品表 a,销售表 b

WHERE a.商品编号＝b.商品编号

## 6.2.2　任务实施:修改"销售管理"数据库中的数据

### 1. 普通数据修改

【例 6-10】　随着物价的上涨,公司各种花销与成本也在不断上升,所以销售部门的经理找到小赵,让他将所有商品的销售价格上涨 5%。代码如下：

UPDATE 商品表 SET 销售价＝销售价＊1.05

【例 6-11】　因为与 A 品牌的合作有了新的政策,所以所有 A 品牌商品的进货价格都下调 5%。代码如下：

UPDATE 商品表 SET 销售价＝销售价＊0.95　 WHERE 品牌＝'A 牌'

### 2. 带子查询的数据修改

【例 6-12】　为了增加耗材类产品的销售份额,公司决定将所有耗材类的商品销售价格下调 5%。代码如下：

UPDATE 商品表 SET 销售价＝销售价＊0.95

WHERE 商品表.类型＝(SELECT 类型编号 FROM 商品类型表 WHERE 类型名称＝'耗材')

小提示:因为限制条件涉及了其他表中的数据,所以需要通过子查询的方式来解决这个问题。

## 课堂实践 2

### 1. 实践要求

①将所有超期次数超过 10 次的读者超期次数减少 5 次。

②修改所有文学类图书的价格,上涨 5%。

**2. 实践要点**

①修改的条件一定要准确,因为有些修改是不可逆的,一旦条件错误,带来的损失就会很大。

②涉及多表的修改,一定要掌握好子查询的使用。

# 任务 6.3 "销售管理"数据库中数据的删除

## 任务描述

随着公司的规模不断扩大,品牌形象不断提升,以往销售的一些产品已经不符合公司的整体形象了,所以经理要求小赵集中删除一部分销售数据及商品记录。

## 任务分析

数据的删除与修改有一点相似,都是通过条件的限制来完成最终的任务。需要注意的是,数据的删除是指整条记录的删除,而不是删除某个数据项。

## 6.3.1 知识准备:DELETE 语句

在数据库的运行与维护过程中,数据的删除是必不可少的操作。过期的数据需要删除,录入的错误数据也需要删除。数据删除是指删除整行数据,而不是删除某条记录的某字段。在 SQL 语句中,数据可以通过 DELETE 语句来删除,也可以用 TRUNCATE TABLE 命令删除。

**1. 普通 DELETE 语句**

DELETE 语句基本语法格式如下:

DELETE FROM 表名

[WHERE 逻辑表达式]         --当省略时,将删除表中所有的行

【例 6-13】 将"销售表"中的数据复制一份到"销售表 2"中,将"销售表 2"中的买家编号为 M04 的删除。代码如下:

SELECT * INTO 销售表 2 FROM 销售表

GO

DELETE FROM 销售表 2 WHERE 买家编号＝'M04'

GO

小提示:如果删除的数据就直接来源于后面声明的基本表,可以省略 FROM 命令。

【例 6-14】 删除"销售表 2"中的所有记录。代码如下:

DELETE 销售表 2

**2. 关联 DELETE 语句**

在部分删除数据的任务中,需要使用其他表中的数据作为依据,此时就可用关联 DELETE 语句。

语法格式如下：

DELETE 表名

[FROM 源表名［,...N］]

［WHERE 逻辑表达式］

【例 6-15】　将"销售表"中的数据复制一份到"销售表 3"中，将"销售表 3"中的实际销售价格比它对应的进价还低的记录删除。代码如下：

SELECT ＊ INTO 销售表 3 FROM 销售表

GO

DELETE 销售表 3

FROM 销售表 3 a,商品表 b

WHERE a.商品编号＝b.商品编号 AND a.实际销售价格＜b.进价

### 3. 子查询的 DELETE 语句

【例 6-16】　找出商品编号在"销售表 3"中而又不在"商品表"中的记录给予删除。代码如下：

DELETE 销售表 3

WHERE 商品编号 NOT IN(SELECT 商品编号 FROM 商品表)

小提示：在案例数据库中，因为使用了规范的数据参照完整性，所以上面这个示例的情况是不会出现的，这里只是作为一个知识点进行介绍。

### 4. TRUNCATE TABLE 语句

当需要快速清空某表时，可以用 TRUNCATE TABLE 命令。TRUNCATE TABLE 命令可以将表中所有数据删除，但是并不删除基本表，这与后面介绍的删除表语句 DROP TABLE 不同。语法格式如下：

TRUNCATE TABLE 表名

【例 6-17】　清空"销售表 3"。代码如下：

TRUNCATE TABLE 销售表 3

小提示：TRUNCATE TABLE 语句与不带条件的 DELETE 语句最终效果一致，都是清空某个表中的所有数据，但是在执行的效率上更高，因为 TRUNCATE TABLE 速度比 DELETE 快，不记录事务日志，会释放数据、索引占据的空间。此外删除数据不可恢复，一定要慎重。

☞职业道德、法律意识

张三(化名)因为工作内容与领导发生了冲突，为了报复领导，他故意删除了后台部分数据，造成公司网店无法照常运营。张三通过破坏计算机数据的方式破坏生产经营，其行为已触犯《中华人民共和国刑法》第二百七十六条，构成破坏生产经营罪。检察院以破坏生产经营罪对张三提起公诉，经审理判处张三有期徒刑六个月，缓刑一年。

我们作为职业人必须具有良好的职业道德，尊法守法，维护企业数据安全。

## 6.3.2　任务实施：删除"销售管理"数据库中的数据

### 1. 删除普通数据

【例 6-18】　删除所有 C 牌的商品信息。代码如下：

```
SELECT * INTO 销售表 4 FROM 销售表
GO
DELETE FROM 销售表 4
WHERE 品牌＝′C 牌′
```

**2. 删除子查询**

【例 6-19】 删除销售表 4 中所有"个人"买家的购买信息。代码如下：

```
DELETE FROM 销售表 4
WHERE 买家编号＝(SELECT 买家编号 FROM 买家表 WHERE 买家名称＝′个人′)
```

**3. 清空基本表数据**

【例 6-20】 删除所有"商品表 2"中的数据。代码如下：

```
TRUNCATE TABLE 商品表 2
```

### 课堂实践 3

**1. 实践要求**

①删除所有 2009 年以前的借阅信息。

②删除所有刘一鸣读者的借阅信息。

③将所有读者信息导入"读者表 2"中，然后清空其中数据。

**2. 实践要点**

①注意子查询删除的连接方法。

②一定要做好相关数据的转存，在新的表中完成删除任务。

# 课后拓展

拓展练习一：向"学生管理"数据库中添加新数据

【练习综述】

向学生表中添加两条新记录，见表 6-3。

表 6-3 两条新记录

| 学 号 | 姓 名 | 性 别 | 年 龄 | 专 业 | 系部代码 |
|---|---|---|---|---|---|
| S0315 | 张树新 | 男 | 20 | 软件设计 | X03 |
| S0316 | 王建军 | 男 | 21 | | X02 |

将所有年龄小于 20 岁的学生信息添加到新表"低年龄学生"中。

【练习要点】

• 将不同类型的数据添加到基本表中。

• 通过查询命令实现向表中添加多条数据。

【练习提示】

单条数据的添加唯一需要注意的就是数据要和字段一一对应。而通过查询添加多条数据，则需要注意查询语句的准确性以及检索出来的数据与基本表结构的吻合度。

**拓展练习二:修改"学生管理"数据库中的数据**

【练习综述】

新学期开始了,学校需要将所有学生的年龄增加一岁。

因为试卷出现了错误,所以将所有学生的英语课成绩提高 5 分。

【练习要点】

- 按条件修改数据的方法。
- 子查询修改数据的方法。

【练习提示】

单表修改唯一需要注意的就是条件的准确,防止出现错误操作。子查询修改要注意的是连接字段的选择。另外,最好复制一个数据到新表进行修改,不改动原表数据。

**拓展练习三:删除"学生管理"数据库中的无用数据**

【练习综述】

删除"王建军"同学的相关信息。

【练习要点】

删除条件的准确性。

【练习提示】

数据一旦删除很难恢复,所以一定要保证删除数据的准确性。

# 课后习题

一、选择题

1.执行下列数据删除语句,在运行时不会产生错误信息的选项是(    )。

A. DELETE * FROM Student WHERE Grade ='6'

B. DELETE FROM Student WHERE Grade ='6'

C. DELETE FROM Student SET Grade ='6'

D. DELETE Student SET Grade ='6'

2.何种情况下,INSERT 语句可以省略目标字段(    )。

A.何种情况下都可以

B.何种情况都不可以

C.添加的数据与表中原始字段一一对应

D.只填写一列的时候

3.TRUNCATE TABLE 语句的功能是(    )。

A.删除表                    B.删除表中所有数据

C.删除符合条件的数据          D.都不对

4.如果需要将查询结果存入一个临时表中,表名前面需要加的符号是(    )。

A.@            B.#            C.&            D.$

5.如果添加数据对应的字段包含默认值,则下列说法正确的是(　　　)。

A.如果没有向目标列中添加数据,则自动添加默认值

B.如果没有向目标列中添加数据,则填入 NULL

C.即使向目标列中添加数据,系统也是填入默认值

D.都不对

二、填空题

1.INSERT 语句不能为_____列添加数据,由系统生成。

2.添加数据的过程中,如果数据不是数值型的,需要用_____符号括起来。

3.在 T-SQL 语法中,用来插入和更新数据的命令是_____和_____。

4.数据的操作主要包括数据库表中数据的添加、_____、_____和查询操作。

5.用来声明删除或修改数据条件的子句是_____。

# 使用 T-SQL 语句定义数据库

● 知识教学目标

- 了解定义语言的功能；
- 掌握数据库的相关定义语法；
- 掌握基本表、视图等对象的相关定义语法。

● 技能培养目标

- 掌握使用 T-SQL 语句定义数据库的方法；
- 掌握使用 T-SQL 语句定义基本表的方法；
- 掌握使用 T-SQL 语句定义数据库其他对象的方法。

作为主流的数据库管理系统，SQL Server 2008 除了提供使用 SSMS 这种界面方式来管理数据库外，还支持使用 SQL 语句来管理数据库。使用界面方式管理数据库，可能根据版本和软件的不同有所区别。但是，SQL 作为一种标准的结构化查询语言，是一种通用语言，虽然也会因为软件供应商有所区别，但是语法基本是一致的。在 SQL Server 2008 中使用的是 Transact-SQL 语言，简称 T-SQL。

前面的项目 3、4 完成了使用 SSMS 实现"销售管理"数据库及对象的任务。本项目将使用 SQL 语言中的定义语言实现"销售管理"数据库的实施与管理，包括创建数据库，创建表和添加约束等。

## 任务 7.1  数据库的创建与管理

✍ 任务描述

公司邀请软件公司设计一款管理软件，小赵负责协助该公司完成这一软件的实施。该管理软件通过用户界面的方式完成对数据库的管理，而不是通过 SSMS。这就需要通过 SQL 语句的方式来完成对数据库的实施及管理，于是小赵根据对方的要求开始完成使用 SQL 定义语句编写管理数据库语句的任务。

## 任务分析

使用 SQL 语言实施和管理数据库对于数据库应用系统开发而言是十分重要的。使用 SQL 语言实施数据库与使用 SSMS 实施数据库所需要设置的内容基本相同,所以可以参照项目 3 中的任务实施,只是将界面的操作转化为语言命令。由于在项目 3 中已经创建过"销售管理"数据库,所以先将其分离保存,然后再完成本项目任务。

## 7.1.1　知识准备:数据库的创建、修改和删除语句

### 1. 数据定义语言

数据库及其中各种对象的创建属于数据定义语言。数据定义语言(DDL)是 SQL 的一部分,用来定义关系数据库的模式、外模式和内模式,以实现对关系数据库的基本表、视图以及索引文件等基本要素的定义、修改和删除等操作。数据定义语言的功能包括数据库、基本表、索引、视图及存储过程的定义、修改和删除等。基本语句可见表 7-1。

表 7-1　　　　　　　　　　　　SQL 的数据定义语句

| 操作对象 | 操作方式 | | |
|---|---|---|---|
| | 创建语句 | 删除语句 | 修改语句 |
| 数据库 | CREATE DATABASE | DROP DATABASE | |
| 基本表 | CREATE TABLE | DROP TABLE | ALTER TABLE |
| 索引 | CREATE INDEX | DROP INDEX | |
| 视图 | CREATE VIEW | DROP VIEW | |

### 2. 数据库创建语句

创建数据库包括:定义数据库名,确定数据库文件的位置和大小,确定事务日志文件的位置和大小。创建数据库使用 CREATE DATABASE 语句,其语法如下:

CREATE DATABASE ＜数据库名＞

[ON[PRIMARY][(NAME=＜逻辑数据文件名＞,]

　　FILENAME='＜操作数据文件路径和文件名＞'

　　[,SIZE=＜文件初始长度＞]

　　[,MAXSIZE=＜最大长度＞]

　　[,FILEGROWTH=＜文件增长率＞][,...n])]

[LOG ON([NAME=＜逻辑日志文件名＞,]

　　FILENAME='＜操作日志文件路径和文件名＞'

　　[,SIZE=＜文件初始长度＞]

　　[,MAXSIZE=＜最大长度＞]

　　[,FILEGROWTH=＜文件增长率＞][,...n])]

各参数的含义说明如下:

• 数据库名:数据库的名称。

- PRIMARY:该选项是一个关键字,指定主文件组中的文件。
- LOG ON:指明事务日志文件的明确定义。
- NAME:指定数据库的逻辑名称,即文件保存在硬盘上的名称。
- FILENAME:指定数据库所在文件的名称和路径,该操作系统文件名和 NAME 的逻辑名称一一对应。
- SIZE:指定数据库的初始容量大小。
- MAXSIZE:指定操作系统文件可以增长到的最大尺寸。
- FILEGROWTH:指定文件每次增加的容量,当指定数据为 0 时,文件不增长。

数据库定义语句中需要注意以下三个方面的内容:

(1)定义数据库名

SQL Server 中,数据库名称最多为 128 个字符,每个系统最多可以管理用户数据库 32 767 个。

(2)定义数据文件

数据库文件最小为 3 MB,默认值为 3 MB;文件增长率的默认值为 10%。可以定义多个数据文件,默认第一个为主文件。

(3)定义日志文件

在 LOG ON 子句中,日志文件的长度最小值为 1 MB。

【例 7-1】　创建指定数据文件和事务日志文件的数据库。下面的示例创建名为 student 的数据库,数据库的逻辑文件名为"student_dat",保存在 C 盘根目录下,初始值为 5 MB,最大为 50 MB,每次增长 2 MB。日志文件名为"student_log",保存在 C 盘根目录下,初始值为 1 MB,最大为 10 MB,每次增长 10%。

```
CREATE DATABASE student
ON(NAME =student_dat,
    FILENAME = 'c:\student_dat. mdf',
    SIZE = 5,
    MAXSIZE = 50,
    FILEGROWTH = 2)
LOG ON(NAME =student_log,
    FILENAME='c:\student_log. ldf',
    SIZE=1,
    MAXSIZE=10,
    FILEGROWTH=10%)
GO
```

数据库创建后,系统会提示该数据库的相关创建信息,如图 7-1 所示。

### 3. 数据库删除语句

删除数据库是数据库管理中的重要技术之一。当不需要用户创建的某个数据库时,可以将其删除。如果数据库正在被使用,则无法将其删除。删除数据库的命令相对简单,其语法如下:

```
DROP DATABASE <数据库名>
```

图 7-1  创建数据库的结果

【例 7-2】  删除 student 数据库。

USE Master

GO

DROP DATABASE student

GO

语句执行后,系统会提示用户删除操作信息,如图 7-2 所示。

图 7-2  删除数据库结果

## 7.1.2  任务实施:使用 SQL 语言创建和管理"销售管理"数据库

### 1. 创建数据库

【例 7-3】  创建"销售管理"数据库。

本任务采用和项目 3 中同样的实施方案,所以数据库实施参数是:数据库的名称为"销售管理"数据库,分别将数据库文件和日志文件保存到 D 盘根目录下的"销售管理数据库"文件夹下,数据库文件名称为"销售管理_data",初始值为 16 MB,每次增长 6 MB,上限为 100 MB。日志文件名称为"销售管理_log",初始值为 1 MB,最大为 5 MB,每次增长 10%。

CREATE DATABASE 销售管理

ON(NAME = 销售管理_data,

    FILENAME = 'd:\销售管理数据库\销售管理_data.mdf',

    SIZE = 16,

    MAXSIZE = 100,

    FILEGROWTH = 6)

```
LOG ON
( NAME =销售管理_log,
    FILENAME = 'd:\销售管理数据库\销售管理_log.ldf',
    SIZE = 1,
    MAXSIZE = 5,
    FILEGROWTH = 10%)
GO
```

例 7-3 的执行效果如图 7-3 所示。

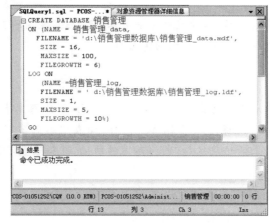

图 7-3　创建"销售管理"数据库

**2.删除数据库**

【例 7-4】　使用语句删除刚刚创建的"销售管理"数据库。代码如下：

```
DROP DATABASE 销售管理
GO
```

例 7-4 的执行效果如图 7-4 所示。

图 7-4　删除"销售管理"数据库

## 课堂实践1

**1.实践要求**

①按照要求创建数据库。数据库的名称为"图书管理"数据库,分别将数据库文件和日志文件保存到 D 盘根目录下的"图书馆数据库"文件夹下,数据库文件名称为"图书管理_data",初始值为 5 MB,最大为 20 MB,每次增长 2 MB。日志文件名称为"图书管理_log",初始值为 1 MB,最大为 5 MB,每次增长 10%。

② 删除上面创建的"图书管理"数据库。

**2. 实践要点**

要理解数据库创建语句中各个参数的含义。

# 任务 7.2　基本表的创建与管理

## 任务描述

小赵完成了数据库实施后,需要继续完成包括"商品表"在内的五个基本表实施,并使用创建约束的语句来保证基本表中数据的完整性。

## 任务分析

使用语句创建基本表需要考虑的内容与使用 SSMS 创建基本表一样,主要也是数据类型的选择等。使用语句同样可以像 SSMS 一样,向表中添加各种完整性约束要求,但是要注意掌握好不同约束的语法结构,因为不同的约束,其语法也不同。

## 7.2.1　知识准备:基本表定义语句

### 1. 基本表的创建

在创建数据表时要遵循严格的语法定义。在 SQL 语言中,必须满足以下规定:

• 每个表有一个名称,称为表名或关系名。表名必须以字母开头,最大长度为 30 个字符。

• 一张表包含若干字段,字段名唯一,字段名也称为属性名。

创建表的语法如下:

CREATE TABLE <表名>

(　　字段 1 数据类型 字段的特征

　　　字段 2 数据类型 字段的特征

　　　......

)

其中,"字段的特征"包括该字段是否为空(NULL)、是不是标识列(自动编号)、是否有默认值、是否为主键等。

【例 7-5】　在"student"数据库中创建 studentinfo 表,表结构定义见表 7-2。

表 7-2　　　　　　　　　　　　　　studentinfo 基本表的结构

| 字段名称 | 数据类型 | 长度 | 是否为空 |
|---|---|---|---|
| 学号 | CHAR | 10 | 否 |
| 姓名 | VARCHAR | 10 | 否 |
| 性别 | CHAR | 2 | 是 |
| 年龄 | SMALLINT |  | 是 |

在 SQL 查询编辑器中输入如下代码：

USE student                --将当前数据库设置为 student，以便在其中创建表
GO
CREATE TABLE studentinfo        / * --创建 studentinfo 表 -- * /
(学号 CHAR(10) NOT NULL，
姓名 VARCHAR(10) NOT NULL，
性别 CHAR(2)，
年龄 SMALLINT)
GO

执行语句后，系统会提示相应结果，如图 7-5 所示。

图 7-5    创建 studentinfo 表的结果

**2. 添加约束**

表中的每个字段用来保存一个实体的属性，这些属性通常具有相近的特征与规律。例如，人的性别只能是"男"或者"女"，人的年龄都应该大于 0。那么，如何保证在管理和使用这些数据时不会违背这些特征呢？约束的目的就是确保表中数据的完整性，保证数据在保存和使用过程中遵循这些特征与规律。

常用的约束类型如下：

• 主键约束（Primary Key ConstraINT）：要求主键字段数据唯一，并且不允许为空。

• 唯一约束（Unique ConstraINT）：要求该字段唯一，允许为空。

• 检查约束（Check ConstraINT）：某字段取值范围限制、格式限制等，如有关年龄大于 0 的约束。

• 默认约束（Default ConstraINT）：某字段的默认值，如性别通常默认为"男"。

• 外键约束（Foreign Key ConstraINT）：用于在两表之间建立关系，需要指定引用哪个表的哪一字段。

在创建表时，可以在字段后添加各种约束，但一般不这样混合使用，推荐将添加约束和创建表的语句分开编写，也就是首先创建基本表，然后通过修改基本表结构的方式来达到添加约束的目的。

添加约束的语法如下：

ALTER TABLE <表名>
ADD CONSTRAINT <约束名> <约束类型> <具体的约束说明>

上述语法表示修改某个表的同时,向表中添加某个约束。其中,约束名的命名规则推荐采用"约束类型_约束字段"这样的形式。

【例 7-6】 为学号字段添加主键约束,推荐约束名取为"PK_bh";为性别字段添加值为"男"的默认约束,推荐约束名取为"DF_xb";为年龄添加内容为大于或等于 0 的检查约束,推荐约束名取为"CK_nl"。

```
--添加主键约束
USE student
GO
ALTER TABLE studentinfo
ADD CONSTRAINT PK_bh PRIMARY KEY(学号)
GO
--添加默认约束
USE student
GO
ALTER TABLE studentinfo
ADD CONSTRAINT DF_xb DEFAULT '男' FOR 性别
GO
--添加检查约束,要求年龄大于等于 0
USE student
GO
ALTER TABLE studentinfo
ADD CONSTRAINT CK_nl CHECK(年龄>=0)
GO
```

约束创建好后,如果有用户对相关数据进行操作,系统会自动监视其操作是否符合要求,如果操作不符合事先约定的约束,则系统取消操作,如图 7-6 所示。

图 7-6　添加失败提示

在图 7-6 中,用户试图向"学生"表中插入一组数据,数据中年龄字段对应的数据为"−1",这违反了相关的约束规定,所以系统拒绝了这次操作。

**3. 删除约束**

如果在数据库的使用过程中,原有的约束已经失去了价值,或者约束的内容已经不适合相应字段,则考虑删除约束。删除约束语句也是建立在修改表结构语句的基础上,具体

语法如下:

ALTER TABLE 表名

DROP CONSTRAINT 约束名

【例 7-7】　删除"学生"表中年龄大于 0 的约束。代码如下:

USE student

GO

ALTER TABLE studentinfo

DROP CONSTRAINT CK_nl

GO

**4. 基本表的删除**

基本表创建后,在运行的过程中如果已经失去实际意义,用户则考虑将其删除,减轻系统的负担。删除表的语法如下:

DROP TABLE <表名>

【例 7-8】　删除 studentinfo 表。代码如下:

USE student

DROP TABLE studentinfo

GO

🐾 小提示:因为基本表是数据库中最基本的对象,是保存数据和建立其他数据库对象的平台,所以在删除基本表时一定要注意,要保证其中的数据确实不再需要,其相关的对象也不再依附于它。

## 7.2.2　任务实施:使用 SQL 定义语言完成"商品表"等基本表的创建和管理

**1. 创建"商品表"等基本表**

【例 7-9】　"销售管理"数据库中"商品类型表""商品表""买家级别表""买家表""销售表"基本表的创建,具体表格结构参照导论中的表 0-6～表 0-10。

分别在 SQL 查询编辑器中输入下列代码:

(1)创建"商品表"

USE 销售管理

GO

CREATE TABLE 商品表

(商品编号 CHAR(3),

商品名称 VARCHAR(50),

品牌 VARCHAR(20),

型号 VARCHAR(20),

类型 CHAR(3),

进价 MONEY,

销售价 MONEY,

库存 INT)

GO

（2）创建"买家表"

```
USE 销售管理
GO
CREATE TABLE 买家表
(买家编号 CHAR(3),
买家名称 VARCHAR(50),
电话 VARCHAR(20),
级别 CHAR(3))
GO
```

（3）创建"买家级别表"

```
USE 销售管理
GO
CREATE TABLE 买家级别表
(级别编号 CHAR(3),
级别名称 VARCHAR(50),
享受折扣 FLOAT,
特权 VARCHAR(50))
GO
```

（4）创建"商品类型表"

```
USE 销售管理
GO
CREATE TABLE 商品类型表
(类型编号 CHAR(3),
类型名称 VARCHAR(50),
级别 VARCHAR(20))
GO
```

（5）创建"销售表"

```
USE 销售管理
GO
CREATE TABLE 销售表
(ID INT,
商品编号 CHAR(3),
基本表创建结果
买家编号 CHAR(3),
实际销售价格 MONEY,
销售日期 DATETIME,
销售数量 INT)
GO
```

以上代码执行后，"销售管理"数据库中将含有五个基本表，结果如图 7-7 所示。

图 7-7　"销售管理"数据库

小提示:如果字段具有参照关系就需要注意其数据类型和长度的设置,参照和被参照的字段应该一致,例如"买家表"的"级别"字段和"买家级别表"的"买家级别编号"字段。

向"买家表"和"商品表"中完成下列约束要求:

- "买家表"中的"买家编号"和"商品表"中的"商品编号"设置为主键。
- "商品表"中的"品牌"字段默认值为"A 牌"。
- 要求"商品表"中的"进价"必须大于 0;要求"买家表"中的"买家编号"必须为"M＊＊"格式。
- 建立"买家表"与"买家级别表"之间的关联;建立"商品表"与"商品类型表"之间的关联。

**2. 添加基本表约束**

(1) 添加主键约束

【例 7-10】　将"买家表"中的"买家编号"和"商品表"中的"商品编号"设置为主键。

```
--添加主键约束(将买家编号作为主键)
USE 销售管理
GO
ALTER TABLE 买家表
ADD CONSTRAINT PK_买家编号 PRIMARY KEY(买家编号)
GO
--添加主键约束(将商品编号作为主键)
USE 销售管理
GO
ALTER TABLE 商品表
ADD CONSTRAINT PK_商品编号 PRIMARY KEY(商品编号)
GO
```

(2) 添加默认约束

【例 7-11】　设置"品牌"字段的默认值为"A 牌"。

```
--添加默认约束(品牌默认为 A 牌)
USE 销售管理
GO
ALTER TABLE 商品表
ADD CONSTRAINT DF_品牌 DEFAULT('A 牌') FOR 品牌
GO
```

(3) 添加条件约束

【例 7-12】　要求"商品表"中的"进价"必须大于 0;要求"买家表"中的"买家编号"必须为"M＊＊"格式。

```
--添加检查约束(进价大于 0)
USE 销售管理
GO
ALTER TABLE 商品表
```

ADD CONSTRAINT CK_进价 CHECK(进价>0)

GO

--添加检查约束(买家编号为"M＊＊"格式)

USE 销售管理

GO

ALTER TABLE 买家表

ADD CONSTRAINT CK_编号 CHECK(买家编号 like 'M__')

GO

(4)添加关联

【例 7-13】 建立"买家表"与"买家级别表"之间的关联;建立"商品表"与"商品类型表"之间的关联。

--添加外键约束(主键表"买家级别表"和外键表"买家表"建立关系)

USE 销售管理

GO

ALTER TABLE 买家表

ADD CONSTRAINT FK_mj

FOREIGN KEY(级别) REFERENCES 买家级别表(级别编号)

GO

--添加外键约束(主键表"商品类型表"和外键表"商品表"建立关系,关联字段为类别)

USE 销售管理

GO

ALTER TABLE 商品表

ADD CONSTRAINT FK_sp

FOREIGN KEY(类型) REFERENCES 商品类型表(类型编号)

GO

小提示:参照关系的声明中,是声明谁参照谁,所以外码的设定是在参照表中完成的,即在参照表中的参照字段上声明被参照表的被参照字段。

3. 删除基本表

【例 7-14】 删除"买家表"。代码如下:

USE 销售管理

DROP TABLE 买家表

GO

 课堂实践2

1. 实践要求

(1)根据导论中表 0-16~表 0-20 的内容,使用语句创建出五个基本表的基本结构(字段名称及数据类型)。

(2)根据要求,在"读者"表中完成下列约束要求:

①"读者编号"为基本表主键。

②"性别"的默认值为"男"。

③"性别"的值只能是"男"或"女"。

④"读者类别"字段应该参考"读者类别表"的"读者类别编号"字段。

(3)在"图书表"中完成下列约束：

①"图书编号"为基本表主键。

②"页数"的值应该在 1～1500。

③"类别"字段参照"图书类别"表的"类别编号"字段。

④删除其中的"读者类型"表。

**2. 实践要点**

①注意基本表定义的语法结构。

②注意各种约束的设置语法结构。

# 任务 7.3    视图的创建与管理

## 任务描述

应用系统的开发人员希望小赵能设计几个视图,因为公司的很多日常工作是经常性的,如果引入一些视图机制,会大大提高工作效率。与前面数据库和基本表的实施一样,小赵也希望使用 SQL 语句来完成这一任务。

## 任务分析

本次任务与项目 4 中的任务相同,只不过需要使用 SQL 语句的方式实现。使用 SQL 语句实现视图的创建,实际上是查询语句的一种特殊"用法",所以在视图的创建过程中一定要注意查询语句的准确性。

## 7.3.1    知识准备:视图的创建与管理语句

### 1. 视图的创建

视图的概念前文已经介绍过,这里重点介绍使用 SQL 语句来创建和使用视图的方法。

视图创建语句的核心是一条查询语句,即视图的结构是根据对基本表的查询结果来创建的。创建视图的过程实际上就是数据库执行定义该视图查询语句的过程。SQL 语言中使用 CREATE VIEW 语句创建视图。

CREATE VIEW <视图名>[(<字段名>,[<字段名>]...)]

AS <子查询>

[WITH CHECK OPTION];

其中,主要参数含义如下:

①<子查询>可以是任意复杂的 SELECT 语句,但通常不允许含有 ORDER BY(对查询结果进行排序)和 DISTINCT(从查询返回结果中删除重复行)语句。

②WITH CHECK OPTION 表示对视图进行 UPDATE、INSERT 和 DELETE 操作时要保证更新、插入和删除的行满足视图定义中的谓词条件,即<子查询>中 WHERE 子句的条件表达式。选择该子句,则系统对 UPDATE、INSERT 和 DELETE 操作进行检查。

③组成视图的字段名要么全部指定,要么全部省略。如果省略了视图的各个字段名,则表明该视图的各字段由<子查询>中 SELECT 子句各目标字段组成,但是在下列三种情况下,必须指定组成视图的所有字段名。

• 目标字段不是单纯的字段名,而是统计函数或字段表达式。

• <子查询>中使用了多个表或视图,并且目标字段中含有相同的字段名。

• 需要在视图中改用新的、更合适的字段名。

视图创建后,系统仅仅是将视图的定义信息存入数据库的数据字典中,而定义中的<子查询>语句并不执行。当系统运行到包含该视图定义语句的程序时,根据数据字典中的视图的定义信息临时生成该视图。程序一旦执行结束,该视图将被立即撤销。

【例 7-15】 创建男同学视图,将男同学的姓名和年龄保存其中。代码如下:

```
CREATE VIEW 男同学_view
AS SELECT 姓名,年龄
FROM studentinfo
WHERE 性别='男'
```

🐾小提示:视图的创建可以是在另一个视图的基础上,也就是 FROM 语句中的对象可以是另一个视图。

**2. 视图的使用**

视图的使用与表的使用一样,可以使用 SELECT 语句进行查询或者使用操作语句进行添加等操作。

【例 7-16】 查询男同学姓名。代码如下:

```
USE student
GO
SELECT 姓名
FROM studentinfo
WHERE 性别='男'
GO
```

或者

```
USE student
GO
SELECT 姓名
FROM 男同学_view
GO
```

如图 7-8 所示,两者所执行的结果是一致的,而使用视图查询的语句更简单一些。

**3. 视图的删除**

在数据库的运行过程中,部分视图会因实际情况的变更而失去意义,此时可以考虑删除视图。

图 7-8　查询表与查询视图结果的对照图

DROP VIEW ＜视图名＞；

DROP VIEW 只是删除视图在数据字典中的定义信息,而由该视图导出的其他视图的定义却仍存在数据字典中,但这些视图已失效。为了防止用户在使用时出错,要用 DROP VIEW 语句把那些失效的视图逐一删除。

视图创建后,若导出此视图的基本表被删除了,则该视图将失效,但它一般不会被自动删除,要用 DROP VIEW 语句将其删除。

【例 7-17】　删除男同学_view 视图。代码如下:

DROP VIEW 男同学_view

## 7.3.2　任务实施:“销售管理”数据库中视图的实施

### 1.创建视图

【例 7-18】　创建“商品概述”视图,显示所有商品名称、品牌和进价。代码如下:

USE 销售管理

GO

CREATE VIEW 商品概述_view

AS SELECT 商品名称,品牌,进价

FROM 商品表

GO

【例 7-19】　创建“高价商品”视图,显示所有进价在 4000 元以上的商品名称、品牌和进价。代码如下:

USE 销售管理

GO

CREATE VIEW 高价商品_view

AS SELECT 商品名称,品牌,进价

FROM 商品表

WHERE 进价＞4000

GO

【例 7-20】 创建"个人购买"视图,显示所有个人用户购买的商品名称和购买时间。
代码如下:

USE 销售管理

GO

CREATE VIEW 个人购买_view

AS SELECT 商品名称,销售日期,买家名称

FROM 商品表 INNER JOIN 销售表 ON 商品表.商品编号 ＝ 销售表.商品编号

INNER JOIN 买家表 ON 销售表.买家编号 ＝ 买家表.买家编号

WHERE 买家表.买家名称 ＝ '个人'

GO

**2. 使用视图**

【例 7-21】 查看高价商品的名称。代码如下:

USE 销售管理

GO

SELECT 商品名称

FROM 高价商品_view

GO

**3. 删除视图**

【例 7-22】 删除高价商品视图。代码如下:

DROP VIEW 高价商品_view

### 课堂实践3

**1. 实践要求**

①创建"图书概述"视图,显示所有图书名称、作者姓名和定价。

②创建"男读者"视图,显示所有男性读者的姓名、工作单位,并按单位升序排序。

③创建"低信誉读者"视图,显示所有超期次数大于 10 次的读者姓名和借阅的图书名称。

**2. 实践要点**

视图的创建语句核心实际就是查询语句,所以一定要保证查询语句的准确性。

## 任务 7.4　规则与默认的创建与管理

### 任务描述

应用系统开发人员找到小赵,说基本表目前的规则和默认对象等不够,希望他能再为表中创建几个规则和默认对象。小赵感觉很多字段的规则和默认对象都是相同的,以往一列一列地设置方式太复杂,也不便于管理,他决定引入规则和默认对象来解决这一问题。

## 任务分析

规则和默认对象与表中创建的规则及默认类似,所不同的是它不针对某个具体字段,而是一些独立的对象,当需要其作用到某个字段时,绑定到目标字段上。所以,只有那些比较具有典型性和普遍性的约束和默认对象才有创建的价值。

### 职业素养

一次,列宁去理发店理发,因为理发师比较少,所以顾客都在排队等候。列宁进入理发店后,前面的顾客纷纷站起来为其让座,让列宁先理,但列宁却微笑地说:"谢谢大家的好意,不过这样做是不对的,每个公民都应该遵守秩序和规矩。"说完,他坐在了队伍的最后面。

俗话说"没有规矩不成方圆",只有遵守规章制度,才能保证事件有序进行。数据库管理也是一样,规则是为了保证数据的有效性和准确性,规则面前每个数据都是平等的。

## 7.4.1　知识准备:规则及默认对象的定义语句

规则与默认对象的使用方法相似,都包含创建、绑定、解绑和删除,本任务通过 SQL 语句来实现规则与默认对象的使用。

#### 1. 规则的实施与管理

规则可以验证数据是否处于一个指定的值域内,可以验证数据是否与特定的格式相匹配,以及是否与指定列表中的输入相匹配。表的永久性规则一般在定义表时定义。对于追加的规则或需要变动的规则,可以通过 CREATE RULE 定义,并把规则绑定到字段上。

每个数据库中都会有各种各样的规则,用来对各种数据进行约束。这些规则使得数据发生错误的概率大大降低。前文介绍的如何在某一字段上建立一个规则,属于列级约束,本节介绍如何建立表级约束。表级约束是一个约束文件,它单独存在于数据库中,当有需要时,将这个约束文件绑定到相应字段上来完成对该字段的约束。

(1)创建规则

创建规则的语法如下:

CREATE RULE <规则名> AS <规则表达式>

在上述语法中,规则表达式可以是 WHERE 子句中的有效表达式。规则表达式中可以包含比较符和算术运算符,但不能包括数据库对象名或表的字段名。被绑定的字段在规则表达式中使用形式参数表示,参数前要加"@"符号,参数的名字可以根据规则的特点自行定义。

【例 7-23】　创建规则,要求字段的值必须大于零。代码如下:

```
USE student
GO
CREATE RULE 数值_rule
AS @SZ >0
GO
```

【例 7-24】 创建规则,要求字段的值只能是"男"或者"女"。代码如下:

```
USE student
GO
CREATE RULE 性别_rule
AS @XB IN('男','女')
GO
```

(2)绑定规则

绑定规则就是将定义的规则绑定在数据库的表字段上,使该字段具有规则指定的完整性条件。在绑定规则时应当特别注意,规则中参数的数据类型要与表字段的数据类型一致。绑定规则使用系统存储过程 sp_bindrule 实现,其语句格式如下:

sp_bindrule rulename,'object'

【例 7-25】 绑定规则,将性别_rule 绑定到 studentinfo 表的"性别"字段上。代码如下:

```
USE student
GO
sp_bindrule 性别_rule,'studentinfo.性别'
GO
```

绑定后,系统会给定用户成功的提示,如图 7-9 所示。

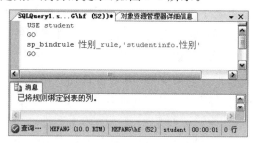

图 7-9 绑定性别规则到 studentinfo 表的"性别"字段上

(3)解除绑定

解除规则只是简单地把规则从字段上分离开,并不删除规则,规则仍存储在数据库中,还可再绑定到其他字段上。解除规则使用系统存储过程 sp_unbindrule 实现,其语法如下:

sp_unbindrule 'object'

【例 7-26】 解除 studentinfo 表"性别"字段上的性别_rule 规则绑定。代码如下:

```
USE student
GO
sp_unbindrule 'studentinfo.性别'
GO
```

解除后,系统会给予用户解除信息,如图 7-10 所示。

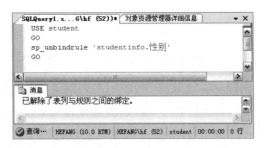

图 7-10 解除性别规则的绑定

（4）删除规则

删除规则就是将规则的定义从数据库中清除。

💨小提示：当需要删除一个规则时，首先要将该规则从绑定的各字段上全部解除后方可删除。删除规则的语法如下：

DROP RULE rulename

【例 7-27】 删除规则"性别_rule"。代码如下：

USE student

GO

DROP RULE 性别_rule

GO

**2. 默认对象的实施与管理**

默认对象就是定义在某字段上的默认值，当用户在添加数据时，如果没有向具有默认值的字段添加数据，系统会自动将默认值添加进去。

（1）创建默认对象

默认对象可以在表定义的同时声明，也可以使用命令创建。基本格式如下：

CREATE DEFAULT ＜默认名＞

AS（表达式）

【例 7-28】 创建值为男的默认对象。代码如下：

USE student

GO

CREATE DEFAULT 男_DF

AS ′男′

GO

（2）绑定默认对象

用户创建了一个默认值之后，需要使用系统过程 sp_bindefault 绑定才能有效。格式如下：

sp_bindefault defname，′object′

参数：defname 为默认名；′object′为要绑定的对象。

【例 7-29】 把男_DF 默认绑定到 studentinfo 表的"性别"字段。代码如下：

USE student

GO

sp_bindefault ′男_DF′,′studentinfo. 性别′

GO

绑定后,系统会给予用户绑定成功的提示,如图 7-11 所示。

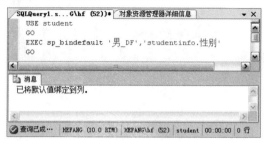

图 7-11　绑定默认对象

(3)解除绑定

解除绑定是指将某个默认对象从目标字段上分离,默认对象仍然存在于数据库中。解除绑定的方法有两种。

①使用 sp_unbindefault 系统过程解除默认对象和字段的绑定。格式如下:

sp_unbindefault ′object′

②使用 sp_bindefault 系统过程将一个新的默认对象绑定到指定字段。

【例 7-30】　解除 studentinfo 表"性别"字段的默认对象的绑定。代码如下:

USE student

GO

sp_unbindefault ′studentinfo. 性别′

GO

解除后,系统会给予用户解除成功提示,如图 7-12 所示。

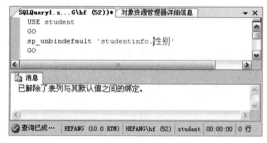

图 7-12　解除默认对象

(4)删除默认对象

DROP DEFAULT ＜默认名＞

【例 7-31】　删除默认对象"男_DF"。代码如下:

USE student

GO

DROP DEFAULT 男_DF

GO

## 7.4.2 任务实施:"销售管理"数据库中规则及默认对象的创建与管理

**1. 创建与绑定规则和默认对象**

【例 7-32】 价格要大于 0,并绑定到"商品表"中的"进价"和"销售价"字段。代码如下:

```
USE 销售管理
GO
--创建规则约束,并绑定到"商品表"的"进价"和"销售价"字段上
CREATE RULE 价格_rule
AS @jg>0
GO
sp_bindrule 价格_rule,'商品表.进价'
GO
sp_bindrule 价格_rule,'商品表.销售价'
GO
```

【例 7-33】 建立 3000 元默认值,并绑定到"商品表"的"进价"字段。代码如下:

```
USE 销售管理
GO
CREATE DEFAULT 进价_DF
AS 3000
GO
sp_bindefault '进价_DF','商品表.进价'
GO
```

**2. 管理规则和默认对象**

【例 7-34】 将刚才绑定在"进价"和"销售价"上的约束解除,并删除该约束。代码如下:

```
USE 销售管理
GO
sp_unbindrule '商品表.进价'
GO
sp_unbindrule '商品表.销售价'
GO
DROP RULE 价格_rule
GO
```

【例 7-35】 解除"进价"字段上的默认,并删除。代码如下:

```
USE 销售管理
GO
sp_unbindefault '商品表.进价'
GO
DROP DEFAULT 进价_DF
GO
```

 课堂实践4

**1. 实践要求**

①读者借阅图书的超期次数不能超过 20 次。

②"图书表""出版社"字段中的数据必须以"出版社"结尾。

③因为图书馆与 A 出版社是合作单位,所以拥有该出版社的图书较多。

④因为目前出现了一些比较特殊的出版社,它们的名称比较特殊,不是以"出版社"结尾,所以原有的约束不适合,给予解除后进行删除处理。

⑤解除出版社上的默认值并删除默认对象。

**2. 实践要点**

①注意结合绑定命令与解绑定命令的区别,有助于掌握语句。

②除了掌握语法结构外,要注意约束和默认对象的合理性。

# 课后拓展

拓展练习一:使用 SQL 语句完成"学生管理"数据库的实施

【练习综述】

如果需要将学校目前学生相关信息存储到数据库中大概需要 5 MB 的空间,每年入学的学生信息大概有 1 MB。日志文件每次增长大概是原有的 10%,为了节省空间,要求不得超过 10 MB。数据库文件和日志文件都保存到 D 盘的"学生管理"文件夹中。

在数据库中完成"学生""系部""课程""课程类型"和"成绩"基本表,表的结构参照导论中关于学生管理数据库的描述。

基本表建好后完成下列完整性要求。

• 完成各表的主键约束,例如"学号"是"学生"表的主键。

• 完成基本表之间的外键约束,例如"学生"表的"系部代码"字段与"系部"表的"系部编号"字段有参照关系。

【练习要点】

• 根据要求完成"学生管理"数据库的实施。

• 完成"学生管理"数据库中"学生""课程"和"成绩"等基本表的实施。

【练习提示】

需要根据提供的信息计算出数据库实施过程中所需要的各种参数。输入 T-SQL 语句时,请注意使用英文单引号(')进行书写。

在实施基本表数据完整性约束时,各种约束的表达方式一定要书写正确。

拓展练习二:使用 SQL 语句完成"学生"等基本表完整性约束实施

【练习综述】

• 学生的年龄应该符合学籍要求,年龄在 15~25 周岁。

• 学生的性别应该有所规范。

- "专业"字段的数据中,不论是什么专业,最后两个字应该是"专业"。
- 因为是理工类院校,所以学生中男生比例较大。
- 因为学校专业调整,女生比例也有所提高,所以原有的性别默认不再适用。

【练习要点】

- 根据数据库的需要创建规则,并完成绑定、解除和删除等管理。
- 根据数据库的需要创建默认对象,并完成绑定、解除和删除等管理。

【练习提示】

在完成规则和默认对象的过程中,注意使用比较法来提升对绑定与解绑定语句的理解。

拓展练习三:使用 SQL 语句完成"学生重点信息"等视图的实施

【练习综述】

对于辅导员来说,通常只关心学生的学号、姓名和年龄,所以将这些信息制作为视图,方便使用。

学校定期需要组织不及格的学生参加补考,所以经常需要查询不及格学生的学号、姓名、所在系部名称和不及格课程的名称。将这些信息保存到一个视图当中,以方便用户的使用。

【练习要点】

根据用户需要设计视图实施方案,并可以准确使用 SQL 语句中的 CREATE VIEW 语句完成视图的实施。

【练习提示】

使用语句创建视图,核心内容就是书写相应的 SQL 查询语句,所以一定要保证查询语句的正确,否则视图就失去了意义。

# 课后习题

一、选择题

1. 创建数据库的命令是(　　)。

A. CREATE SCHEMA　　　　　　　B. CREATE TABLE

C. CREATE VIEW　　　　　　　　　D. CREATE DATABASE

2. 创建视图的命令是(　　)。

A. CREATE SCHEMA　　　　　　　B. CREATE TABLE

C. CREATE VIEW　　　　　　　　　D. CREATE INDEX

3. 某个字段希望存放电话号码,该字段应选用(　　)数据类型。

A. CHAR(10)　　　B. VARCHAR(13)　　C. text　　　　　D. INT

4. 删除数据库的命令是(　　)。

A. REMOVE　　　B. DELETE　　　　C. ALERT　　　　D. DROP

5. 绑定默认的命令是(　　)。

A. sp_bindrule　　　B. sp_unbindrule　　　C. sp_bindefault　　　D. sp_unbindefault

6. 视图是一种常用的数据对象,可以简化数据库操作,当使用多个数据表来建立视图时,不允许在该语句中包括(　　)等关键字。

A. ORDER BY,COMPUTE

B. ORDER BY,COMPUTE,COMPUTR BY

C. ORDER BY,COMPUTE BY,GROUP BY

D. GROUP BY,COMPUTE BY

7. 数据库的容量,(　　)。

A. 只能指定固定的大小　　　　　　　　B. 最小为 10 MB

C. 最大为 100 MB　　　　　　　　　　D. 可以设置为自动增长

8. 解除规则的命令是(　　)。

A. sp_bindrule　　　B. sp_unbindrule　　　C. sp_bindefault　　　D. sp_unbindefault

9. 数据库中只存放视图的(　　)。

A. 操作　　　　　　B. 对应的数据　　　　C. 定义　　　　　　D. 限制

10. 修改基本表的命令是(　　)。

A. CREATE TABLE　　　　　　　　　　B. ALTER TABLE

C. DROP TABLE　　　　　　　　　　　D. GRANT TABLE

二、填空题

1. 数据定义语言的功能包括数据库、_____、索引、_____及存储过程的定义、修改和删除等。

2. 删除数据库使用_____命令。

3. 基本表的常用约束有_____、检查约束、默认约束和外键约束。

4. 对于视图,可以像使用_____一样对其进行查询。

5. 使用规则的优点是:一个规则通过_____就可以被多次应用。

6. _____约束用来维护两个表之间的一致性关系。

7. 用户在输入数据时,如果没有给某字段赋值,该字段的_____将自动为该字段指定数值。

8. 在表中能够唯一标识表中每一行数据的列称为表的_____。

9. 查看视图的命令是_____。

10. 基本表创建好后,可以使用_____命令来对其修改。

三、判断题

1. 因为通过视图可以插入、修改或删除数据,因此视图也是一个实表,SQL Server 将它保存在 syscommens 系统表中。　　　　　　　　　　　　　　　　　(　　)

2. 默认值绑定到字段上后,该字段上的数据将固定不变。　　　　　　　　(　　)

3. 使用 SQL 语句定义基本表,各种完整性约束只能在基本表创建好后进行补充。

(　　)

4. 索引会将相应字段的数据重新按照物理顺序排序。　　　　　　　　　　(　　)

5. 规则可以创建一次,多次绑定。　　　　　　　　　　　　　　　　　　(　　)

# 项目 8

# "销售管理" 数据库的安全管理

## ● 知识教学目标

- 了解 SQL Server 数据库管理系统安全机制；
- 了解数据库管理系统中不同用户之间的区别；
- 了解角色与用户的关系；
- 掌握各种用户权限的含义。

## ● 技能培养目标

- 掌握用户验证方式的设置方法；
- 掌握登录用户的创建方法；
- 掌握数据库用户的创建方法；
- 掌握用户权限的设置方法；
- 掌握角色的管理方法。

　　数据库是一个共享资源的对象，其中存放了组织、企业和个人的各种信息，有的信息是可以公开的；而有的信息则可能是机密数据，如国家军事机密、银行储蓄数据、证券投资信息、个人 Internet 帐户信息等。如果对数据库控制不严，就有可能使重要的数据泄露出去，甚至会受到不法分子的破坏。因此，必须严格控制用户对数据库的使用，这是由数据库的安全性控制来完成的。

　　安全性问题不是数据库系统独有的，所有计算机系统都有这个问题。只是在数据库系统中存储有大量数据，而且为许多用户直接共享，从而使安全性问题更为突出。本项目中主要介绍数据库的安全机制及用户管理。

### ☞ 职业素养

　　随着信息技术的不断普及，数据的价值快速攀升。2017 年 9 月，美国信用调查巨头 Equifax 承认，1.45 亿居民的个人信息被泄露，这是美国历史上最严重的数据泄露事件，影响了美国人口中超过 40％的人，给企业和用户带来了不可估量的损失。该事件再一次让人们认识到数据库安全保障的重要性。

　　学习数据库安全保障机制，能够掌握计算机安全和数据安全的有效控制手段，提升我们对数据安全的理解和保障能力。

# 任务 8.1  修改 SQL Server 2008 的身份验证模式

## 任务描述

公司的管理软件已经设计完成,小赵要负责系统及数据库的维护工作。但是因为小赵日常工作比较忙,所以向领导提出能不能再增加几个管理员,帮助他管理和维护系统。领导同意了小赵的申请,但是要求小赵一定要管理好这几个管理用户,保证数据库的安全。

因为需要添加新的管理用户,所以小赵首先要设置 SQL Server 2008 中身份验证模式。将安装时的 Windows 验证方式更改为混合验证模式。

## 任务分析

本任务主要完成 SQL Server 2008 系统中身份验证模式的设置。系统中的两种验证方式各有特点,关键是根据系统环境要求来设置。本任务中需要将验证模式设置为混合验证,因为只有混合验证模式才允许使用 SQL Server 用户登录。

## 8.1.1  知识准备:安全机制简介

**1. 数据库验证机制**

微课

身份验证模式

数据库的安全性管理是指保护数据,防止数据库中的数据因为不合法的使用或者误操作而造成的数据泄密或受到破坏。在数据库安全性的保护机制中,最重要的是数据库用户的管理。

进入数据库访问数据正如从一个安防很好的小区进入自己的房间。如果要进入自己的房间,需要经过三关。第一关:通过小区的门卫检查,进入小区(数据库管理系统)。第二关:到了所在单元楼(数据库)门前,需要单元门的钥匙或密码。第三关:进入单元门后,需要自己房间(基本表)的钥匙。

SQL Server 的三层安全模型,非常类似于小区的三层验证关口。

第一关:需要登录到 SQL Server 系统,即需要登录帐户。

第二关:需要访问某个数据库,即需要成为该数据库的用户。

第三关:需要访问数据库中的表,即需要数据库管理员给自己授权,如增加、修改、删除、查询等权限。

登录帐户是用户登录到数据库系统的身份标识,用户使用它可以使自己登录到数据库管理系统中去,就如同进入小区的大门。

**2. 两种身份验证模式**

在 SQL Server 管理系统中,用户身份验证的方式通常都有两种:Windows 身份验证方式、SQL Server 和 Windows 身份验证方式(也称为混合验证方式)。通过验证方式的设置,可以规定用户在登录时采取的登录方式。

(1)Windows 身份验证模式

Windows 身份验证模式适合于 Windows 平台用户,不需要提供密码和 Windows 集成验证。因为 Windows 系统本身就具有管理和验证登录用户合法性的能力,所以可以将该认证模式与数据库系统认证合二为一，只要登录了 Windows 操作系统，登录 SQL Server 时就不需要再输入一次用户名和密码了。但这并不意味着所有能登录 Windows 操作系统的用户都能访问 SQL Server。必须由数据库管理员在 SQL Server 中创建与 Windows 用户对应的 SQL Server 用户，然后用该 Windows 用户登录 Windows 操作系统，才能直接访问 SQL Server。SQL Server 2008 默认本地 Windows 组可以不受限制地访问数据库。

使用 Windows 身份验证具有以下优点：

• 用户帐户的管理交由 Windows 系统管理，而数据库管理员专注于数据库的管理。

• 可以充分利用 Windows 系统的帐户管理工具，包括安全验证、加密、审核、密码过期、最小密码长度、帐户锁定等强大的帐户管理功能。不需要在 SQL Server 中再建立起一套登录验证机制。

（2）混合验证模式

混合验证模式适合于各操作系统平台的用户或 Internet 用户，该验证方式是使用 SQL Server 中的用户名和密码来登录数据库服务器。而这些用户名和密码与 Windows 操作系统无关。在该认证模式下，每个登录用户都具有自己相应的单独用户名和密码，与操作系统没有关系。登录时必须输入自己相应的信息才能登录到数据库系统中。使用 SQL Server 验证方式可以很方便地从网络上访问 SQL Server 服务器，即使网络上的客户机没有服务器操作系统的帐户也可以登录并使用 SQL Server 数据库。

## 8.1.2　任务实施：设置 SQL Server 的身份验证模式

【例 8-1】　设置 SQL Server 2008 的身份验证模式为混合验证模式。

（1）打开设置对话框

启动"SQL Server Management Studio"，连接数据库实例。在"对象资源管理器"中右击数据库实例名，在弹出的快捷菜单里选择"属性"选项，如图 8-1 所示。打开"服务器属性"窗口。

（2）"安全性"选项卡

打开的"服务器属性"窗口如图 8-2 所示，选择左侧窗格中的"选择页"下的"安全性"选项卡。

（3）设置验证模式

用户可以在右侧窗格的"服务器身份验证"栏目中进行验证方式的设置。通常默认的验证方式是在用户安装 SQL Server 2008 时设置的，这点在前面的项目介绍过。

根据任务需要，选中"SQL Server 和 Windows 身份验证模式"单选按钮。

（4）其他设置

用户还可以在"登录审核"选项区域中设置需要的审核方式。SQL Server 系统共提供四种审核方式：

• "无"：不使用登录审核。

• "仅限失败的登录"：记录所有失败登录。

• "仅限成功的登录"：记录所有成功登录。

• "失败和成功的登录"：记录所有的登录。

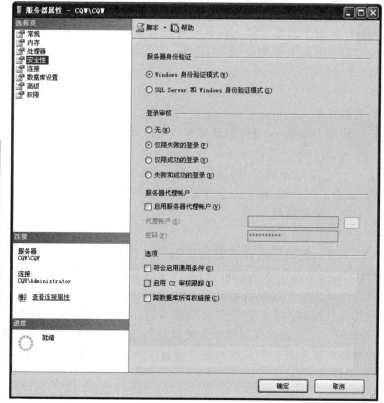

图 8-1 数据库实例属性                 图 8-2 "服务器属性"窗口

🐾 小提示：系统默认选项为"无"，如果选择了"无"以外的其他选项，必须重启服务器才能启用新的审核机制。

（5）确认设置

设置结束后单击"确定"按钮完成设置。

# 任务 8.2　创建系统登录用户

## 📝 任务描述

小赵将系统的验证方式更改为混合验证方式后，需要创建几个分帐号来帮助自己管理和维护数据库。为了保证系统的灵活性，小赵将分别创建一个 Windows 用户和一个 SQL 用户。其中 Windows 用户名称为 Wuser，SQL 用户名称为 Suser。

## 📝 任务分析

在 SQL Server 系统中，要想访问数据库，首先要获得登录到 SQL Server 系统中的权限，也就是成为本任务中所说的登录用户。登录用户分为 Windows 用户和 SQL 用户，创建的方式略有不同。

## 8.2.1 知识准备:数据库用户介绍

SQL Server 2008 系统中有两种登录用户类型:Windows 登录用户和 SQL Server 登录用户,与前面介绍的两种验证方式基本对应。

### 1. Windows 登录用户

SQL Server 系统中的 Windows 登录用户与操作系统的登录用户是相关联的,当用户使用 Windows 用户登录到 SQL Server 2008 系统中时,SQL Server 验证依赖操作系统的当前用户身份验证,只检查当前操作系统用户是否在 SQL Server 系统中映射了登录名,或者当前 Windows 用户所在的组,是不是在 SQL Server 系统上映射了登录名的组。

使用 Windows 用户登录到系统中后,登录用户名称应与当前操作系统的用户名相同。该类用户,不论 SQL Server 系统采用哪种验证方式(Windows 验证或者混合验证)都可以正常登录 SQL Server 系统。

SQL Server 系统在默认情况下,只允许操作系统的管理员组成员和启动 SQL Server 服务的帐户访问数据库系统。

### 2. SQL Server 登录用户

SQL Server 登录用户与操作系统无关,是一种完全建立在 SQL Server 系统中的登录用户。

当 SQL Server 系统被安装到操作系统中时,系统会默认建立一个系统登录用户:SA,该帐户具有 SQL Server 系统中的所有权限。通常系统管理员 SA 帐户应该只允许整个 SQL Server 系统的管理员使用,其他用户是无权使用该帐户的。所以,如果需要使其他用户也可以使用 SQL Server 系统,需要建立格外的登录帐户,并设置这些用户的权限,来达到保护数据库安全的目的。

只有 SQL Server 系统的验证方式设置为混合验证方式时,用户才能使用 SQL Server 登录用户登录到 SQL Server 系统中。

## 8.2.2 任务实施:创建系统登录用户

### 1. 创建 Windows 登录用户

【例 8-2】 根据用户需求,创建 SQL Server 系统的操作系统登录用户。

(1)创建登录用户命令

先启动"SQL Server Management Studio",连接数据库实例。在服务器节点中打开"安全性"子节点,右击"登录名"节点,从弹出的快捷菜单中选择"新建登录名"命令,如图 8-3 所示。

(2)新建用户登录对话框

弹出"登录名-新建"窗口用来设置登录用户的信息。选择"常规"选项卡,如图 8-4 所示。在该对话框中可以设置登录用户的类型、名称、密码和默认数据库等信息。

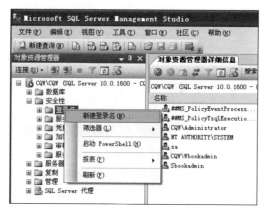

图 8-3 "新建登录名"命令

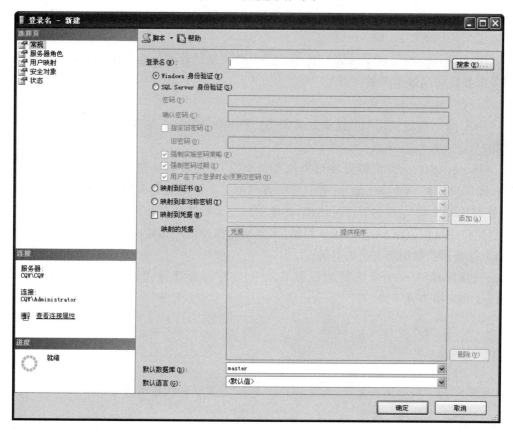

图 8-4 "登录名-新建"窗口

（3）登录用户类型设置

根据任务需要创建一个 Windows 登录帐户，所以选中"登录名"文本框下方的"Windows 身份验证"单选按钮。

（4）用户名称设置

在窗口上方"登录名"文本框中输入需要创建的用户名及所在域名称。

创建一个 Windows 登录用户,首先要保证这名用户已经是一个 Windows 用户。例如,本任务中要创建一个"Wuser"登录用户,则在当前操作系统中一定要拥有一个名称为"Wuser"的操作系统用户。关于创建一个操作系统用户的方法这里不做详细阐述。

登录用户的名称可以直接在"登录名"文本框中输入,但是如果输入的用户名不是一个正确的 Windows 操作系统存在的用户名,在单击"确定"完成时,会弹出如图 8-5 所示的提示对话框。

图 8-5　"错误用户名"报警对话框

如果不确定创建的用户是不是一个真实的 Windows 用户,可以单击"登录名"文本框右侧的"搜索"按钮,弹出如图 8-6 所示的"选择用户或组"对话框,在对话框下方的"输入要选择的对象名称"文本框中输入目标用户名,单击"确定"按钮后,如果输入的用户名存在,则系统会将该用户名称及域添加到图 8-4 上方的"登录名"文本框中,否则弹出如图 8-7 所示的提示对话框,提示用户搜索的用户不存在。

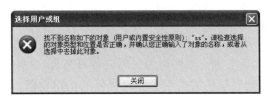

图 8-6　"选择用户或组"对话框

图 8-7　目标用户不存在提示对话框

根据任务,将登录名设置为"CQW\Wuser"。正确的域及用户结构应该是"域\用户名",如图 8-8 所示。

(5)密码

因为设置的是 Windows 登录用户,所以在创建的过程中不需要对其设置登录密码。

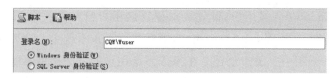

图 8-8　正确的用户结构

(6)默认数据库

用户通过从下拉控件中选择默认数据库,可以设置该用户登录时默认登录的数据库。此处使用默认的"Master"数据库。

(7)确认

如果确定以上设置无误,单击"确定"按钮完成创建。

**2. 创建 SQL Server 登录用户**

【例 8-3】　根据用户需求,创建 SQL Server 系统的操作系统登录用户。

如果需要创建 SQL 登录帐户,大部分的设置与创建 Windows 帐户相同。

(1)登录类型及帐户登录名设置

先在如图 8-4 所示窗口中选中"SQL Server 身份验证"单选按钮,然后在"登录名"文本框中输入新帐户的登录名。根据任务,输入用户名为"Suser"。

(2)密码设置

密码设置除了包括输入密码外,还包括其他设置。

①强制实施密码策略:对用户输入的密码格式进行要求。实施密码复杂性策略时,新密码必须符合以下原则:

• 密码不得包含全部或部分用户帐户名。部分帐户名是指三个或三个以上两端用"空白"(空格、制表符、回车符等)或任何以下字符分隔的连续字母数字字符:逗号(,)、句点(.)、连字符(-)、下划线(_) 或数字符号(♯)。

• 密码长度至少为八个字符。

• 密码包含以下四类字符中的三类:

　　·拉丁文大写字母(A~Z);

　　·拉丁文小写字母(a~z);

　　·10 个基本数字(0~9);

　　·非字母数字字符,如感叹号(!)、美元符号($)、数字符号(♯) 或百分号(%)。

• 密码最长可为 128 个字符。使用的密码应尽可能长,尽可能复杂。

②强制密码过期。密码过期策略用于管理密码的使用期限。如果 SQL Server 实施密码过期策略,则用户密码在规定过期时间点时,必须更换密码。系统将提醒用户进行该操作,并禁用带有过期密码的帐户。

③用户在下次登录时必须更改密码。根据需要,在"密码"及"确认密码"两个文本框中分别输入密码和确认密码"Suser",并取消选中"强制实施密码策略"复选框,如图 8-9 所示。

(3)保存

设置结束后单击"确定"按钮完成创建。

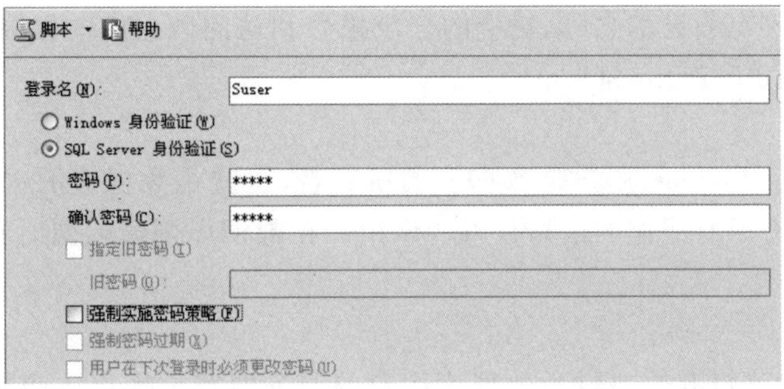

图 8-9　创建 SQL 登录用户

## 课堂实践1

**1. 实践要求**

①创建一个数据库管理系统中的操作系统用户"Wbookadmin"。

②创建一个数据库管理系统中的 SQL 系统用户"Sbookadmin"。

**2. 实践要点**

①在创建操作系统用户的过程中,注意用户的选择过程。

②密码策略虽然可以不采用,但是应该了解密码策略的内容。

# 任务 8.3　数据库用户的创建与管理

微课

数据库用户的创建与管理

### 任务描述

小赵现在需要将前面创建的两个登录用户设置为"销售管理"数据库的用户,同时根据这两个用户不同的身份授予其不同的管理权限。公司希望这两个用户一个负责数据的录入,一个负责数据的维护。

### 任务分析

登录用户只能登录到 SQL Server 系统中,要想访问具体的数据库,还必须成为目标数据库的用户才可以。不管是 Windows 用户还是 SQL 用户,设置为某个数据库用户的方法都是一样的。在设置用户权限的过程中可以选择不同的方法,应该弄清这些方法各自的特点,在需要的时候选择更加适合的设置方法。

## 8.3.1　知识准备:数据库用户和用户权限

**1. 数据库用户**

在 SQL Server 数据库管理系统中,每个数据库都拥有自己的用户,这些数据库用户都是由登录用户映射得到的。一个登录用户可以映射为多个数据库的用户,具有较大的灵活性。

数据库用户拥有自己的名称,对应的登录帐号和访问数据库的权限。每个数据库拥有两个默认用户:dbo 和 guest。

(1)dbo

dbo(Database Owner)用户是数据库的所有者,也就是数据库的创建者。该用户对于目标数据库拥有所有操作的最高权限。该用户在数据库创建的同时自动创建,并且不能被删除。

(2)guest

guest 用户允许没有被映射为数据库用户的服务器登录帐户访问数据库,可以将权限应用到 guest 用户,就如同他是任何其他用户一样。可以在除了 master 和 tempdb 以外的所有数据库中添加或删除该用户。

小提示:默认情况下,新建的数据库中没有 guest 帐户。而系统的 master 和 tempdb 数据库则始终存在该帐户。

**2. 数据库用户权限**

权限用来控制用户对于数据库对象可以进行的操作。用户的权限可以通过直接分配得到,也可以通过所在的角色简介得到。

SQL Server 系统中,权限分为三类:默认权限、对象权限和语句权限。

(1)默认权限

默认权限是指用户在成为固定服务器角色、固定数据库角色和某个对象所有者的同时自动获得的权限。固定角色的成员自动继承角色的默认权限。

(2)对象权限

对象权限是数据库层次上的访问和操作权限,权限名称及适用对象见表 8-1。

表 8-1            对象权限

| 序号 | 权 限 | 适用对象 |
|---|---|---|
| 1 | 插入 | 表、列和视图 |
| 2 | 查看定义 | 过程、Service Broker 队列、标量函数和聚合函数、表、视图 |
| 3 | 查看更改跟踪 | 表、列和视图 |
| 4 | 更改 | 过程、标量函数和聚合函数、Service Broker 队列、表、视图 |
| 5 | 更新 | 表、列和视图 |
| 6 | 接管所有权 | 过程、标量函数和聚合函数、表、视图 |
| 7 | 控制 | 过程、标量函数和聚合函数、Service Broker 队列、表、视图 |
| 8 | 删除 | 表、列和视图 |
| 9 | 选择 | 表、列和视图 |
| 10 | 引用 | 标量函数和聚合函数、表、列、视图 |

(3)语句权限

语句权限是指用户是否可以对数据库及对象进行操作,应用于语句本身,而不是对象。如果某个用户获得了某个语句权限,就获得了执行该语句的权利,语句权限内容见表 8-2。

表 8-2                                        部分语句权限

| 序号 | 语 句 | 含 义 |
|------|-------|-------|
| 1 | create\alter\drop database | 创建、修改、删除数据库 |
| 2 | create\alter\drop table | 创建、修改、删除基本表 |
| 3 | create\alter\drop view | 创建、修改、删除视图 |
| 4 | backup database | 备份数据库 |

**3. 权限类型**

权限的具体类型有三种。

①授予：允许用户或者角色具有某种操作的权限。

②具有授予权限：允许该用户将该权限授予其他用户。

③拒绝：拒绝该用户的该权限操作。

## 8.3.2 任务实施："销售管理"数据库用户的实施和管理

**1. 创建数据库用户**

SQL Server 2008 首先通过登录名获得 SQL Server 的验证，并连接到相应的数据库服务器。但还不能直接访问数据库。SQL Server 2008 规定只有具有访问权限的数据库用户才能获得对数据库的访问。因此，如果需要某个登录用户访问某个数据库，需要将其指定为该数据库的用户。

不论是 Windows 登录用户还是 SQL Server 登录用户，映射为数据库用户的方法是相同的。

【例 8-4】 设置登录帐号"Suser"为"销售管理"数据库用户。

（1）创建新用户命令

展开需要映射用户的目标数据库"销售管理"节点，然后展开其中的"安全性"节点，右击其中的"用户"节点，从弹出的快捷菜单中选择"新建用户"选项，如图 8-10 所示。

（2）新建用户窗口

弹出的"数据库用户—新建"窗口如图 8-11 所示。用户需要在其中指定将哪个登录用户映射为当前数据库的用户，以及赋予他的数据库角色等设置。

图 8-10  创建数据库用户菜单

（3）数据库用户名称设置

在"用户名"文本框中输入新建用户的名称，此处使用与登录用户一样的名称，输入"Suser"。

（4）选择对应登录用户

在"登录名"文本框中输入对应登录用户的名称"Suser"。或者单击"登录名"文本框右边的按钮，弹出如图 8-12 所示的"选择登录名"对话框。单击对话框中的"浏览"按钮，从弹出的如图 8-13 所示的"查找对象"对话框中选择系统中已经存在的"Suser"登录用户。

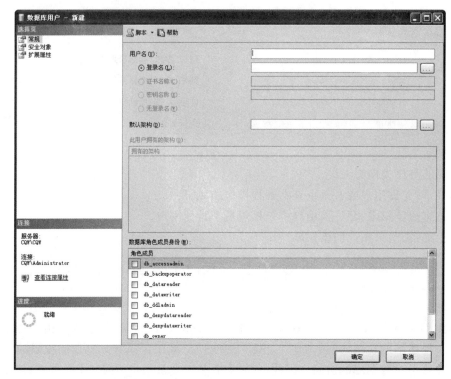

图 8-11 创建数据库用户窗口

图 8-12 "选择登录名"对话框

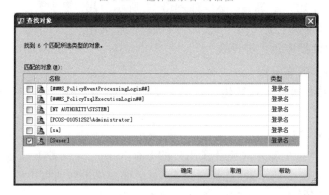

图 8-13 "查找对象"对话框

（5）确认

设置结束后，单击"确定"按钮依次退出各个设置对话框，完成用户的创建。

**2. 设置用户权限**

当登录用户被设置为数据库用户时，该用户就具备访问目标数据库的权限，但是只是能够进入该数据库中，并不具备访问和操作基本表等对象的权限。这些权限需要由管理员对其进行授权操作方可拥有。

【例 8-5】 授予用户"Suser"选择、插入和更新"商品类型表"的权限，并允许他将选择权限授予其他用户，同时拒绝他删除的权限。

（1）用户属性命令

首先在目标数据库的"安全性"节点下找到"用户"子节点并展开，右击目标用户"Suser"，从弹出的快捷菜单中选择"属性"选项，如图 8-14 所示。

（2）用户设置窗口

弹出的"数据库用户"窗口用来查看目标用户的基本信息及对其进行详细的设置，例如用户名称、权限、角色等，如图 8-15 所示。

图 8-14 数据库用户属性选项

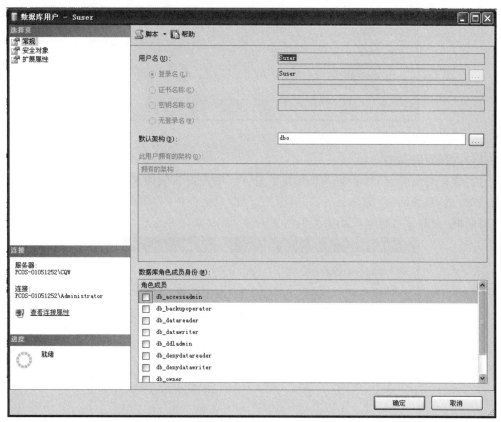

图 8-15 "数据库用户"窗口

（3）选择数据库目标对象范围

选择窗口左侧"选择页"窗格中的"安全对象"选项卡。单击窗口中央的"搜索"按钮，弹出"添加对象"对话框，如图 8-16 所示。该对话框用来指定目标对象的类型。根据任务，选中"特定类型的所有对象"单选按钮后，单击"确定"按钮，弹出"选择对象类型"对话框，如图 8-17 所示。

图 8-16 "添加对象"对话框

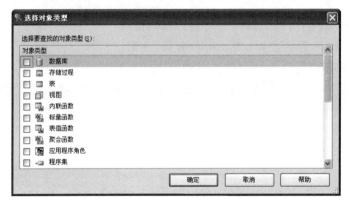

图 8-17 "选择对象类型"对话框

（4）选择对象类型

从"选择对象类型"对话框中选择需要为目标用户设置权限的对象类型"表"后，单击"确定"按钮，系统回到"选择登录名"对话框，单击对话框中的"浏览"按钮，弹出的"查找对象"对话框，会显示目标对象类型中的所有对象，如图 8-18 所示。

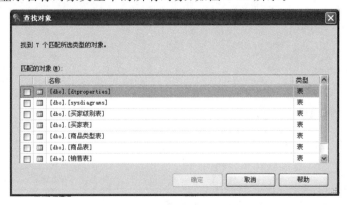

图 8-18 "查找对象"对话框

(5)权限设置

根据任务,选择其中目标对象"商品类型表",单击"确定"按钮,依次退出"查找对象"和"选择对象类型"对话框。

此时"数据库用户"窗口下方"dbo.商品类型表的权限"栏目列出了该用户对于目标表的权限,如图 8-19 所示。

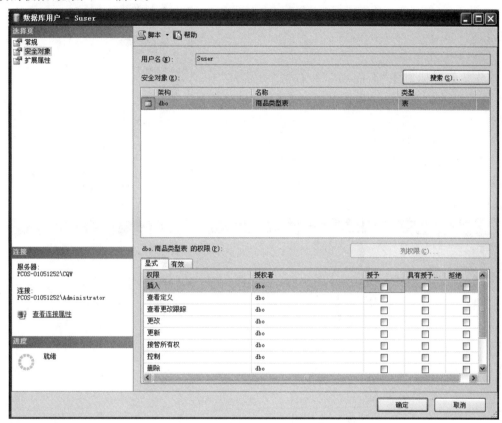

图 8-19  对象权限设置窗口

根据任务要求,对权限进行相应设置,如图 8-20 所示。

图 8-20  对象权限设置结果

(6)确认

设置结束后，单击"确定"按钮完成设置。

【例 8-6】 将基本表"商品表"的选择和更新权限授予用户"Suser"。

例 8-5 中是通过用户来设置其对某个对象的权限。本例中是通过某个对象来设置某个用户对其的权限。

(1)对象属于命令

先找到目标对象"商品表"，并右击"商品表"节点，从弹出的快捷菜单中选择"属性"命令，如图 8-21 所示。

(2)基本表属性窗口

打开的基本表属性窗口用来设置基本表的一些重要属性，从窗口左侧的"选择页"栏目中选择"权限"选项卡，如图 8-22 所示。

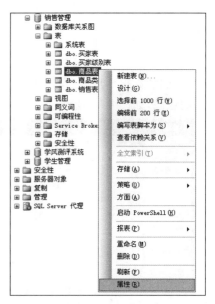

图 8-21 基本表的"属性"命令

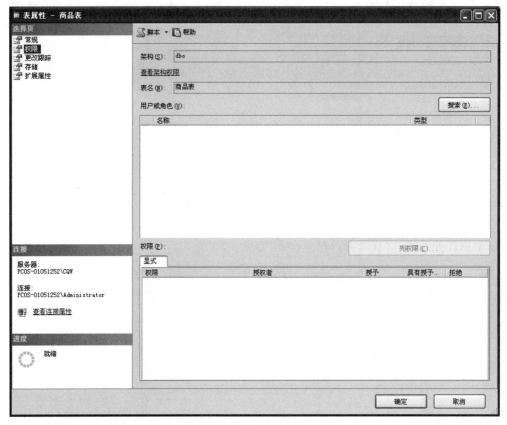

图 8-22 基本表属性的"权限"内容

(3)选择用户或角色

单击"搜索"按钮，打开"选择用户或角色"对话框，如图 8-23 所示。

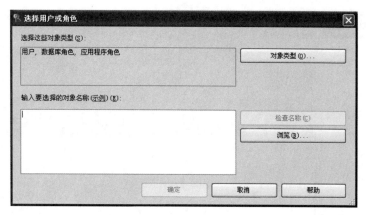

图 8-23 "选择用户或角色"对话框

（4）查找对象

单击"浏览"按钮，打开"查找对象"对话框，如图 8-24 所示。从中选择目标对象"Suser"，并单击对话框下方的"确定"按钮，依次退出"查找对象"对话框和"选择用户或角色"对话框。

图 8-24 "查找对象"对话框

（5）设置权限

返回到"表属性"窗口后，可以看见目标用户已经填入相应位置，窗口下方栏目也变为"Suser 的权限"，此时在下方设置相应内容的权限，即设置该用户对于该表的权限，如图 8-25 所示。

（6）设置结果

根据要求，选中"更新"与"选择"栏目后相应的"授予"复选框，完成设置，如图 8-26 所示。确定后退出即可。

**3. 修改用户权限**

在用户的管理过程中，经常需要根据用户的实际情况，调整其权限。修改用户权限的方法与授予其权限的方法完全一致，这里不再复述。

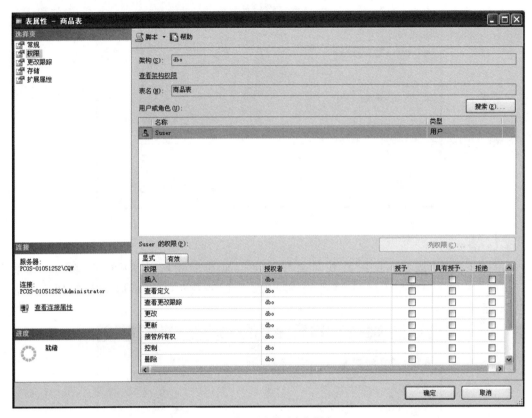

图 8-25　设置用户的对象权限窗口

图 8-26　最终设置结果

**1. 实践要求**

　①将前面创建的两个登录用户："Wbookadmin"和"Sbookadmin"映射为"图书管理"
数据库的用户。

　②授予"Wbookadmin"用户选择和更新"图书表"的权限；授予"Wbookadmin"和
"Sbookadmin"用户选择和添加"读者"表的权限。

**2. 实践要点**

①仅仅掌握权限管理方法是不够的,要弄清楚每种权限的真正含义。

②权限的设置有两种途径,应该根据实际情况选择合理的权限管理方式。

# 任务 8.4 角色的管理

## 任务描述

小赵将数据库的用户设置好后,感觉自己的工作轻松了许多,有了其他用户的帮助,自己不再需要做一些比较烦琐的基础工作,只要把精力更多地放在整个系统的维护上即可。但是他在管理用户时发现,数据库中有很多用户的类型与权限基本相同,他想引入角色这一概念,统一管理这些类似的用户。

## 任务分析

角色的设置对于比较复杂的数据库系统有着十分重要的作用,因为可以方便地管理其中的各类用户。但是如果数据库系统只是针对某一个系统设置的,数据库用户较少,则角色的作用不那么突出。

## 8.4.1 知识准备:数据库系统中的角色介绍

### 1. 角色

SQL Server 2008 中的角色用来集中管理数据库或服务器用户权限,简单来说就是将一系列具有相同权限特征的用户加入角色中,然后通过管理角色的权限,统一修改所有用户的权限,大大减少了管理员的工作量和工作难度。在 SQL Server 中有两种角色:服务器角色和数据库角色。

### 2. 服务器角色

服务器角色主要用于登录用户在服务器级别的安全权限,在 SQL Server 2008 中共有八种服务器角色,服务器角色情况见表 8-3。

表 8-3 服务器角色

| 名 称 | 简 单 说 明 | 描 述 |
|---|---|---|
| Bulkadmin | BULK INSTER 管理员 | 可以运行 BULK INSERT 语句 |
| Dbcreator | 数据库创建者 | 创建、更改、删除和还原任何数据库 |
| Diskadmin | 磁盘管理员 | 管理磁盘文件 |
| Processadmin | 进程管理员 | 可以终止在数据库引擎实例中运行的进程 |
| Securityadmin | 安全管理员 | 可以管理登录名及其属性。具有 GRANT、DENY 和 REVOKE 服务器和数据库级别的权限。此外,还可以重置 SQL Server 登录名的密码 |
| Serveradmin | 服务器管理员 | 可以更改服务器范围的配置选项和关闭服务器 |

（续表）

| 名　称 | 简 单 说 明 | 描　述 |
|---|---|---|
| Setupadmin | 安装程序管理员 | 可以添加和删除链接服务器，并可以执行某些系统存储过程（如 sp_serveroption） |
| Sysadmin | 系统管理员 | 在 SQL Server 中进行任何活动。该角色的权限跨越所有其他固定服务器角色。默认情况下，Windows BUILTIN\Administrators 组（本地管理员组）的所有成员都是 sysadmin 固定服务器角色的成员 |

小提示：管理员和用户都不能在系统中创建新的服务器角色，只能向角色中添加用户成员。而且，sa 和 public 的角色成员身份是不允许被修改的。

**3. 数据库角色**

数据库角色可以为某一用户授予不同级别的管理或访问数据库及其对象权限，每个数据库都有一系列的固定数据库角色。与服务器角色不同的是，虽然每个数据库中固定角色的名称相同，但是其权限设置只针对相应数据库，也就是说同样名称的数据库角色，在不同的数据库中其权限是不同的。数据库角色情况见表 8-4。

表 8-4　　　　　　　　　　　数据库角色

| 名　称 | 描　述 |
|---|---|
| db_owner | 可以执行数据库中所有的动作 |
| db_accessadmin | 可以添加、删除用户 |
| db_datareader | 可以查看所有数据库中用户表内数据 |
| db_datawriter | 可以添加、修改或删除所有数据库中用户表内数据 |
| db_ddladmin | 可以在数据库中执行所有 DDL 操作 |
| db_securityadmin | 可以管理数据库中与安全权限有关的所有动作 |
| db_backoperator | 可以备份数据库（并可以发布 DBCC 和 CHECKPOINT 语句，这两个语句一般在备份前都会被执行） |
| db_denydatareader | 不能看到数据库中任何数据 |
| db_denydatawriter | 不能改变数据库中任何数据 |
| public | 默认选项 |

小提示：与服务器角色不同，用户可以根据自己的需要创建数据库角色，并向其中添加相应用户。

## 8.4.2　任务实施：服务器角色和"销售管理"数据库角色的管理

**1. 设置服务器角色**

【例 8-7】　将前面创建的登录用户 Suser 设置为"sysadmin"服务器角色。

（1）服务器角色属性

先启动"SQL Server Management Studio"，连接数据库实例。在服务器节点中依次

打开"安全性"|"服务器角色"子节点,右击目标服务器角色"sysadmin"节点,从弹出的快捷菜单中选择"属性"命令,如图 8-27 所示。

(2)服务器角色的属性窗口

打开的"服务器角色属性"窗口如图 8-28 所示。其中包括该角色的基本情况和目前已经成为该角色成员的用户信息。

(3)选择登录名

单击"添加"按钮,打开"选择登录名"对话框,如图 8-29 所示。

(4)查找对象

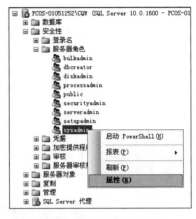

图 8-27 服务器角色的"属性"命令

单击"浏览"按钮,打开"查找对象"对话框,如图 8-30 所示。选中目标用户"Suser"前面相应的复选框,单击"确定"按钮,退出相应对话框。

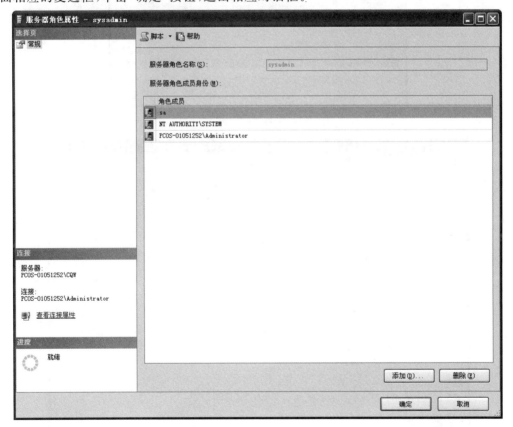

图 8-28 "服务器角色属性"窗口

(5)设置成功

回到"服务器角色属性"窗口,可以看见 Suser 用户已经被添加到该角色中,如图 8-31 所示。

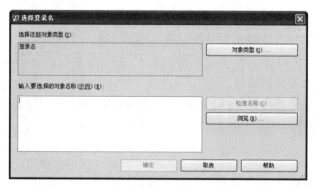

图 8-29  "选择登录名"对话框

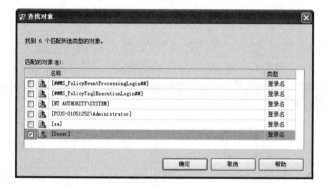

图 8-30  "查找对象"对话框

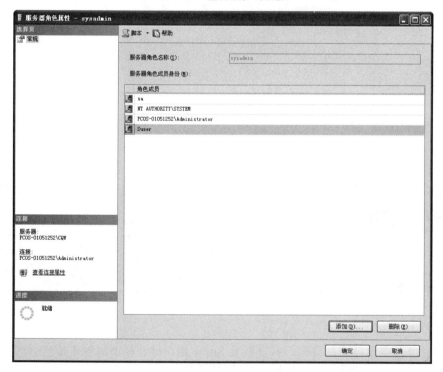

图 8-31  角色设置成功后的窗口

🐾**小提示:**在图 8-31 中选中某个用户后,单击"删除"按钮,则可以将某个用户从该角色中删除。

**2.设置数据库角色**

【例 8-8】　将"销售管理"数据库的用户 Suser 设置为"db_datawriter"数据库角色。

(1)数据库角色属性

先启动"SQL Server Management Studio",连接数据库实例。在服务器节点中依次打开目标数据库"销售管理"|"安全性"|"角色"|"数据库角色"子节点,右击目标服务器角色"db_datawriter"节点,从弹出的快捷菜单中选择"属性"命令,如图 8-32 所示。

(2)数据库角色属性窗口

打开的数据库角色属性窗口,其用户添加方式与数据库角色添加方式基本一致,将用户"Suser"添加到该角色即可,这里不做复述。

【例 8-9】　新建数据库角色"Urole",设置该角色的权限基本架构为"db_datawriter"加上"db_datareader",并将用户"Suser"添加到该角色中。

(1)新建数据库角色命令

先启动"SQL Server Management Studio",连接数据库实例。在服务器节点中依次打开目标数据库"销售管理"|"安全性"|"角色"|"新建"子节点,选择"新建数据库角色"命令,如图 8-33 所示。

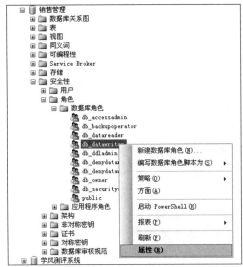
图 8-32　角色"属性"命令

图 8-33　"新建数据库角色"命令

(2)新建数据库角色窗口

打开的"数据库角色-新建"窗口用来设置新角色的名称和架构等信息。在该窗体中依次设置:新角色的名称为"Urole";角色拥有的架构为"db_datawriter"和"db_datareader";添加新的角色成员"Suser",如图 8-34 所示。

(3)保存

设置结束后单击"确定"按钮提交设置即可。

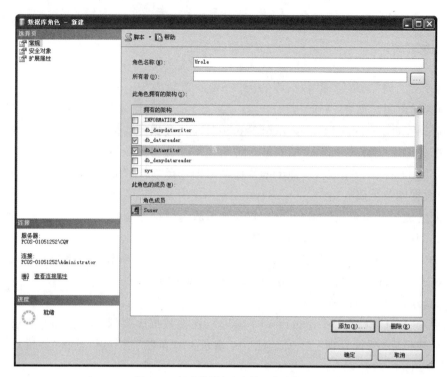

图 8-34　新建数据库角色设置成功窗口

## 课堂实践3

**1. 实践要求**

①将前面创建的两个登录用户："Wbookadmin"和"Sbookadmin"分别加入服务器角色"dbcreator"和"setupadmin"中。

②将数据库用户"Wbookadmin"加入数据库角色"db_owner"中。

③新建一个数据库角色"Brole"，基本架构为"db_accessadmin"和"db_backupoperator"，并将用户"Sbookadmin"加入其中。

**2. 实践要点**

①要弄清楚主要服务器角色和数据库角色的含义和相应权限。

②设置过程中要认真，防止角色设置错误，带来不必要的损失。

# 课后拓展

**拓展练习**：为"学生管理"数据库设置用户

【练习综述】

因为新学期入学新生比较多，所以需要一些临时的数据录入人员来录入新生数据，管理员决定创建一个名称为"InsertStu"的新"学生管理"数据库用户，他可以打开"学生"表，并向其中添加数据，但是不能修改和删除数据。

【练习要点】

- 创建系统登录用户。
- 创建"学生管理"数据库的用户。
- 根据要求设置用户权限。

【练习提示】

在设置用户权限时,要注意选择合理的设置方式。

# 课后习题

一、选择题

1. SQL Server 的安全模式有(　　)层。

A. 1　　　　　　　　B. 2　　　　　　　　C. 3　　　　　　　　D. 4

2. 关于 Windows 身份验证说法错误的是(　　)。

A. 便于管理　　　　　　　　　　B. 安全性相对较低

C. 登录时不用单独输入用户名　　　D. 适用于所有操作系统

3. 关于 SQL 身份验证说法错误的是(　　)。

A. 具有较高的安全性

B. 登录时需要单独输入帐号和密码

C. 是指 SQL 和 Windows 帐号同时登录

D. 与操作系统帐号无关

4. 如果为帐号 User123456 的密码制订了强制实施密码策略,那么下列密码中(　　)是符合要求的。

A. 123456　　　　B. User1234567　　　　C. PassWord123　　　　D. Pass123

5. 下列(　　)权限设置不是用户对于数据库对象的权限设置类型。

A. 授予　　　　　　B. 允许　　　　　　C. 拒绝　　　　　　D. 具有授予权限

二、填空题

1. SQL Server 系统中包括三类权限:对象权限、_____和_____。

2. 如果密码实施了强制密码策略,那么密码的长度至少为_____位。

3. 允许用户将权限授予其他用户的权限设置是_____。

4. SQL Server 自带的管理用户是_____。

5. SQL Server 有_____种身份验证方式。

三、判断题

1. 数据库帐号必须与其对应的登录帐号同名。　　　　　　　　　　　　　(　　)

2. 每个用户的权限都是 SA 系统管理员分配的。　　　　　　　　　　　　(　　)

3. 如果选择了混合验证模式,那么登录的验证方式就会是 Windows＋SQL 的双层验证。　　　　　　　　　　　　　　　　　　　　　　　　　　　　　　(　　)

4. 某个用户加入某个角色中,就自动获得了这个角色所具有的所有权限。　(　　)

5. 每个用户只能加入一种数据库角色当中。　　　　　　　　　　　　　　(　　)

# 项目 9

# 数据库维护

对于一个数据库而言，任何人都不能保证其在运行的过程中不出现例如停电、错误操作和人为破坏等情况，而一旦出现上述情况，数据库及用户会遭受巨大的损失。为了将可能出现的损失减少到最低限度，数据库系统提供了数据库的备份和还原机制，以便在数据库遭到破坏时减少损失。

## 任务 9.1　数据的导入和导出

数据的导入和导出

✍ **任务描述**

公司的服务器崩溃了，因为事先没有相应的保护措施，这次事件使得公司遭受了较大的损失，小赵也受到了领导的批评。为了以后不再出现类似的事件，小赵想在系统中引入备份机制，这样可以使数据库被破坏后的损失降到最低限度。

经理要求小赵先想出一种简单的数据备份方式，将目前的数据备份一下。小赵查看了资料，感觉将目前数据库中的数据导出到外部的 Excel 文件中，是比较简单的方法。所以他使用 SQL Server 系统中的数据导出功能，将数据库基本表的数据都导出到外部的 Excel 文件中。

## 任务分析

SQL Server 系统提供的数据导入和导出功能是一种十分实用的功能,它既能将数据库中的数据与外部其他文件进行便捷的转换,也可以作为一种数据输出的途径,更是一种简单的数据备份机制。数据在导入和导出的过程中都使用界面式的向导工具,所以用户只要掌握每个步骤所需要设置的内容就可以快速掌握数据导入和导出的方法。

## 9.1.1　知识准备:数据转换简介

数据库的主要功能就是存储数据和管理数据。在数据库使用的过程中,经常需要与外界的其他文件进行数据上的"交流",以解决一些特殊问题。例如,数据库中的数据如何能更方便地进行打印或者排版呢? 用户已经有一些数据存放在 Excel 文件中,如何不需逐行录入,而是直接把它们放入数据库系统中呢? 如何将数据库中的数据都导出到 Excel 文件中作为一个数据的备份呢? 这时就需要使用数据库管理系统中的数据转换服务。

在该任务中,主要是将数据库中的数据,导入指定格式(Excel)的文件中,使其更加方便地进行排版和打印等文本处理操作。同时,将外部文件(Excel)中的数据一次性地转入数据库中,减轻录入操作者的负担。

用户在使用 SQL Server 2008 管理数据之前,可能已经存在其他形式的数据,例如,SQL Server 2000 或其他早期版本、文本文件、Access、Excel 或者其他公司的数据库产品等,使用中可能需要将这些数据导入 SQL Server 2008 中,或者把 SQL Server 2008 中的数据导出到这些数据源中。对于 SQL Server 2008 以前版本的数据,SQL Server 2008 提供的升级向导工具可以很方便地将其升级到 SQL Server 2008 格式。而对于其他的数据格式,SQL Server 2008 也给出了非常好的解决办法——数据转换服务。

### 1. 数据转换服务

数据转换服务(Data Transmission Service,DTS)提供数据传送功能,例如 SQL Server 中数据的导入、导出,以及与其他任何 OLE DB、ODBC、文本格式之间的传送等。利用 DTS,通过交互操作或者按照规划自动从多处不同种类的数据源中导入数据,就可以在 SQL Server 上建立数据仓库和数据市场。数据的来源特性允许用户查询数据的导入时间、地点以及运算方法。

数据的导入和导出是以相同的格式读写数据,在应用程序之间交换数据的过程。例如,从 ASCII 文本文件或 Oracle 数据库中导入数据到 SQL Server 中。同样,DTS 也可以将 SQL Server 中的数据导出到一个 ODBC 数据源或者 Excel 工作表中。

SQL Server 2008 提供了一个数据导入与导出工具,这是一个向导程序,用于在不同的 SQL Server 服务器之间传递数据库,以及在 SQL Server 与其他数据库管理系统或数据格式之间转换数据。利用这个向导工具,可以将桌面数据库系统中的数据导入 SQL Server 数据库,也可以将 SQL Server 数据库中的数据导出到其他数据库文件,此外还可以完成其他类型的迁移或转换任务。

**2. 数据转换数据源(目标)类型**

数据转换服务导入与导出向导为 OLE DB 数据源之间复制数据提供了最简单的方法。使用数据转换服务导入与导出向导,可以连接到下列数据源(目标)。

- 大多数的 OLE DB 和 ODBC 数据源以及用户指定的 OLE DB 数据源。
- 文本文件。
- 到一个或多个 SQL Server 实例的其他连接。
- Oracle、Informix、Access 和 FoxPro 数据库。
- Excel 工作表格。

## 9.1.2 任务实施:"销售管理"数据库中数据的导出和导入

**1. 导出数据**

【例 9-1】 将"销售管理"数据库中的"买家表"导出到桌面的"买家"Excel 文件中的"买家"工作表中。

(1)导出命令

先右击目标表"买家表"所在的数据库"销售管理"数据库节点,从弹出的快捷菜单中选择"任务"|"导出数据"命令,如图 9-1 所示。

(2)数据导入和导出向导

弹出的"SQL Server 导入和导出向导"指导用户一步步地完成输出的导出工作。第一个窗口是"欢迎使用 SQL Server 导入导出向导",介绍该向导的主要功能。

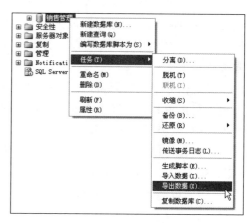

图 9-1 "导出数据"命令

(3)设置数据源

在欢迎窗口中单击"下一步"按钮,弹出如图 9-2 所示的"选择数据源"窗口。在该窗口中可以选择导出数据的数据源类型及具体数据源名称。

根据任务要求,在"数据源"下拉列表框中选择"SQL Native Client"命令(默认选项);在"服务器名称"下拉列表框中选择数据库所在的服务器名,也可以直接输入(默认为当前服务器);在"身份验证"选项组中设置正确的身份验证信息;在"数据库"下拉列表框中选择要导出的数据所在的数据库名称。因为本次操作是在"销售管理"数据库的基础上完成的,所以图 9-2 中的默认数据库就是"销售管理"数据库。确认服务器名称、身份验证信息是否正确。设置完后单击"下一步"按钮。

(4)设置目标

弹出的"选择目标"窗口基本与"选择数据源"窗口相同,不同的是该窗口用来设置数据导出的目标位置及文件,如图 9-3 所示。根据任务,在"目标"下拉列表框中选择"Microsoft Excel",在"Excel 文件路径"文本框中输入相应的目标文件,单击"下一步"按钮继续操作。

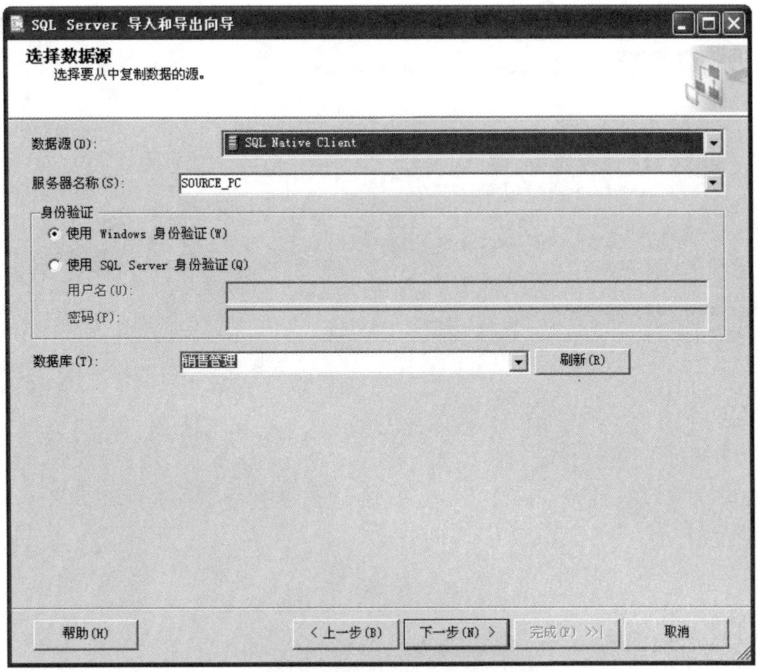

图 9-2 "选择数据源"窗口(1)

图 9-3 "选择目标"窗口(1)

(5)指定表复制或者查询

完成上一步操作后,弹出如图 9-4 所示的"指定表复制或查询"窗口,用户需要对复制的类型进行选择,可选的类型有两种。

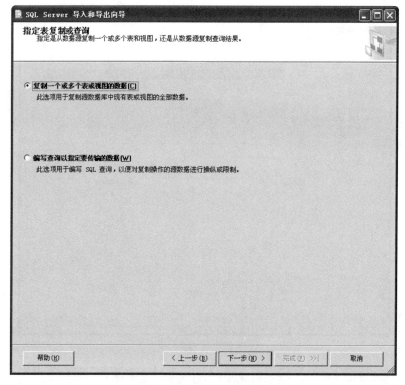

图 9-4 "指定表复制或查询"窗口(1)

- 复制一个或多个表或视图的数据:导出一个或多个数据库中现存对象中的数据。
- 编写查询以指定要传输的数据:编写 SQL 查询语句来导出目标数据。

根据任务要求,选中"复制一个或多个表或视图的数据"单选按钮,单击"下一步"按钮。

(6)选择源表和源视图

完成上一步操作后,弹出"选择源表和源视图"窗口,对具体数据源进行设置,如图 9-5 所示。根据任务要求,选中"【销售管理】.【dbo】.【买家表】"复选框。

在该窗口中,还可以对导出做一些详细的设置。

"买家表"选项:表明该表导出到目标 Excel 文件后的工作表名称。

"编辑"按钮:可以打开新的窗口,显示数据导出后的数据信息。

"预览"按钮,可以对导出数据的具体内容进行预览。

设置结束后,单击"下一步"按钮继续操作。

(7)查看数据类型映射

弹出的"查看数据类型映射"窗口是 SQL Server 2008 数据库系统新增加的功能窗口,用户可以在窗口中查看并设置导出数据的数据类型,如图 9-6 所示。

(8)保存并执行包

在弹出的"保存并执行包"窗口中可以选择是立即执行导入和导出操作,还是将前面步骤的设置保存为 SSIS 包,以便日后使用。根据任务要求,选中"立即执行"复选框(默认设置),然后单击"下一步"按钮。

图 9-5　"选择源表和源视图"窗口(1)

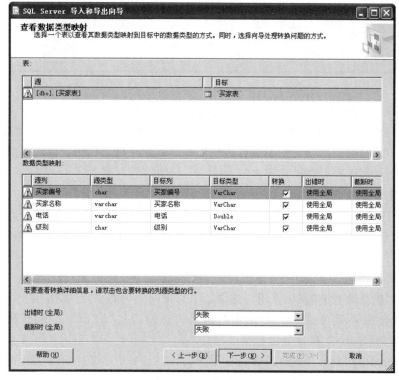

图 9-6　"查看数据类型映射"窗口

(9)确认

如果对整个操作没有疑问,单击"完成"按钮完成设置,系统开始导出数据。导出过程中,系统会对整个导出过程及内容进行显示说明,如图 9-7 所示。如果出现错误,给出错误提示。

图 9-7 "执行成功"窗口

【例 9-2】 将所有 J02 级别买家信息导出。

如果需要导出的数据并不是一个已经客观存在的对象,而是需要从数据表中检索一部分数据的话,此时需要在导出的过程中使用查询语句来规定导出数据的范围,例如任务中的"将所有 J02 级别买家信息导出"。

(1)指定表复制或者查询

执行上述任务的(1)~(4)步骤的操作,打开"指定表复制或者查询"窗口,如图 9-4 所示。根据题意,选中"编写查询以指定要传输的数据"单选按钮,设置结束后单击"下一步"按钮。

(2)提供源查询

弹出的"提供源查询"窗口为用户提供了书写查询语句的平台,如图 9-8 所示。

根据任务要求,在"SQL 语句"文本框中输入查询语句"SELECT ＊ FROM 买家表WHERE 级别＝'J02'",指定导出数据范围。

单击窗口中的"分析"按钮,可以检查用户输入的语句是否存在语法错误,如果正确,弹出如图 9-9 所示对话框;如结果存在错误,弹出如图 9-10 所示对话框。

图 9-8　"提供源查询"窗口

图 9-9　导出语句有效对话框

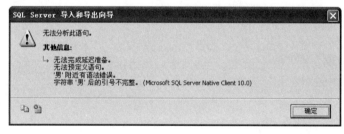

图 9-10　导出语句无效对话框

单击图 9-8 中的"浏览"按钮,可以从系统中找到已经保存好的 SQL 语句文件,并将其打开到"SQL 语句"文本框中再执行。

确认输入语句无误后,单击"下一步"按钮进入下一步操作。

(3)选择源表和源视图

弹出的"选择源表和源视图"窗口基本与前面提到的窗口相同,只是"源"栏目中不再是数据库中存在的表,而是用户自己编写的查询语句,其他操作完全相同,这里不再复述。

**2. 导入数据**

【例 9-3】　将外部 Excel 文件中的买家信息导入"买家表"中。

数据导入的过程基本与导出的步骤一致,只是在个别窗口内的设置正好与导出是相反的,所以需要特别注意这些窗口的设置。

假设已经拥有一个 Excel 文件,其中有一个"买家"工作表。工作表中存放着需要导入"买家表"的数据,如图 9-11 所示。

| | A | B | C | D | E |
|---|---|---|---|---|---|
| 1 | 买家编号 | 买家名称 | 电话 | 级别 | |
| 2 | M08 | G公司 | 5785425 | J02 | |
| 3 | | | | | |

图 9-11　导入 Excel 中的数据

(1)导入命令

先右击目标表"商品表"所在的数据库"销售管理"节点,从弹出的快捷菜单中选择"任务"|"导入数据"命令,如图 9-12 所示。

(2)数据导入和导出向导

弹出的"SQL Server 导入和导出向导"指导用户一步步地完成输出的导出工作,第一个是"欢迎使用 SQL Server 导入和导出向导"窗口,介绍该向导的主要功能。

(3)设置数据源

在欢迎窗口中单击"下一步"按钮,弹出如图 9-13 所示的"选择数据源"窗口。在该窗口中可以选择导入数据的数据源类型及具体数据源名称。

图 9-12　"导入数据"命令

图 9-13　"选择数据源"窗口(2)

这里需要注意,与导出不同,此时需要将外部数据导入系统中,所以此处应该设置外部数据源。根据任务要求,在"数据源"下拉列表框中选择"Microsoft Excel"选项。在"Excel 文件路径"文本框中,按照任务需要找到用来存放需要导入系统的数据的目标文件,设置后单击"下一步"按钮继续操作。

(4)设置目标

弹出的"选择目标"窗口与"选择数据源"窗口相同,如图 9-14 所示。根据任务,在"服务器名称"下拉列表框中选择数据库所在的服务器名,也可以直接输入(默认为当前服务器);在"身份验证"选项组中设置正确的身份验证信息;在"数据库"下拉列表框中选择要导入的数据所在的数据库名称,因为本次操作是在"销售管理"数据库的基础上完成的,所以图 9-14 中的默认数据库就是"销售管理"数据库。确认服务器名称、身份验证信息正确后,单击"下一步"按钮。

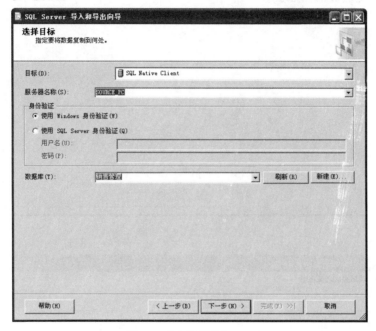

图 9-14　"选择目标"窗口(2)

(5)指定表复制或者查询

完成上一步操作后,弹出如图 9-15 所示的"指定表复制或查询"窗口,用户需要对复制的类型进行选择,可选的类型有两种。

根据任务要求,选中"复制一个或多个表或视图的数据"单选按钮,单击"下一步"按钮。

(6)选择源表和源视图

完成上一步操作后,弹出"选择源表和源视图"窗口,对具体数据源进行设置,如图 9-16所示。根据任务要求,选中"源"栏目中"买家表"复选框。

设置结束后,单击"下一步"按钮继续操作。

(7)保存并执行包

在弹出的"保存并执行包"窗口内可以选择是立即执行导入导出操作,还是将前面步骤的设置保存为 SSIS 包,以便日后进行操作。根据任务要求,选中"立即执行"复选框(默认设置),然后单击"下一步"按钮。

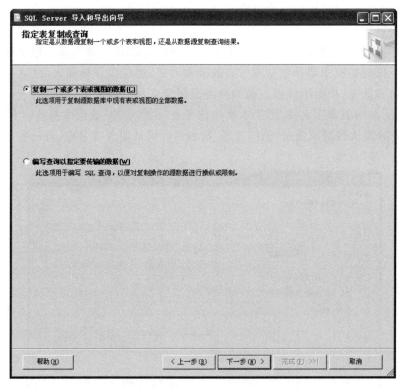

图 9-15 "指定表复制或查询"窗口(2)

图 9-16 "选择源表和源视图"窗口(2)

（8）确认

如果对整个操作没有疑问，单击"完成"按钮完成设置，开始导入数据。完成导入后，将"商品表"打开，可以看到刚才新导入的数据，如图 9-17 所示。

| 买家编号 | 买家名称 | 电话 | 级别 |
|---|---|---|---|
| M01 | A大学 | 3547845 | J01 |
| M02 | B医院 | 2147954 | J02 |
| M03 | C局 | 3214851 | J02 |
| M04 | 个人 | 8451211 | J03 |
| M05 | D公司 | 1448144 | J01 |
| M08 | G公司 | 5785425 | J02 |
| NULL | NULL | NULL | NULL |

图 9-17　导入数据的结果界面

### 课堂实践1

**1. 实践要求**

①将"图书管理"数据库中的所有男读者的信息导出到名称为"男读者"的 Excel 文件中。

②在 Excel 文件中新建一条读者记录，并导入"图书管理"数据库的"读者"表中。

**2. 实践要点**

①使用查询语句实现导入或者导出任务时一定要注意准确编写 SQL 查询语句。

②导入数据库中的数据一定要符合目标对象的完整性约束。

## 任务 9.2　数据库的备份与还原

### 任务描述

小赵感觉使用数据的导入和导出方式备份数据虽然比较容易，但是比较烦琐，也不够智能。所以，小赵希望通过正规的数据库备份方式来备份数据库。同时，他需要根据公司系统运行的情况制订一套科学可行的数据库备份方案并实施。

### 任务分析

数据库备份方案的制订要求管理员具有丰富的经验，所以在本次任务中主要是了解各种备份的特点，掌握各种备份的方法，在以后的学习和工作中逐渐积累工作经验。

### 9.2.1　知识准备：数据库备份机制介绍

**人生感悟**

各类系统虽然是经过科学设计和反复测试与运行的"成熟"软件，但实际上它和我们每个人一样，不是完美的。一方面其自身不可避免地会存在一些问题，另一方面其在运行的过程中也可能因为人为的因素出现各类故障。

所以系统也好，我们每个人也好，存在问题隐患并不可怕，关键是我们和系统能否有效地去预防潜在存在的问题，并在问题出现的时候，不仅说声"对不起"，还可以有效地进行解决，降低损失。

尽管数据库系统中采取了各种保护措施来保证数据库的安全性和完整性不被破坏，保证并发事务能够正确执行，但是计算机系统中硬件的故障、软件的错误、操作员的失误以及恶意的破坏仍然是不可避免的。这些故障轻则造成运行事务非正常中断，影响数据库中数据的正确性；重则破坏数据库，使数据库中全部或部分数据丢失。因此，数据库管理系统必须具有把数据库从错误状态还原到某一已知的正确状态（亦称为一致状态或完整状态）的功能，这就是数据库的还原功能。数据库系统采用的还原技术是否行之有效，不仅对系统的可靠程度起着决定性作用，而且对系统的运行效率也有很大影响，它是衡量系统性能优劣的重要指标。

**1. 数据库故障类型**

数据库系统中发生的故障是多种多样的，大致可以归结为以下几类：

（1）事务故障

事务是 SQL Server 系统执行的一个完整的逻辑操作。事务故障是事务运行到最后没有正常提交而产生的故障。事务内部的故障有的是可以通过事务程序本身发现的，有的是非预期的，不能由事务程序处理。

（2）系统故障

系统故障是指系统在运行过程中，由于某种原因，如操作系统故障、DBMS 代码错误、特定类型的硬件错误（CPU 故障）、突然停电等造成系统停止运行，致使所有正在运行的事务都非正常终止。这时内存内容，尤其是数据库缓冲区中的内容都被丢失，但存储在外部存储设备上的数据未受影响。这种情况称为系统故障。

（3）介质故障

前面介绍的故障为软故障（Soft Crash），介质故障又称为硬故障（Hard Crash）。介质故障指外存故障，如磁盘损坏、磁头碰撞、瞬时磁场干扰等，使数据库中的数据无法读出。介质故障虽然发生的可能性较小，但是它的破坏性却是最大的，有时会造成数据的无法恢复。

（4）计算机病毒

计算机病毒是一种人为的故障或破坏，它是由一些恶意的人编制的计算机程序。这种程序与其他程序不同，它可以像微生物学所称的病毒一样进行繁殖和传播，并造成对计算机系统包括数据库系统的破坏。

（5）用户操作错误

在某些情况下，由于用户有意或无意的操作也可能删除数据库中的有用数据或加入错误的数据，这同样会造成一些潜在的故障。

**2. 数据库备份的类型**

SQL Server 2008 提供了四种备份数据库的方式。

（1）完整备份

备份整个数据库的所有内容，包括用户表、系统表等数据库对象，还包括事务日志等。该备份类型需要比较大的存储空间，而且备份的时间也比较长，所以通常数据库运行一定的时间后进行一次备份，而这个运行时间的长短要根据数据库实际的运行情况而定。

（2）差异备份

差异备份是完整备份的补充，差异备份只备份上次完整备份后更改的数据。差异备份比完整备份的数据量小，所以速度较快，因此可以经常使用，以减少丢失数据的危险。

（3）事务日志备份

事务日志备份只备份事务日志中的内容。事务日志记录了上一次完整备份或事务日志备份后的数据库的所有变动过程。可以使用事务日志备份将数据库还原到故障点。但在做事务日志备份前，必须先做完整备份。在还原数据时，除了先要还原完整备份之外，还要依次还原每个事务日志备份，而不是只还原最近一个事务日志备份。

（4）文件和文件组备份

文件和文件组备份只备份数据库中的某些文件，由于每次只备份一个或几个文件或文件组，因此可分多次来备份数据库，避免大型数据库备份的时间过长。当数据库文件非常庞大时，采用该备份方式很有效。当数据库里的文件损坏时，可以只还原被损坏的文件或文件组，从而加快还原速度。

3. 设计备份策略

在备份数据库时，应该考虑以下几个问题：

- 数据库备份的时间。
- 数据库备份的时间间隔。
- 数据库备份的方式。
- 数据库备份的地方。

备份数据库会占用系统资源，如果有很多人在使用数据库时最好不要备份数据库。

如果数据库里改变的数据量不大，可以每周做一次完整备份，然后每天下班前做一次差异备份或者事务日志备份，这样，一旦数据库发生损坏，也可以将数据库还原到前一天下班时的状态。

如果数据库中的数据变动比较频繁，此时可以使用三种备份方式交替使用的方法备份数据库。例如，每天下班时做一次完整备份，在做完完整备份之前每间隔 8 个小时做一次差异备份，在做完两次差异备份之间每隔一个小时做一次事务日志备份。这样，一旦数据库发生损坏可以将数据还原到最近一个小时以内的状态，同时又能减少数据库备份数据的时间和减少备份数据文件的大小。

如果数据库文件过大，可以分别备份数据库文件或文件组，将一个数据库分多次备份。例如，一个数据库中，某些表里的数据变动得很少，而某些表里的数据却又经常改变，那么可以将这些数据表分别存储在不同的文件或文件组里，然后通过不同的备份频率来备份这些文件或文件组。

在 SQL Server 2008 中可以将数据库备份到磁盘或磁带中。如果要将数据库备份到磁盘，有两种方式：一是文件方式；二是备份设备方式。这两种方式在磁盘中都体现为文件形式。

4. 备份设备

备份设备是数据库系统中专门用来存储备份数据的物理设备，常用的设备包括磁盘备份设备、磁带备份设备和命名管道备份设备。其中，磁盘备份设备比较常用。

如果使用备份设备来备份数据的话,在实施数据库的备份之前,需要先将备份设备创建好,并赋予它一个逻辑文件名称和一个物理备份名称。

(1)磁盘备份设备

磁盘备份设备最常使用的备份设备类型,是在磁盘类介质上创建的备份设备。它的物理名称是备份设备地址及文件名称的组合,例如"D:\TSDB\back.bak"。它的逻辑名称存储在 SQL Server 系统中的 sysdevices 系统表中,通常名字应该体现其内容,例如"商品备份 20211024"。

(2)磁带备份设备

磁带备份设备基本上与磁盘备份设备的使用方式相同,但是其应用性具有以下局限性:

- 磁带备份设备必须直接物理连接在运行 SQL Server 数据库系统的计算机上。
- 磁带备份设备不支持远程备份操作。

**5. 数据库还原方式**

当数据库的软、硬件出现故障或者做了大量的误操作时,都需要将数据库还原到故障前的状态。还原数据库的方式有以下几种:

(1)完整备份的还原

无论是完整备份、差异备份还是事务日志备份的还原,第一步都需要先做完整备份的还原。完整备份的还原只需要还原完整备份文件即可。

(2)差异备份的还原

差异备份的还原需要两个步骤。一是先要还原完整备份;二是还原最后一次所做的差异备份。只有这样,才能让数据库里的数据还原到与最后一次差异备份时相同的内容。

(3)事务日志备份的还原

事务日志备份的还原比较复杂,需要的步骤较多。例如某个数据库在每个周日做一次完整备份,每天晚上 9 点做一次差异备份,在白天每隔 3 个小时做一次事务日志备份。假设在周五早上 8 点上班时发现数据库发生故障,那么还原数据库的步骤应该是:①还原周日所做的完整备份;②还原周四晚上所做的差异备份;③依次还原周四差异备份之后被损坏的事务日志备份,即周四晚上 24 点、周五早上 3 点、周五早上 6 点所做的事务日志备份。

(4)文件和文件组备份的还原

如果数据库中某个文件或文件组损坏了,可使用该还原模式。

在还原数据库之前,应该注意两点:一是找到要还原的备份设备或文件,检查其备份集是否正确无误;二是查看数据库的使用状态,查看是否有其他人在使用,如果有,则无法还原数据库。

**6. 还原模式与设置**

还原模式是数据库的属性之一,主要用于控制数据库的备份和还原操作。数据库的还原模式分为三种:简单、完整和大容量日志。

(1)简单还原模式

简单还原模式可以将数据库还原到上一次的备份。因为没有日志备份,所以该模式只能还原到最近备份数据库的时间,而不能将数据库还原到故障点或特定的时间点,这有可能造成数据的丢失。

（2）完整还原模式

完整还原模式完整记录所有事物，并保留所有事务日志。完整还原模式可以使数据库还原到故障点。

（3）大容量日志还原模式

大容量日志还原模式简略地记录大多数的大容量操作，完整记录其他事务。该模式通常用于完整还原模式的补充。

## 9.2.2　任务实施："销售管理"数据库的备份与还原

### 1.备份数据库

假设公司的日常运行情况为早上 8 点营业，中午 11 点 30 分休息，下午 1 点 30 分营业，晚上 8 点下班。通常每天晚上 5 点到 8 点为销售比较集中的时间。

根据这一情况，可以分析出该数据库每天的首次运行时间应该是在早上 8 点，结束的时间是在晚上 8 点，所以每天晚上下班后应该对数据库进行一次完整备份，并且每进行一次完整备份后，上次备份的文件就不需要保存了。在每天的运行过程中，11 点 30 分会有一次休息，此时应该进行一次差异备份，所有的备份都备份到指定的备份设备中。

依据分析，制订备份方案如下：立即完成一次完整备份，然后制订每晚 8 点进行一次完整备份，并删除上次备份的计划。最后制订每天中午 11 点 30 分进行一次差异备份的计划。

【例 9-4】　创建"销售管理备份设备"。

（1）创建备份设备命令

在"对象资源管理器"中展开服务器，打开"服务器对象"节点，找到"备份设备"子节点。右击"备份设备"节点，从弹出的快捷菜单中选择"新建备份设备"命令。

（2）备份设备设置

弹出如图 9-18 所示"备份设备"窗口，在"设备名称"文本框内输入备份设备的名称"销售管理备份设备"。

（3）设置设备路径

单击"文件"文本框右侧的按钮，弹出"设备地址"窗口，在该窗口中设置备份设备的路径并设置文件名后，单击"确定"按钮，关闭对话框并回到"备份设备"窗口中。再次单击"确定"按钮完成备份设备的创建。

【例 9-5】　"销售管理"数据库的完整备份。

（1）启动备份数据库窗口

在"对象资源管理器"中展开服务器，右击目标数据库"销售管理"数据库，在弹出的快捷菜单中选择"任务"|"备份"命令，弹出"备份数据库-销售管理"窗口。

（2）打开备份设置窗口

"备份数据库-销售管理"窗口如图 9-19 所示。用户需要在该窗口中设置数据库备份的具体内容。

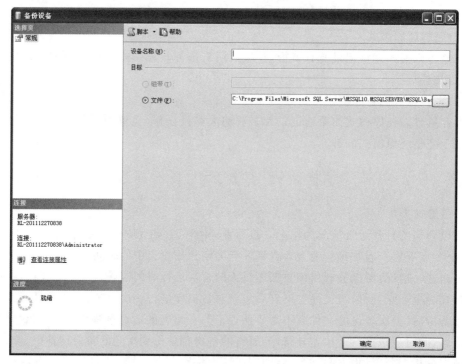

图 9-18 "备份设备"窗口

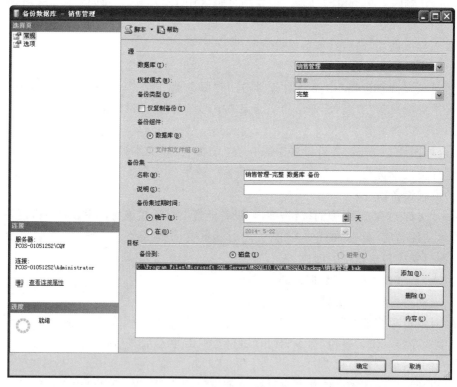

图 9-19 "备份数据库-销售管理"窗口

"备份数据库-销售管理"窗口中的"常规"选项卡共分为三个部分:"源""备份集"和"目标"。"源"中可设置数据库备份的目标数据库及类型;"备份集"中可设置数据库备份的名称及过期时间;"目标"中可设置备份设备及保存位置。

(3)源信息

先从"数据库"下拉列表框中选择需要备份的数据库,根据任务设置为"销售管理"数据库。

本次任务需要首先完成一次完整数据库备份,所以在"备份类型"下拉列表框中选择"完整"选项,并在"备份组件"选项组中选择"数据库"单选按钮。

(4)备份集信息

在该区域里,可以设置备份集的名称、对备份集的说明内容以及备份过期信息。首先在"名称"文本框中输入本次备份的名称,通常根据备份的内容命名,根据任务需要,设置为"销售管理数据库-完整备份"。在"说明"文本框中可以对备份的情况加以说明,例如"一次完整备份"。"备份集过期时间"用来设置每次备份在几天后过期或在哪一天过期。如果希望每次备份后在固定的天数过期,则选择"晚于"选项,并在后面的文本框内设置天数。可以输入的值为 0~99999,如果为 0,则表示永不过期。如果需要设置该备份在一个指定的日期过期,则选择"在"选项,并在右侧的文本框中设置指定日期。根据任务要求,每天晚上 8 点都会进行一次完整备份,前一天的完整备份就不再需要,备份过期的时间应该是 1 天,所以这里选中"晚于"单选按钮,并设置为"1"天。

(5)目标信息

该部分主要设置备份的设备及具体保存位置。单击"添加"按钮,弹出"选择备份目标"对话框,如图 9-20 所示。

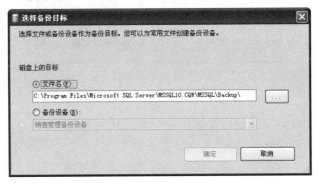

图 9-20　"选择备份目标"对话框

在该对话框中,用户可以选择将数据库备份为一个文件或是备份到固定备份设备中。根据任务需要,选择"备份设备"选项,并从下方的下拉列表框选择前面创建的备份设备"销售管理备份设备"。选择完整备份方式后,单击"确定"按钮,返回如图 9-19 所示的"备份数据库-销售管理"窗口。

(6)确认备份

确认设置无误后,单击"确定"按钮,开始备份数据库。当备份完成后,系统会给出如图 9-21 所示的提示框。

图 9-21　备份成功提示框

【例 9-6】　"销售管理"数据库的备份计划制订。

普通数据库备份由人工操作还可以，但是如果每天晚上 8 点都进行一次完整备份的操作也要求用户人工操作的话，既不方便也很难保证。所以，需要通过 SQL Server 中的维护计划功能完成。

（1）启动维护计划

打开 SSMS，展开服务器中的"管理"节点，右击"维护计划"子节点，从弹出的快捷菜单中选择"新建维护计划"命令，如图 9-22 所示。

图 9-22　"新建维护计划"命令

（2）计划命名

弹出"新建维护计划"对话框，要求用户为本次计划命名，如图 9-23 所示。根据任务需要，在"名称"文本框中输入"每天 8 点完整备份"。

图 9-23　"新建维护计划"对话框

（3）计划设置窗口

打开的创建计划任务窗口主要包括"工具箱"和"每天完整备份数据库"两个窗格，如图 9-24 所示。

图 9-24　维护计划设置窗口

（4）新建备份任务

将"工具箱"窗格中"'备份数据库'任务"选项拖动到右侧的任务窗格中，系统会生成一个新的任务，如图 9-25 所示。

图 9-25　生成新备份数据库任务

（5）任务设置

双击新任务中的红叉按钮，弹出"'备份数据库'任务"对话框，从中设置备份的目标数据库、过期时间和备份设备等选项。

根据任务需要逐步完成以下设置。

①"备份类型"：从下拉列表框中选择"完整"选项。

②"数据库"：单击下拉列表框右侧的向下箭头，从弹出的"以下数据库"菜单中选择"销售管理"数据库，单击"确定"按钮，如图 9-26 所示。

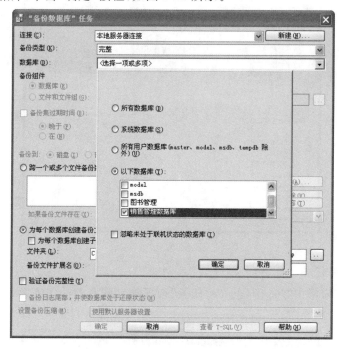

图 9-26　选择目标数据库

③"备份集过期时间"：选中"备份集过期时间"复选框，选中"晚于"单选按钮并设置为"1"天。

④"跨一个或多个文件备份到数据库"：选中"跨一个或多个文件备份到数据库"单选按钮，并单击文本框右侧的"添加"按钮，打开"选择备份目标"对话框，如图 9-27 所示。设置对话框中的备份设备为"商品管理备份"。

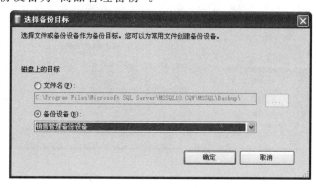

图 9-27　"选择备份目标"对话框

⑤确认设置。设置完成后，单击"确定"按钮完成任务设置。

（6）计划制订

任务内容设置结束后，设置任务执行时间。单击"每天 8 点完整备份"窗格中"计划"

栏目中的按钮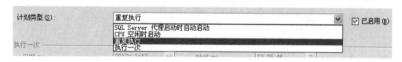,打开"作业计划属性"窗口,如图 9-28 所示。在该窗口中完成计划时间的设置。

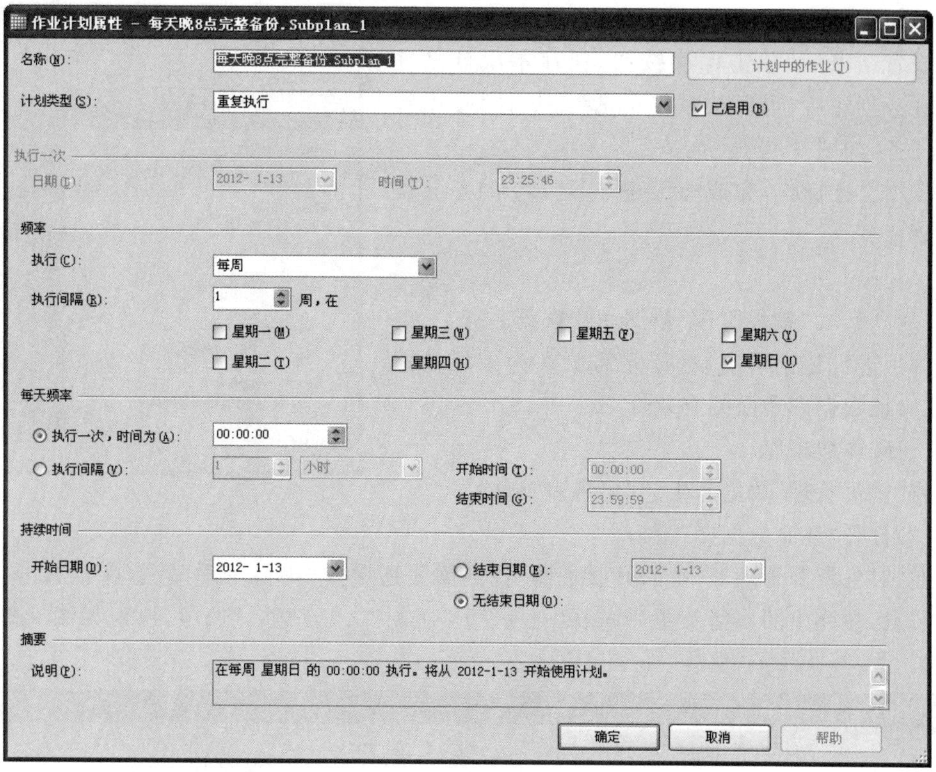

图 9-28 "作业计划属性"窗口

① "名称":设置该计划名称,使用默认设置即可。

② "计划类型":共有四个选项,用来声明计划执行的方式,如图 9-29 所示。

图 9-29 计划类型选项

- "SQL Server 代理启动时自动启动":每次 SQL Server 代理启动时执行该任务。
- "CPU 空闲时启动":当 CPU 处于空闲时,启动该任务。
- "重复执行":按照用户设定多次执行。
- "执行一次":按照用户指定时间执行一次。

根据任务需要,选择"重复执行"选项。

③ "频率":设置任务执行的频率。根据任务需要,在"执行"下拉列表框中选择"每天"选项;"执行间隔"选项设置为"1"天。

④ "每天频率":设置具体每天的执行时间。根据任务需要,在"执行一次,时间为"选项中设置"20:00:00"。

⑤ "持续时间":设置任务的开始及结束时间。根据任务需要,开始时间为当天,结束

时间为"无结束日期"。

⑥完成设置：设置完成后，单击"确定"按钮，完成设置。

(7)完成计划

设置结束后，单击保存按钮，保存本次计划任务。任务创建后，可以从系统中的"维护计划"中找到该任务，如图 9-30 所示。

依据上述操作，完成每天中午 11：30 的差异备份计划任务。

**2.还原数据库**

【例 9-7】 "销售管理"数据库的恢复。

为了进行数据库还原，首先需要人为破坏数据库，以验证数据库还原的有效性。

(1)破坏数据库

将"销售管理"数据库中的"销售表"删除。

(2)打开"还原数据库"窗口

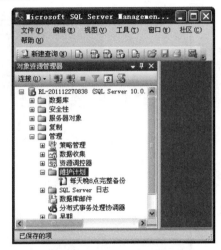

图 9-30 创建完成的计划任务

在"对象资源管理器"中展开服务器，找到需要还原的"销售管理"数据库。右击该数据库节点，在弹出的快捷菜单中选择"任务"｜"还原"｜"数据库"选项，出现如图 9-31 所示窗口。

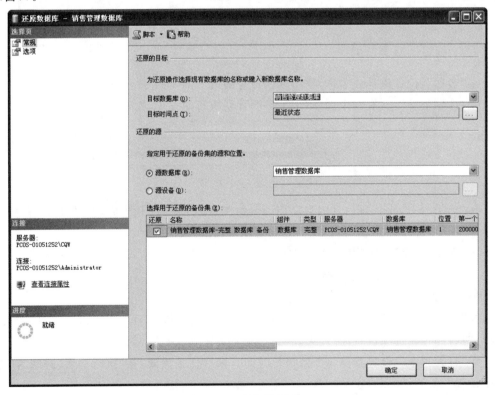

图 9-31 "还原数据库"窗口

在该窗口中,用户需要设置还原选项。设置主要包括两个方面:"还原的目标",和"还原的源"。

①"还原的目标":设置还原的目标数据库以及还原的时间点。

在"目标数据库"下拉列表框设置需要还原的数据库,默认为"销售管理"数据库。

"目标时间点"文本框声明还原的具体时间。单击文本框右侧的按钮,弹出"时间还原"窗口,如图 9-32 所示。在该窗口中的"还原到"选项组中选择还原时间点。用户可以选择"最近状态"单选按钮,将最近一次的备份还原,也可以选择"具体日期和时间",指定还原的时间点。根据任务需要选择"最近状态"单选按钮,单击"确定"按钮,退出该窗口。

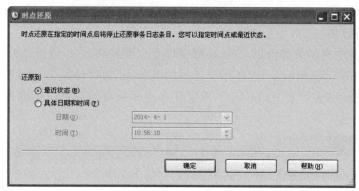

图 9-32 "时间还原"窗口

②"还原的源"选项:设置还原的数据来源。

"指定用于还原的备份集的源和位置"中有两个选项:"源数据库"和"源设备"。

选择"源数据库"选项,系统会在对话框下方的"选择用于还原的备份集"列表中列出目前数据库中拥有的备份集,选中其中某个备份集后可以将相应数据还原到数据库中。

选择"源设备"选项,用户需要单击文本框右侧的按钮,打开"指定备份"对话框,如图 9-33 所示。

图 9-33 "指定备份"对话框

在该对话框中的"备份媒体"下拉列表框中设置媒体类型,分为"文件"和"备份设备",根据任务选择"备份设备"选项。单击右侧的"添加"按钮,打开"选择备份设备"对话框,从对话框中的"备份设备"下拉列表框中选择目标设备"销售管理数据库备份设备"并单击"确定"按钮,如图 9-34 所示。

图 9-34 "选择备份设备"对话框

(3)确认备份集

如果源设备中有多条备份记录,在还原窗口会全部显示出来,由用户根据需要选择所需备份记录,如图 9-35 所示。"选择用于还原的备份集"窗口中给出了两条备份记录,开始时间分别是"2014-4-1"和"2014-4-3",根据任务选择最新的备份记录进行还原,选中该记录复选框。

图 9-35 选择备份记录

(4)确认还原

单击"确定"按钮,开始还原数据库。还原完成后系统弹出对话框进行提示,如图 9-36 所示。

图 9-36 还原完成的提示对话框

## 课堂实践2

**1. 实践要求**

①创建一个"图书管理备份"设备。

②对"图书管理"数据库进行一次完整备份。

③为"图书管理"数据库制订一个晚上 10 点完整备份的备份计划。

④删除"图书表"后,使用备份文件恢复数据库。

**2. 实践要点**

①弄清楚数据库各种备份方式之间的区别。

②备份计划的制订比较烦琐,应加强练习。

# 课后拓展

拓展练习一：完成"学生管理"数据库中数据的导出与导入

【练习综述】

将"学生管理"数据库中的"学生"表信息导出到外部的 Excel 文件中。

将所有学分大于 3 的课程名称、学分导出到外部的 Excel 文件中。

使用 Excel 文件向数据库中导入两条学生信息。

【练习要点】

- 根据需要完成整表数据的导出。
- 根据需要完成检索数据的导出。
- 将外部数据导入数据库中。

【练习提示】

数据的导出相对比较简单，不容易出现错误。但是在完成数据的导入任务时需要注意，一定要保证导入的数据类型及内容要符合数据的各种完整性要求，否则就会导入失败。

拓展练习二：完成"学生管理"数据库的备份

【练习综述】

根据实际需求，完成"学生管理"数据库每月 1 号完整备份一次，每周一差异备份一次的备份方案。

删除目前的"学生管理"数据库，并使用前面的备份文件进行恢复。

【练习要点】

- 完成备份方案的实施。
- 完成数据库的恢复。

【练习提示】

数据库的备份与恢复方法都不难，但是要想制订一个符合实际需要的备份方案则需要丰富的工程经验。所以，这个拓展练习的重点是提升操作方法的熟练程度并逐渐积累工程经验。

# 课后习题

一、选择题

1.备份文件的扩展名为（　　）。

A..mdf　　　　B..ldf　　　　C..bak　　　　D..back

2.下列不是数据库备份的类型的是（　　）。

A.完整备份　　B.差异备份　　C.日志备份　　D.用户备份

3.数据库恢复的模式包括（　　）。

A.简单恢复　　B.完整恢复　　C.日志恢复　　D.以上都对

4.磁盘的磁头碰撞属于(　　　)。

A.事务故障　　　　B.系统故障　　　　C.介质故障　　　　D.程序故障

5.若系统在运行过程中,由于某种硬件故障,使存储在外存上的数据部分损坏或全部损失,这种情况称为(　　　)。

A.介质故障　　　　B.运行故障　　　　C.系统故障　　　　D.事务故障

6.数据库恢复的重要依据是(　　　)。

A.DBA　　　　B.DB　　　　C.文档　　　　D.事务日志

7.若备份策略采用完全备份和日志备份的组合,在恢复数据时,首先恢复最新的完全数据库备份,然后(　　　)。

A.恢复最后一次的差异备份　　　　B.依次恢复各个差异备份

C.恢复最后一次日志备份　　　　D.依次恢复各个日志备份

8.以下叙述正确的是(　　　)。

A.系统数据库 tempdb 不需要备份

B.使用完全数据库备份与差异备份的组合可恢复数据到指定的时间点

C.使用完全数据库备份与文件备份的组合可完全恢复被破坏的数据

D.数据导入和导出(DTS)与备份和恢复数据库一样都能实现将一个服务器中的数据库数据和所有对象转移到另一个服务器中

9.关于备份设备描述错误的是(　　　)。

A.备份设备是一个单独存在的物理介质　　B.备份设备是一个文件

C.备份设备用来存放数据库备份的内容　　D.备份设备的名称由用户命名

10.数据库备份的作用是(　　　)。

A.保障安全性　　　　B.一致性控制　　　　C.故障后恢复　　　　D.数据的转储

二、填空题

1.如果需要将一个 Excel 文件中的数据载入 SQL Server 系统中,可以使用的操作是_____。

2.在还原差异备份之前,必须先具备的备份是_____。

3.备份整个数据库的所有内容,包括用户表、系统表等数据库对象,还包括事务日志等对象的备份方式是_____。

4.如果要将数据库备份到磁盘,有两种方式:一是文件方式;二是_____方式。

5.中央处理机故障属于_____。

三、判断题

1.数据的导出可以通过语句自行设定数据范围。　　　　　　　　　　(　　　)

2.数据库的备份必须由人工操作完成。　　　　　　　　　　　　　　(　　　)

3.数据库恢复可以由用户选择某个时间点进行。　　　　　　　　　　(　　　)

4.数据库的恢复一定可以恢复所有的受损数据。　　　　　　　　　　(　　　)

5.通常的备份方案都是完整备份和差异备份相配合。　　　　　　　　(　　　)

# 项目 10

# 数据库编程语言

## ● 知识教学目标

- 了解数据库编程基本命令；
- 了解变量的含义；
- 了解批处理概念；
- 掌握各种编程命令的基本格式。

## ● 技能培养目标

- 掌握使用变量传递数值的方法；
- 掌握使用 IF 判断语句的方法；
- 掌握使用 WHILE 循环语句的方法；
- 掌握使用 CASE 分支语句的方法。

数据库作为各种数据库应用系统的后台支撑，在使用的过程中通常只有管理员与其通过数据库管理系统进行"亲密接触"。而大多数的数据库编程人员在设计数据库应用系统时，都是通过编程语言的方式与其"交流"。而作为数据库编程的通用语言——SQL 语言，通过不断地发展与优化，不仅可以完成对数据库的实施与检索功能，更融入了比较复杂的编程语言，使其功能更加完善和强大。在前面的项目中，介绍了如何使用 SQL 语句完成简单的数据库管理与使用。但实际上 SQL 语句可以完成一些更加复杂的数据操作，这就是 T-SQL 编程和高级查询。

数据库编程与其他的编程语言类似，也支持变量的定义、逻辑控制语句、过程函数等。高级查询就是通过编程语句和一些特殊查询语句联用，实现更加复杂的查询和操作功能。本项目将重点介绍如何在 T-SQL 中完成变量的声明与赋值、输出语句、逻辑控制语言和子查询的使用。

## 任务 10.1  编程基础及判断语句 IF...ELSE

### 任务描述

根据销售部门的需要，小赵需要对目前商品信息进行统计和分析。需要统计的是所有商品的平均价格。需要分析的是如果这个平均价格在 2000 元以上（包括 2000），那么程序输出"总体价格较贵",并显示最贵商品的信息;如果在 2000 元以下,则显示"总体价格便宜",并显示最便宜商品的信息。

## 任务分析

该任务在完成过程中,需要涉及的内容较多,应该一步一步地进行学习,扎实地掌握每一个知识点后再向下进行。首先要掌握一些基本的编程语法知识,例如变量的用法、输出语句等,然后再学习如何利用 IF 语句来解决条件的判断问题。

### 10.1.1 知识准备:数据库编程基本语法及 IF 语句

**1. 注释**

与其他的编程语言一样,数据库编程语句在编写的过程中,也需要通过一些注释命令来对一些语句进行说明,以便日后维护或者其他用户读取。这些注释并不真正执行,只是起到说明的作用。有时,在语句的调试过程中,也可以通过注释命令使得某个语句暂时不执行,以完成对语句的调试作用。

(1)单行注释

使用"--"符号作为单行语句的注释符,写在需要注释的行的前方。

【例 10-1】 为函数进行单行注释。代码如下:

```
SELECT GETDATE()          -- 查询当前日期
```

(2)多行注释

"/*"和"*/"两个符号配合使用,分别写在需要注释的行前与结束注释的行后。

【例 10-2】 将一个三行的查询语句变为注释语句。代码如下:

```
/* SELECT *
FROM 图书
WHERE 定价>30 */
```

**2. 常量**

常量也称为文字值或标量值,是表示一个特定数据值的符号。常量的格式取决于它需要表示数值的数据类型。

**3. 变量**

在数据库编程语句中,变量是可以存储数据值的对象。用户可以使用变量向 SQL 语句中传递数据。在 T-SQL 中执行命令时,可以声明变量来临时存储各种数据。声明变量后,可以在语句中随时声明或者使用变量中的数据值。

T-SQL 中的变量可以分为局部变量和全局变量。局部变量的使用是先声明,再赋值。而全局变量由系统定义和维护,用户可以直接使用。

(1)局部变量

局部变量是一个能够拥有特定数据类型的对象,它的作用范围仅限制在程序内部。局部变量可以作为计数器来计算循环执行的次数,或是控制循环执行的次数。另外,利用局部变量还可以保存数据值,以供控制流语句测试以及保存由存储过程返回的数据值等。

局部变量被引用时要在其名称前加上标志"@",而且必须先用 DECLARE 语句定义后才可以使用,在声明时它被初始化为 NULL。用户可以使用 SET 语句对其进行赋值,但是需要注意的是,SET 语句必须与定义它的 DECLARE 语句在同一批处理语句中。变量只能代替数值,不能代替对象名或关键字。

局部变量的名称必须以标记@作为前缀。声明局部变量的语句如下:

DECLARE @variable_name Datatype

其中,variable_name 为局部变量的名称,Datatype 为数据类型。如果定义多个变量,之间用逗号隔开。

【例 10-3】 声明变量和变量赋值。代码如下:

DECLARE @name VARCHAR(8)　　　--声明一个可以最多存放 8 个字符的变量,名称为 name

DECLARE @seat INT　　　　　　--声明一个数值型的变量,名称为 seat

局部变量的赋值有两种方法,使用 SET 语句或者 SELECT 语句。

SET variable_name = value

或者

SELECT variable_name = value

小提示:SELECT 赋值语句要保证结果不能超过一条数据,否则将会把最后一条数据赋予变量。

【例 10-4】 看看哪些买家(买家编号即可)买了笔记本电脑。

首先将"笔记本"这个值赋值给一个变量,然后再使用它。代码如下:

DECLARE @bjb VARCHAR(20)　　　--声明变量@bjb

SET @bjb='笔记本'　　　　　　--变量@bjb 赋值为"笔记本"

DECLARE @spbh VARCHAR(20)　　--声明变量@spbh

SELECT @spbh=商品编号 FROM 商品表 WHERE 商品名称=@bjb

SELECT distinct 买家编号 FROM 销售表 WHERE 商品编号=@spbh

以上 SQL 语句的结果如图 10-1 所示。

从该例子可以看出,局部变量可以在上下语句中传递数据,例如@bjb。

SET 赋值语句一般用来将变量指定为一个数据常量,如本例中的@ bjb。

SELECT 赋值语句一般将变量赋予一个查询出来的数据值,如本例中的@spbh。

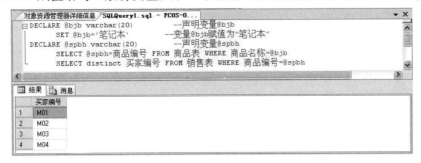

图 10-1　目标数据的结果

【例 10-5】 分别查看 A 牌笔记本电脑的基本信息(商品编号和进价)和其销售信息(买家编号)。

查看商品的销售信息时使用商品的名称是不能直接得到结果的,需要用到的是商品的编号,这里可以通过定义一个变量来完成。代码如下:

```
PRINT '商品的基本信息如下'
SELECT 商品编号,进价
FROM 商品表
WHERE 商品名称＝'笔记本' AND 品牌＝'A 牌'
DECLARE @bh char(10)
SELECT @bh＝商品编号
FROM 商品表
WHERE 商品名称＝'笔记本' AND 品牌＝'A 牌'
PRINT 'A 牌笔记本的销售信息如下'
SELECT 买家编号
FROM 销售表
WHERE 商品编号＝@bh
```

PRINT 语句的作用是输出指定字符串,在后面有详细介绍。

执行上述语句所输出的结果如图 10-2 所示。

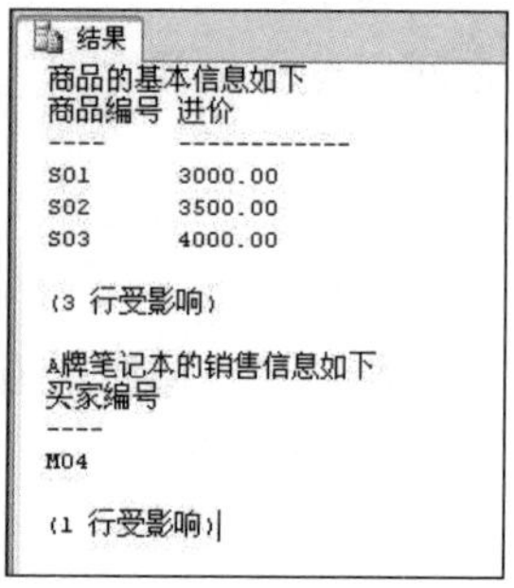

图 10-2　例 10-5 的信息结果

（2）全局变量

全局变量是 SQL Server 系统内部使用的变量,其作用范围并不仅仅局限于某一程序,而是任何程序均可以随时调用。全局变量通常存储一些 SQL Server 的配置设定值和统计数据。用户可以在程序中用全局变量来测试系统的设定值或者是 Transact-SQL 命令执行后的状态值。

常见的全局变量见表 10-1,具体应用在后续项目中举例说明。

表 10-1　　　　　　　　　　全局变量

| 变　量 | 含　义 |
|---|---|
| @@ERROR | 最后一个 T-SQL 错误的错误号 |
| @@IDENTITY | 最后一个插入的标识值 |
| @@LANGAGE | 当前使用语言的名称 |
| @@MAX_CONNECTIONS | 可以创建的同时连续的最大数目 |
| @@ROWCOUNT | 受上一个 SQL 语句影响的行数 |
| @@SERVERNAME | 本地服务器的名称 |
| @@SERVICENAME | 该计算机上的 SQL 服务器名称 |
| @@TIMETICKS | 当前计算机上每刻度的微秒数 |
| @@TRANSCOUNT | 当前连接打开的事务数 |
| @@VERSION | SQL Server 的版本信息 |

**4. 输出语句**

在 SQL Server 2008 中,除了可以将检索的数据结果显示出外,还可以通过输出语句来为用户提供特殊的输出内容,使得数据的结果更人性化。

常用的输出语句有两种,它们的语法如下:

PRINT 局部变量或字符串

SELECT 局部变量 as 自定义字段名

其中,第二种方式是 SELECT 语句的一种特殊用法。

【例 10-6】 使用两种方法查询当前服务器的名称。代码如下:

方法一:

PRINT ′服务器的名称:′+@@servername

方法二:

SELECT @@servername as ′服务器名称′

两者的结果如图 10-3 和图 10-4 所示。

图 10-3　PRINT 方法的输出结果　　　　图 10-4　SELECT 方法的输出结果

PRINT 方法使用中文方式输出,SELECT 方法使用表格方式输出。

需要注意的是,使用 PRINT 语句输出时,要求局部变量或者字符串作为参数,所以如果输出的值是数字的话就会出错。

【例 10-7】 错误参数输出。代码如下:

PRINT ′当前错误数′+@@error

因为全局变量@@error 返回的是整数型数值,所以该语句不能执行。遇到这种情况,需要将数值转化为字符后再使用。代码如下:

PRINT ′当前错误数′+CONVERT(VARCHAR(5),@@error)

**5. 批处理语句**

批处理是一个 T-SQL 语句集,集合中的语句一起提交给 SQL Server,作为一个整体执行。SQL Server 会将批处理编译成一个可执行单元,此单元被称为执行计划。前面经常使用的“GO”就是批处理的标志。

批处理命令可以将单元内的语句编译成单个执行计划,提高执行效率。

“GO”写在批处理命令的结尾处,也就是意味着批处理命令的结束。

【例 10-8】 三个查询语句作为一个批处理执行。代码如下:

SELECT * FROM 商品表

SELECT * FROM 买家表

SELECT * FROM 销售表

GO

此时,系统将三条语句组成一个执行计划再执行。

小提示:一般情况下,将一些相关的操作放在同一个批处理命令中。但是 SQL 要求,如果是创建库或其他数据库对象的语句,则必须在结尾添加“GO”批处理标志,以便与其他命令分开执行。

如果批处理中的语句有编译错误,如语法错误,则该执行计划无法编译,导致批处理中的任何语句不能执行。

如果批处理的语句在运行时遇到错误,系统将停止当前语句和其后面的语句,而其前面已经执行的语句则不受影响,除非其包含在事务当中。

批处理有三种限制。

• CREATE DEFAULE、CREATE PROCEDURE、CREATE RULE、CREATE TRIGGER 和 CREATE VIEW 语句不能在批处理中与其他语句组合使用。

• 如果在批处理命令中含有更改字段名称的命令,则不能在同一个批处理中使用该字段的新名称。

• 如果 EXECUTE 语句是批处理中的第一句,则可以省略 EXECUTE 关键字;否则,不可以省略。

**6. BEGIN...END 语句块**

BEGIN...END 语句用于将多条 SQL 语句封装为一个语句块,多用在 IF...ELSE、WHILE 等语句中。语句块中的所有语句作为一个整体被依次执行。BEGIN...END 语句可以嵌套使用,其基本语法格式如下:

BEGIN

    语句或语句块

END

**7. IF...ELSE 语法结构**

IF...ELSE 是最基本的编程语句结构之一,几乎每一种编程语言都支持这种结构。它在用于对从数据库返回的数据进行检查时非常有用。

简单来说 IF...ELSE 语句就是"如果条件满足,如何;否则(不满足条件)如何"。

IF...ELSE 的语法结构如下:

IF ＜条件＞

    语句或语句块

ELSE

    语句或语句块

判断语句 IF...ELSE

与其他编程语言一样,ELSE 是可选的,SQL 里的 IF 语句并不需要 END 来进行结束。

如果有多条语句,需要使用语句块,语句块使用 BEGIN...END 表示,其作用类似于 Java 语言的{}符号。代码如下:

IF ＜条件＞

    BEGIN

        语句 1

        语句 2

        ......

    END

ELSE

    ......

【例 10-9】 如果表达式成立(1+1=0),输出"1+1=0 是正确的",否则输出"1+1=

0 是错误的"。代码如下：

```
IF 1+1=0
    PRINT '1+1=0 是正确的'
ELSE
    PRINT '1+1=0 是错误的'
```

例 10-9 的结果如图 10-5 所示。

图 10-5  例 10-9 的 IF...ELSE 语句结果

## 10.1.2  任务实施：使用判断语句完成商品价格水平评估

【例 10-10】  使用判断语句完成商品价格水平评估。

统计所有商品的平均价格。如果这个平均价格在 2000 元以上（包括 2000），输出"总体价格较贵"，并显示最贵的商品的名称、品牌和进价。如果在 2000 元以下，则显示"总体价格便宜"，并显示最便宜商品的名称、品牌和进价。

在完成任务的过程中，主要需要解决以下几个问题：商品的平均定价是多少；价格与预设条件比较后如何处理；最贵的或是最便宜的商品如何输出。代码如下：

```
DECLARE @avgjg float
SELECT @avgjg = AVG(进价) FROM 商品表          --将平均价格赋值给变量@avgjg
PRINT '所有商品的平均价格为'+CONVERT(VARCHAR(5),@avgjg)
IF(@avgjg>=2000)                              --判断平均价格
    BEGIN
        PRINT '总体价格较贵,最贵的商品是:'
        SELECT TOP 1 商品名称,品牌,进价 FROM 商品表 ORDER BY 进价 DESC
        --显示最贵的商品
    END
ELSE
    BEGIN
        PRINT '总体价格便宜,最便宜的商品是:'
        SELECT TOP 1 商品名称,品牌,进价 FROM 商品表 ORDER BY 进价
    END
```

例 10-10 的输出结果如图 10-6 所示。

图 10-6  例 10-10 的 IF...ELSE 语句结果

### 课堂实践1

**1. 实践要求**

①使用变量查找出版"西游记"的出版社还出版了哪些书。

②使用变量和输出语句查看读者刘一鸣的基本信息(读者编号、姓名和工作单位)和借阅信息。

③使用 IF 语句完成图书价格水平判定任务。统计并显示所有图书的平均价格,如果在 50 元以上,则显示"总体价格较贵",并显示最贵两本图书的信息;如果在 50 元或以下,则显示"总体价格便宜",并显示最便宜两本书的信息。

**2. 实践要点**

①注意变量的定义、赋值和读取方法。

②使用判断语句时,注意逻辑判断的设计。

## 任务 10.2　WHILE 循环语句

WHILE 循环语句

### 任务描述

随着各种成本的增加,公司决定增加部分商品的销售价格来提升公司利润。经理让小赵将所有销售利润在 10% 以下的商品销售价格增加 10 元,如果仍有商品销售利润在 10% 以下,再增加 10 元,直到所有商品的销售利润都在 10% 以上。

### 任务分析

在该任务的完成过程中,主要是解决如何不断地对目标数据进行处理,直到达到所需的条件为止,而这个过程并不应该由用户来监控,而应该是系统自动完成,这就是循环。

## 10.2.1　知识准备:循环语句 WHILE 介绍

WHILE 循环语句可以根据判断条件反复执行一条 SQL 语句或一个语句块组。通过 WHILE 关键字,可以确保只要指定的条件为真,就会重复执行语句。可以在循环中使用 CONTINUE 和 BREAK 关键字来控制语句的执行。

WHILE 循环语句的执行过程是这样的:系统在处理 WHILE 语句时,首先检测循环条件,当条件为真时执行循环体,否则跳过该 WHILE 语句;在执行完循环体后自动返回到开始处重新检测循环条件,如果条件仍然为真,则继续执行循环体,直到循环条件为假或者遇到 BREAK 语句为止。BREAK 语句的功能为跳出循环,一旦遇到 BREAT 命令,循环结束。CONTINUE 语句用于重新开始一次 WHILE 循环,一旦遇到 CONTINUE 语句,其后的语句将不被执行,而是跳至循环语句开始的语句执行。WHILE 语句的语法结构如下:

WHILE〈条件表达式〉

　〈语句或语句块〉

[BREAK]

〈语句或语句块〉

[CONTINUE]

〈语句或语句块〉

其中,〈条件表达式〉为循环条件,〈语句或语句块〉为循环体。

【例 10-11】 假设变量 x 的初始值为 0,现在连续为其加数,每次加 1,直到 x 的值为 3 为止,并输出每次加数后的结果。代码如下:

```
DECLARE @x int,@y int
SET @x=0;
SET @y=0
WHILE @x<3
    BEGIN
        SET @x=@x+1
        SET @y=@y+1
        PRINT '目前为第'+CONVERT(CHAR(1),@y)+'次加值,X 的值为:'+CONVERT
(CHAR(1),@x)
    END
```

例 10-11 的结果如图 10-7 所示。

图 10-7　例 10-11 的结果

## 10.2.2　任务实施:使用循环语句完成商品价格的调整

【例 10-12】 使用循环语句完成商品价格的调整。

将所有销售利润在 10% 以下的商品销售价格增加 10 元,如果仍有商品销售利润在 10% 以下,再增加 10 元,直到所有商品的销售利润都在 10% 以上,最后显示增加最多的商品增加的钱数。代码如下:

```
PRINT '开始更新销售额偏低的商品价格'
DECLARE @cs Int
SET @cs =0
WHILE((SELECT COUNT( * ) FROM 商品表 WHERE 销售价/进价<1.1)>0)
BEGIN
    UPDATE 商品表
    SET 销售价=销售价+10
    WHERE 销售价/进价<1.1
    SET @cs =@cs+10
    IF((SELECT COUNT( * ) FROM 商品表 WHERE 销售价/进价<1.1)=0)
        BREAK
END
```

```
PRINT '增加最多的商品增加了:'+CONVERT(VARCHAR(8),@cs)+'元'
GO
```

例 10-12 的执行结果如图 10-8 所示。

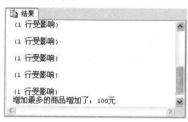

图 10-8　例 10-12 的执行结果

## 课堂实践2

### 1. 实践要求

使用循环语句完成读者超期次数调整。因为图书馆建馆庆典,图书馆推出了优惠活动,即提高高级用户的数量。提高的方案是增加高级用户到至少 5 人,提高的方法是减少超期次数,每次减少非高级用户的超期次数一次,直到至少有 5 名高级用户为止。结束后,统计出每个读者扣除了多少超期次数。

### 2. 实践要点

①注意循环条件的设计,防止出现死循环及错误循环。

②合理运用跳出循环命令。

# 任务 10.3　多分支判断语句 CASE

## 任务描述

多分支判断语句 CASE

销售部门找到小赵,需要他对 A 品牌所有的商品分类,进价高于 3000 元的商品为"高价商品",1000～3000 元的为"中价商品",低于 1000 元的为"低价商品"。

## 任务分析

与前面学习的 IF 判断语句不同,本任务中需要根据多个条件进行判断,这时就需要使用多分支判断语句 CASE 了。CASE 语句的语法结构并不复杂,但是编写的过程中一定要注意判断条件的准确设置。

## 10.3.1　知识准备:多分支判断语句 CASE 介绍

CASE 表达式也称为多分支判断表达式,它提供了比 IF...ELSE 判断语句更多的判断和结果选择,从而避免出现多层 IF 语句嵌套的情况。

CASE 表达式可以在多个选项的基础上做出执行决定。CASE 表达式不是独立的语句,只用于 SQL 语句中允许使用表达式的位置。代码如下:

```
CASE
    WHEN 〈逻辑表达式 1〉 THEN 〈结果表达式 1〉
    [...n]
ELSE 〈ELSE 结果表达式〉
END
```

CASE 语句的执行过程如下：如果找到了第一个符合条件的常量值，则整个 CASE 表达式取相应 THEN 指定的结果表达式的值，之后不再比较，跳出 CASE...END 语句；如果找不到符合条件的值，则取 ELSE 指定的结果表达式；如果找不到符合条件的常量值，也没有设置 ELSE，则返回 NULL。

【例 10-13】 检索当前日是上旬、中旬还是下旬。代码如下：

```
SELECT 日期=
CASE
    WHEN DAY(GETDATE())<10 THEN '上旬'
    WHEN DAY(GETDATE()) BETWEEN 10 AND 20 THEN '中旬'
ELSE '下旬'
END
```

## 10.3.2 任务实施：使用多分支判断语句完成商品档次分类

【例 10-14】 对指定商品的价格档次分类判定。

对 A 品牌所有的商品分类，进价高于 3000 元的商品为“高价商品”，1000～3000 元的为“中价商品”，低于 1000 元的为“低价商品”。代码如下：

```
SELECT 商品名称,型号,进价 =
    CASE              --判断选项
    WHEN 进价>3000 THEN '高价商品'
    WHEN 进价 BETWEEN 1000 AND 3000 THEN '中价商品'
    WHEN 进价<1000 THEN '低价商品'
    END
FROM 商品表
WHERE 品牌='A 牌'
```

例 10-14 的执行结果如图 10-9 所示。

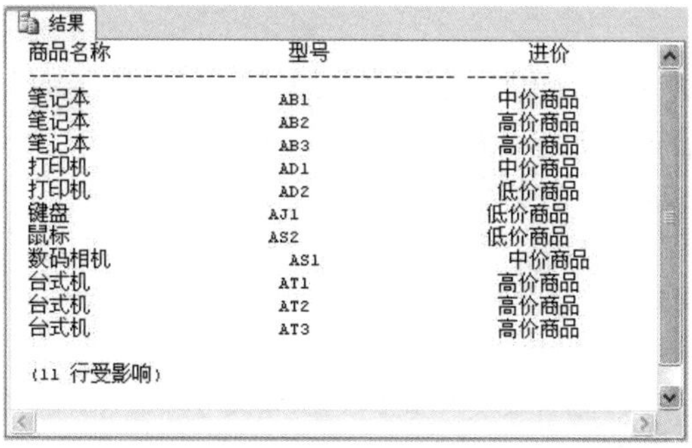
结果

| 商品名称 | 型号 | 进价 |
| --- | --- | --- |
| 笔记本 | AB1 | 中价商品 |
| 笔记本 | AB2 | 高价商品 |
| 笔记本 | AB3 | 高价商品 |
| 打印机 | AD1 | 中价商品 |
| 打印机 | AD2 | 低价商品 |
| 键盘 | AJ1 | 低价商品 |
| 鼠标 | AS2 | 低价商品 |
| 数码相机 | AS1 | 中价商品 |
| 台式机 | AT1 | 高价商品 |
| 台式机 | AT2 | 高价商品 |
| 台式机 | AT3 | 高价商品 |

(11 行受影响)

图 10-9 例 10-14 的执行结果

课堂实践3

**1.实践要求**

使用多分支判断语句完成读者类别的更新。根据要求,更新各个读者的类别,小于5为高级用户,5~10为中级用户,11~20为普通用户。

**2.实践要点**

①注意分支判断的设计。

②注意本任务为更新操作而不是统计。

# 任务 10.4　"销售管理"数据库信息的综合统计

## 任务描述

小赵收到了来自公司的新任务:

①统计数据库中一共有多少买家,有多少买家买过商品,有多少买家没有买过商品。

②统计级别编号为"J01"的买家购买情况,包括买家的名称,购买商品的编号。如果有的买家没有购买商品,则商品编号显示"无"字样。

③比较笔记本电脑和台式机的平均售价,较低的那一种进行循环提价(每次加50元),但是提价后的最高定价不能超过5000元。

## 任务分析

本任务中并不存在新的知识点与技能点,只是利用以往的知识解决一些综合性的问题,所以在任务实施过程中要注意提高分析问题的能力与应用知识的能力。

任务实施:"销售管理"数据库的高级统计

【例10-15】　统计数据库中一共有多少买家,有多少买家买过商品,有多少买家没有买过商品。代码如下:

SELECT 买家总数＝(SELECT COUNT(＊) FROM 买家表),

购买商品买家数＝(SELECT COUNT(DISTINCT 买家编号) FROM 销售表),

没有购买买家数＝((SELECT COUNT(＊) FROM 买家表)－(SELECT COUNT(DISTINCT 买家编号) FROM 销售表))

【例10-16】　统计买家的购买情况,包括买家的名称,购买商品的编号。如果有的买家没有购买商品,则商品编号显示"无"字样。代码如下:

SELECT 买家名称,商品编号＝CASE

　　WHEN 商品编号 IS NOT NULL THEN 商品编号

　　WHEN 商品编号 IS NULL THEN ′无′

　　END

FROM 买家表 LEFT JOIN 销售表 ON 买家表.买家编号＝销售表.买家编号

WHERE 级别＝′J01′

【例10-17】　比较笔记本电脑和台式机的平均售价,较低的那一种进行循环提价(每次加 50 元)，但是提价后的最高定价不能超过 5000 元。代码如下：

```
DECLARE @avgbjb Int,@avgtsj Int
SELECT @avgbjb＝AVG(销售价) FROM 商品表 WHERE 商品名称＝'笔记本'
SELECT @avgtsj＝AVG(销售价) FROM 商品表 WHERE 商品名称＝'台式机'
IF @avgbjb＞@avgtsj
    WHILE(1＝1)
    BEGIN
        UPDATE 商品表 SET 销售价 ＝ 销售价＋50 WHERE 商品名称＝'台式机'
        IF(SELECT MAX(销售价) FROM 商品表 WHERE 商品名称＝'台式机')＞＝5000
        BEGIN
            PRINT '笔记本的平均售价高,所以提高台式机售价'
            BREAK
        END
    END
ELSE
    WHILE(1＝1)
    BEGIN
        UPDATE 商品表 SET 销售价 ＝销售价＋50 WHERE 商品名称＝'笔记本'
        IF(SELECT MAX(销售价) FROM 商品表 WHERE 商品名称＝'笔记本')＞＝5000
        BEGIN
            PRINT '台式机的平均售价高,所以提高笔记本售价'
            BREAK
        END
    END
```

例 10-15～例 10-17 的执行结果分别如图 10-10～图 10-12 所示。

图 10-10　例 10-15 的执行结果

图 10-11　例 10-16 的执行结果

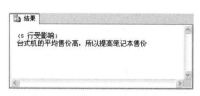

图 10-12　例 10-17 的执行结果

 课堂实践4

**1. 实践要求**

使用循环语句完成读者超期次数调整。因为图书馆建馆庆典,图书馆推出了优惠活动,提高高级用户的数量。提高的方案是增加高级用户到至少 5 人,提高的方法是减少超期次数,每次减少非高级用户的超期次数一次,直到至少有 5 名高级用户为止。结束后,统计出每个读者扣除了多少超期次数。

**2. 实践要点**

①注意循环条件的设计,防止出现死循环及错误循环。

②合理运用跳出循环命令。

# 课后拓展

**拓展练习一:使用变量查看系统和数据信息**

【练习综述】

查看本地的服务器名称和数据库系统版本。

分别查看学生周林的基本信息(姓名,专业)和成绩信息(学号,课程编号,成绩)。

【练习要点】

- 全局变量和局部变量的使用。
- 输出语句的使用

【练习提示】

在查看某个学生信息时,查询语句可能更简单一些,但是这个任务中需要使用变量的传递来完成,目的是练习最基本的变量使用方法。

**拓展练习二:使用 WHILE 和 CASE...END 语句提高学生成绩**

【练习综述】

因为期末考试中,大学英语的考题偏难,所以学生的成绩偏低。现在希望通过提高学生的分数来达到提高成绩的目的。提分原则,如果大学英语成绩的平均分数没有达到 80 分,那么将所有学生的大学英语成绩加 1 分,并计算提了几次分数。当满足条件后,显示不及格人数等级,没有不及格为很好,两人以下为好,3~5 人为较好,6~10 人为一般,11 人以上为不好。

注意,每个学生的分数不能超过 100 分。

【练习要点】

- WHILE 循环语句的用法。
- CASE 多分支语句的用法

【练习提示】

首先通过循环语句提高学生英语成绩,直到满足平均分要求,并注意加分的同时监控分数的上限,然后通过判断不及格学生的人数来设置其相应的等级。

# 课后习题

一、选择题

1.关于局部变量说法错误的是( )。

A.前面必须有@作为标记 B.可以代替数值、对象名

C.作用范围仅限于程序内部 D.可以在程序中保存数据

2.可以给变量赋值的命名是( )。

A. SET B. SELECT C. 都不可以 D. 都可以

3.可以从 WHILE 循环中退出的命令为( )。

A. close B. END C. BREAK D. 都可以

4.如果某个语句需要执行 10 次,则需要( )语句来完成。

A. IF...ELSE B. WHILE C. CASE D. 都可以

5.给变量赋值时,如果值来源于表中某字段,那么应该使用( )。

A. PRINT B. SELECT C. SET D. 都可以

6. SELECT * FROM 读者 WHERE 读者编号( )(SELECT 读者编号 FROM 借阅)。

( )内应该填写什么运算符比较合适?

A. = B. EXISTS C. IN D. like

7.合并多个表中的数据,下面( )方法实现不了。

A.联合 B.子查询 C.连接 D.规则

8.下列关于子查询和连接说法错误的是( )。

A.子查询一般可以代替连接

B.如果需要显示多表数据,优先考虑连接

C.连接能代替所有的子查询

D.如果只是作为查询的一部分,优先考虑子查询

9.下列命令中( )不是 WHILE 语句中的命令。

A. WHILE B. CONTINUE C. BREAK D. END

10. CASE 语句中,下列( )命令不是必需的。

A. CASE B. WHEN C. ELSE D. END

二、填空题

1.写在变量的前面,用来声明变量的符号是_____。

2.放在某个语句的后面,用来声明单行注释的符号是_____。

3.在 SQL Server 中,变量分为_____变量和_____变量。

4.用来声明上一个语句所影响的数据行数的全局变量是_____。

5.数据的输出过程中,可以将内容以文本方式输出的命令是_____。

6.变量声明之后,如果没有赋值,那么初始值为_____。

7.批处理语句中,用来声明批处理命令结束的命令是_____。

8. WHILE 语句中,不再执行后续语句,而是跳到循环语句开始的命令是_____。

9. 在 SQL 中,多行注释的方法是_____。

10. 在 CASE 语句的执行过程中,如果某个数值符合两个条件,那么其采纳的是第_____个条件。

三、判断题

1. 批处理命令是一个单元发送的一条或多条 SQL 语句的集合。　　　　　(　　)

2. 无论是局部变量还是全局变量,用户都可以自己定义。　　　　　　　　(　　)

3. IF 语句必须以 END 结束。　　　　　　　　　　　　　　　　　　　(　　)

4. 循环语句只有当条件满足的时候才能跳出。　　　　　　　　　　　　　(　　)

5. EXISTS 子查询在查询的过程中不会返回任何具体的值,只产生逻辑真值或假值。

(　　)

项目 **11**

# "销售管理"数据库的存储过程与触发器

## 知识教学目标

- 了解存储过程的基本概念；
- 了解触发器的基本概念；
- 了解各类触发器的工作流程。

## 技能培养目标

- 掌握存储过程的创建及调用方法；
- 掌握各类触发器的创建方法。

在数据库中,除了前面讲到的基本表、视图和规则等数据库对象外,还有一些比较特殊的数据库对象,如存储过程和触发器。这些对象虽然并不是数据库管理系统中必需的对象,但是合理地使用它们有助于提升数据库的安全性和应用性。

## 任务 11.1 "销售管理"数据库中的存储过程

### 任务描述

最近销售部经理经常找小赵进行一些数据的查询与统计,其中有很多查询都是大同小异甚至是一样的,小赵感觉每次都编写查询语句得到目标数据实在是费时、费力。他上网进行了搜索,发现通过存储过程似乎可以解决这个问题,于是他决定学习存储过程方面的知识,来解决这些经常性的查询问题。

### 任务分析

存储过程的核心其实是一段查询语句,所不同的是需要一些变量来做辅助。所以在存储过程任务的完成过程中,重点要掌握变量的设置与调用,它可以大大提升存储过程的应用能力。

241

## 11.1.1　知识准备:存储过程概述

**1.存储过程的概念**

存储过程是一组为了完成特定功能的 SQL 语句集,经编译后存储在数据库中。用户通过指定存储过程的名字并给出参数(如果该存储过程带有参数)来执行它。类似于编程语言中的过程或函数。存储过程是数据库中的一个重要对象,任何一个设计良好的数据库应用程序都应该用到存储过程。

存储过程在第一次执行时,会生成执行计划,以后执行时,会使用这个执行计划(除非存储过程显示指定需重新编译),而不是每次执行时都去生成执行计划。所以,除了第一次调用存储过程用时略长外,其执行速度要比普通语句更快。存储过程还提供了一种安全机制,假设某用户没有指定表或视图的使用权限,但具有使用存储过程的权限,通过执行存储过程,用户仍可以获得对存储过程中表或视图的使用权限。

**2.存储过程的主要优点**

(1)改善系统性能

因为存储过程是经过编译的 SQL 语句,所以在执行的过程中可以直接调用,不再对其进行编译。如果将一些需要大量操作的语句创建为存储过程,那么在后续的执行过程中要比每次单独执行语句的效率高得多。

(2)提供一种安全机制

用户可以被授予权限来执行存储过程而不必直接对存储过程中引用的对象具有权限。

(3)重用性

存储过程一旦定义完成,用户就可以反复调用。

(4)共享性

一个存储过程创建好后,数据库的用户都可以在权限下使用该存储过程,而不必每个用户都去创建一个该存储过程。

(5)减少网络流量

由于存储过程是存储在服务器上的已编译 T-SQL 代码,因此,对一个可能需要数百行 T-SQL 代码的操作,在客户端可以通过一条执行过程代码的语句来完成,而不需要在网络中发送数百行代码。

**3.存储过程分类**

存储过程可分为系统存储过程、用户存储过程和扩展存储过程。

系统存储过程是由 SQL Server 系统自身提供的存储过程,可以作为命令执行各种操作。系统存储过程主要用来从系统中获取信息、完成数据库服务器的管理工作,通常以 sp_开头。下面介绍几种常用的系统存储过程。

①sp_helpdb:用于查看数据库名称及大小。

②sp_helptext:用于显示规则、默认值、未加密的存储过程、用户定义函数、触发器或视图的文本。

③sp_renamedb:用于重命名数据库。

④sp_rename:用于更改当前数据库中用户创建的对象(见表、列或用户定义的数据

类型)名称。

⑤sp_helplogins：查看所有数据库用户登录信息。

⑥sp_helpsrvrolemember：用于查看所有数据库用户所属的角色信息。

用户存储过程是用户为了实现某一特定业务需求,使用 T-SQL 语句在用户数据库中编写的 T-SQL 语句集合。用户存储过程可以接收输入参数、向客户端返回结果和信息、返回输出参数等。

扩展存储过程为扩展 SQL Server 的功能提供了一种方法,可以动态地加载和执行动态链接库中的函数。扩展存储过程以 xp_开头。涉及扩展存储过程操作方面的系统存储过程有 sp_addextendedproc、sp_dropextendedproc 和 sp_helpextendedproc。

**4. 存储过程的创建语句**

创建存储过程的语法如下:

CREATE PROC[EDURE]〈存储过程名〉

[@〈参数名〉〈参数类型〉[=〈默认值〉][OUTPUT]][,...n]

[WITH {RECOMPILE|ENCRYPTION|RECOMPILE,

ENCRYPTION}][FOR REPLICATION]

AS〈SQL 语句组〉

存储过程的创建与使用

语句中各参数含义说明如下:

• @〈参数名〉:是存储过程的参数。参数包括输入参数和输出参数。用户在调用存储过程时,必须提供输入参数的值,除非定义了输入参数的默认值。

• OUTPUT:指示参数是输出参数。使用输出参数可将执行结果返回给调用方。

• RECOMPILE:表明 SQL Server 将不对该存储过程计划进行高速缓存;该存储过程将在每次执行时都重新编译。当存储过程的参数值在各次执行间都有较大差异,或者创建该存储过程后数据发生显著更改时才应使用此选项。此选项并不常用,因为每次执行存储过程时都必须对其进行重新编译,这样会使存储过程的执行变慢。

• ENCRYPTION:对存储过程的文本加密。

• FOR REPLICATION:表示创建的存储过程只能在复制过程中执行而不能在订阅服务器上执行,且本选项不能和 WITH RECOMPILE 选项一起使用。

存储过程创建的示例在下面与存储过程的调用一起讲解。

**5. 存储过程的执行语法格式**

存储过程创建好后,必须使用 EXECUTE 语句来执行存储过程。

其语法格式如下:

[EXEC[UTE]] [@状态值=]〈存储过程名〉

[[@〈参数名〉=]{参数值|@变量 [OUTPUT]}][,...n]

• @状态值:用于保存存储过程的返回状态。

• @〈参数名〉:是创建存储过程时定义的参数。如果没有此选项,各实际参数的顺序必须与定义的参数一致。

• @变量:用来存储实际参数或返回参数的变量。当存储过程中有输出参数时,只能用变量来接收输出参数的值,并在变量后加上 OUTPUT 关键字。

**6. 存储过程的重新编译**

在执行诸如添加索引或更改索引列中的数据等操作更改了数据库时,应重新编译访问数据库表的原始查询计划以对其重新优化。在 SQL Server 重新启动后第一次运行存储过程时,系统自动执行此优化。当存储过程使用的基础表发生变化时,系统也会自动执行此优化。但如果添加了新索引,存储过程可能会从中受益,系统将不自动执行此优化,此过程直到下一次 SQL Server 重新启动后再运行该存储过程时为止。在这种情况下,强制在下一次执行存储过程时对其重新编译会很有用。当存储过程的参数值在各次执行间都有较大差异,导致每次均需创建不同的执行计划时,可使用 WITH RECOMPILE 选项。此选项并不常用,因为每次执行存储过程时都必须对其重新编译,这样会导致存储过程的执行变慢。

在 SQL Server 中,强制重新编译存储过程的方式有三种。

①利用系统存储过程强制在下次执行存储过程时对其重新编译。命令格式如下:

EXEC sp_recompile 存储过程名

②创建存储过程时在其定义中指定 WITH RECOMPILE 选项,指明 SQL Server 将不为该存储过程缓存计划,在每次执行该存储过程时对其重新编译。

如果只想在要重新编译的存储过程而不是整个存储过程中执行单个查询,需要在重新编译的每个查询中指定 RECOMPILE 查询提示。此行为类似于 SQL Server 语句级重新编译行为。

③可以通过指定 WITH RECOMPILE 选项,强制在执行存储过程时对其重新编译。仅当所提供的参数是非典型参数,或自创建该存储过程后数据发生显著变化时,才应使用此选项。

EXEC 存储过程名 WITH RECOMPILE

**7. 存储过程的修改**

修改存储过程用命令 ALTER PROCEDURE 实现,其语法格式如下:

ALTER PROC[EDURE]〈存储过程名〉

[@〈参数名〉〈参数类型〉[=〈默认值〉][OUTPUT]][,...n]

[WITH { RECOMPILE | ENCRYPTION | RECOMPILE, ENCRYPTION}]

[FOR REPLICATION ]

AS〈SQL 语句组〉

修改存储过程命令与创建存储过程的命令 CREATE PROCEDURE 用法上区别不大。虽然修改存储过程也可以通过先删除存储过程,再用 CREATE PROCEDURE 命令重新创建一个的方式,但这样处理,还得重新授予用户对该存储过程的使用权限。如果用 ALTER PROCEDURE 进行修改,涉及此存储过程的使用权限及其他方面的管理就不用处理,沿用未修改前的就可以。

**8. 存储过程的删除**

使用 DROP PROCEDURE 语句可以一次从当前数据库中将一个或多个存储过程删除,其语法格式如下:

DROP PROCEDURE 存储过程名[,...n]

例如删除存储过程 PROC_3、PROC_4：

DROP PROCEDURE PROC_3，PROC_4

## 11.1.2 任务实施："销售管理"数据库中的存储过程

### 1.简单存储过程

【例 11-1】 创建简单存储过程 PROC_1，查询笔记本电脑的商品销售情况。代码如下：

```
CREATE PROCEDURE PROC_1
AS
SELECT a.商品编号，商品名称，销售日期，销售数量
FROM 商品表 a INNER JOIN 销售表 b ON a.商品编号＝b.商品编号
WHERE 商品名称＝'笔记本'
GO
```

创建存储过程后，刷新对象资源管理器，可以从目标数据库"可编程性"节点中的"存储过程"节点中查看名为 PROC_1 的存储过程。

执行该存储过程，用以下命令，得到结果如图 11-1 所示。

EXEC PROC_1

只要授予用户执行该存储过程的权限，那么用户直接执行 EXEC PROC_1 命令就可得到结果，而不必写复杂的查询命令。

| | 商品编号 | 商品名 | 销售日期 | 销售数量 |
|---|---|---|---|---|
| 1 | S01 | 笔记本 | 2013-01-01 00:00:00 | 10 |
| 2 | S01 | 笔记本 | 2013-07-15 00:00:00 | 15 |
| 3 | S01 | 笔记本 | 2013-06-16 00:00:00 | 10 |
| 4 | S01 | 笔记本 | 2013-08-20 00:00:00 | 20 |
| 5 | S02 | 笔记本 | 2013-08-09 00:00:00 | 5 |
| 6 | S02 | 笔记本 | 2013-09-17 00:00:00 | 8 |
| 7 | S03 | 笔记本 | 2013-09-15 00:00:00 | 2 |
| 8 | S04 | 笔记本 | 2013-05-06 00:00:00 | 15 |
| 9 | S04 | 笔记本 | 2013-05-19 00:00:00 | 10 |
| 10 | S05 | 笔记本 | 2013-08-29 00:00:00 | 20 |
| 11 | S05 | 笔记本 | 2013-08-14 00:00:00 | 15 |
| 12 | S05 | 笔记本 | 2013-07-27 00:00:00 | 10 |

图 11-1 简单存储过程

### 2.带输入参数存储过程

【例 11-2】 创建一存储过程 PROC_2，查询指定商品的销售情况。

分析：例 11-1 只能固定地查询商品名是"笔记本"的商品，如果要查"打印机"的销售情况，还必须修改代码。要解决此问题，可以把商品名作为存储过程的参数，代码如下：

```
CREATE PROCEDURE PROC_2
@spm VARCHAR(20)
AS
SELECT a.商品编号，商品名称，销售日期，销售数量
FROM 商品表 a INNER JOIN 销售表 b ON a.商品编号＝b.商品编号
WHERE 商品名称＝@spm
GO
```

运行后，会在数据库中增加一个名为 PROC_2 的存储过程。如果要查询笔记本电脑、打印机的销售情况，可以运行如下的两个命令：

EXEC PROC_2 '笔记本'

EXEC PROC_2 '打印机'

【例 11-3】 创建一存储过程 PROC_3，查询指定商品的销售情况。如果执行存储过程未带参数，默认查询笔记本的销售情况，带参数以参数为准。代码如下：

```
CREATE PROCEDURE PROC_3
@spm VARCHAR(20)='笔记本'
AS
SELECT a.商品编号，商品名称，销售日期，销售数量
FROM 商品表 a INNER JOIN 销售表 b ON a.商品编号＝b.商品编号
WHERE 商品名称＝@spm
GO
```

执行存储过程：

```
EXEC PROC_3              --无参,则查询笔记本电脑的销售情况
EXEC PROC_3 '笔记本'     --查询笔记本电脑的销售情况
EXEC PROC_3 '打印机'     --查询打印机的销售情况
```

### 3. 带输出参数存储过程

在存储过程的内部,把某些执行结果存储到输出参数中,由输出参数带回结果。

【例 11-4】 创建一带有输入参数和输出的存储过程 PROC_4,返回指定商品(作为输入参数)的最高实际销售价格(作为输出参数)。代码如下:

```
CREATE PROCEDURE PROC_4
@spm VARCHAR(20)='笔记本',@jiage SMALLMONEY OUTPUT
AS
SELECT @jiage=MAX(实际销售价格)
FROM 商品表 a INNER JOIN 销售表 b ON a.商品编号＝b.商品编号
WHERE 商品名称＝@spm
GO
```

执行存储过程：

```
DECLARE @maxjiage SMALLMONEY              --必须事先声明用来存储结果的变量
EXEC PROC_4 '笔记本',@maxjiage OUTPUT     --此处的 OUTPUT 不能少
SELECT @maxjiage AS 最高实际销售价格      --变量可参与其他运算
```

### 4. 使用返回值的存储过程

在存储过程内部,通过 RETURN 语句返回一个结果。一般用来显示存储过程的执行情况,例如:用 0 表示成功;用 1 表示失败。当然,也可以用某个变量来表示具体值。

【例 11-5】 创建一个带有输入参数和输出的存储过程 PROC_5,用 RETURN 返回指定商品(作为输入参数)的最高实际销售价格。代码如下:

```
CREATE PROCEDURE PROC_5
@spm varchar(20)='笔记本'
AS
DECLARE @jiage SMALLMONEY
SELECT @jiage=MAX(实际销售价格)
FROM 商品表 a INNER JOIN 销售表 b ON a.商品编号＝b.商品编号
WHERE 商品名称＝@spm
RETURN @jiage
GO
```

执行存储过程：

DECLARE @maxjiage SMALLMONEY　　　　--必须事先声明用来存储结果的变量

EXEC @maxjiage＝PROC_5 '笔记本'　　　--存储返回结果

SELECT @maxjiage AS 最高实际销售价格　　--通常根据结果得出不同结论

存储过程中有输入、输出参数,它们在关键字 AS 的前面声明,是局部变量。除了参数以外的局部变量,必须通过 DECLARE 语句进行声明,且在 AS 的后面声明。

**5. 修改存储过程**

【例 11-6】　修改例 11-3,将默认值"笔记本"改为"打印机"。代码如下:

ALTER PROCEDURE PROC_3

@spm VARCHAR(20)＝'打印机'

AS

SELECT a.商品编号,商品名称,销售日期,销售数量

FROM 商品表 a INNER JOIN 销售表 b ON a.商品编号＝ b.商品编号

WHERE 商品名称＝@spm

GO

如果执行存储过程未带参数,查询的就是打印机的销售情况。

**6. 删除存储过程**

【例 11-7】　删除 PROC_3 存储过程。代码如下:

DROP PROCEDURE PROC_3

### 课堂实践1

**1. 实践要求**

①查询所有读者资料。

②查询没有归还的图书信息及借阅者姓名。

③根据读者姓名查询读者资料。

④根据工作单位和性别查询读者资料,性别默认为男。

⑤创建存储过程,根据用户输入的图书编号,将书名赋值给输出参数,并调用。

**2. 实践要点**

①重点就是锻炼各种参数的使用与调用。

②每个存储过程在实施后,应该通过调用来验证其正确性。

## 任务 11.2　"销售管理"数据库中的触发器

### 任务描述

销售部门经理找到小赵,说发现他统计的一些数据与实际情况不符,小赵感觉这是不可能的,因为数据的查询命令都是他反复验证过的。经过他对经理所说情况的分析,原来是其他管理员在录入和管理数据时出现了错误,导致数据库中出现了错误数据。为了杜绝这种情况的再次发生,小赵决定引入触发器机制,让系统自动地对数据维护进行监督。

## 任务分析

触发器属于数据库中的高级应用,需要创建者拥有丰富的应用经验,所以在本任务的实施过程中,重点是对各类触发器的认识以及基本创建语法的掌握。要想真正应用触发器来提升数据库的安全性与准确性,需要在学习和工作过程中逐步积累实际工程经验。

## 11.2.1  知识准备:触发器概述

### 1.触发器的概念

触发器是一种特殊类型的存储过程。与存储过程类似,它也是由 SQL 语句组成,可以实现一定的功能;不同的是,触发器的执行不能通过名称调用来完成,而是当用户对数据库发生事件(添加、更新或删除)时,系统将会自动触发与该事件相关的触发器,使其自动执行。触发器不允许带参数,它的定义与表紧密相连。

触发器与普通存储过程的执行也不同,触发器的执行是由事件触发的,而普通存储过程是由命令调用执行的。

### 2.触发器的优点

触发器是自动的,当用户对表中的数据做了相应的修改之后,触发器可以立即被激活。触发器是其他约束的一个有力补充。主要优点如下:

- 实施更为复杂的数据完整性约束和数据一致性。
- 级联修改数据库中所有相关的表,自动触发其他与之相关的操作。
- 跟踪变化,撤销或回滚违法操作,防止非法修改数据。
- 触发器可以返回自定义的错误信息,而约束无法返回信息。
- 触发器可以调用更多的存储过程。

### 3.触发器的分类

触发器可以分为两大类,即 DML 触发器和 DDL 触发器。

(1)DML 触发器

DML 触发器是对表或视图进行了 INSERT、UPDATE 和 DELETE 操作而被激活的触发器,该类触发器有助于在表或视图中进行修改数据时强制业务规范扩展数据完整性。

DML 触发器又分为 AFTER 触发器和 INSTEAD OF 触发器。

①AFTER 触发器又称为后触发器,该类触发器是在引起触发器执行的修改语句成功完成之后执行。如果修改语句因错误(如违反约束或语法错误)而失败,触发器将不会执行。此类触发器只能定义在表上,不能创建在视图上。可以为每个触发操作(INSERT、UPDATE 或 DELETE)创建多个 AFTER 触发器,先检查约束后执行触发。

②INSTEAD OF 触发器又称为替代触发器,当遇到 DML 语句时,不会执行 DML 的具体操作,而转去执行触发器本身的操作。该类触发器在数据发生变动之前被触发,既可在表上定义,也可在视图上定义。对于每个触发操作(INSERT、UPDATE 和 DELETE)只能定义一个 INSTEAD OF 触发器,先执行触发后检查约束。

如果触发器表存在约束,则在 INSTEAD OF 触发器执行之后和 AFTER 触发器执行之前检查这些约束。如果违反了约束,则将回滚 INSTEAD OF 触发器操作,并且不激活 AFTER 触发器。

（2）DDL 触发器

DDL 触发器像 DML 触发器一样，在响应事件时执行触发器中的内容。但与 DML 触发器不同的是，它们并不在响应对表或视图执行 UPDATE、INSERT 或 DELETE 语句时执行存储过程，它们主要在响应数据定义语言（DDL）语句时执行存储过程。这些语句包括 CREATE、ALTER、DROP、GRANT、DENY、REVOKE 和 UPDATE STATISTICS 等语句。由于 DDL 触发器与 DML 触发器有很多相似之处，所以本项目主要介绍 DML 触发器。

**4. 与触发器相关的两个专用临时表 INSERTED、DELETED**

系统为每个触发器创建专用临时表，此表与触发器作用的表结构相同；这两张表都存在于高速缓存中由系统维护，用户可以对其进行查询，但不能修改；触发器执行完后，相关临时表被自动删除。

向表中插入数据时，如果该表存在 INSERT 触发器，触发器将被触发而自动执行。此时系统将自动创建一个与触发器表具有相同结构的 INSERTED 临时表，新的记录被添加到触发器表和 INSERTED 表中。INSERTED 表中保存了所插入记录的副本，方便用户查找当前的插入数据。

从表中删除数据时，如果该表存在 DELETE 触发器，触发器将被触发而自动执行。此时，系统将自动创建一个与触发器表具有相同结构的 DELETED 临时表，用来保存触发器表中被删除的记录，方便用户查找当前的删除数据。

修改表中的数据，相当于删除一条旧记录，添加一条新记录。其中，被删除的记录放在 DELETED 表中，添加的新记录放在 INSERTED 表中。

**5. 触发器的创建与触发**

创建 DML 触发器的语法如下：

CREATE TRIGGER 触发器名 ON 表名｜视图名
{FOR ｜ AFTER|INSTEAD OF} {[INSERT][,][UPDATE][,][DELETE]}
AS
〈SQL 语句组〉

语句中参数含义说明如下：

• AFTER：默认的触发器类型，后触发器。此类型触发器不能在视图上定义。

• INSTEAD OF：表示建立替代类型的触发器。

• [DELETE][,][INSERT][,][UPDATE]：指定数据修改语句，这些语句可在 DML 触发器对此表或视图进行尝试时激活该触发器，必须至少指定一个选项。在触发器定义中允许使用上述选项的任意顺序组合。

• 〈SQL 语句组〉：定义触发器被触发后，将执行的 SQL 语句。

当对触发器进行触发验证时，需要对触发表进行 INSERT、UPDATE、DELETE 操作，在执行以上操作时，一定要考虑到表的约束，包括主键、外键、CHECK、UNIQUE 等约束，要特别留意有主外键关联的两张表。

**6. DDL 触发器**

创建 DDL 触发器的语法如下：

CREATE TRIGGER 触发器名

ON { ALL SERVER | DATABASE }

{FOR | AFTER} { event_type | event_group } [,...n ]

AS

〈SQL 语句组〉

• event_type：执行之后将导致激发 DDL 触发器的 Transact-SQL 语言事件的名称。DDL 事件中列出了 DDL 触发器的有效事件。

• event_group：预定义的 Transact-SQL 语言事件分组的名称。执行任何属于 event_group 的 Transact-SQL 语言事件之后，DDL 触发器都将被激发。DDL 事件组中列出了 DDL 触发器的有效事件组。

DDL 触发器像标准触发器一样，在响应事件时执行存储过程。但与标准触发器不同的是，它们并不在响应对表或视图的 UPDATE、INSERT 或 DELETE 语句时执行存储过程，它们主要在响应数据定义语言（DDL）语句执行存储过程。这些语句包括 CREATE、ALTER、DROP、GRANT、DENY、REVOKE 和 UPDATE STATISTICS 等语句。

**7. 触发器的修改**

修改 DML 触发器的语法如下：

ALTER TRIGGER 触发器名 ON 表名| 视图名

{FOR | AFTER|INSTEAD OF} {[INSERT][,][UPDATE][,][DELETE]}

AS

〈SQL 语句组〉

其中，各参数的含义与 CREATE TRIGGER 参数的含义相同。用 ALTER 修改触发器，用户对该触发器的权限不会被修改。

**8. 触发器的删除**

如果触发器已经失去它存在的价值，可以删除触发器，释放资源。删除触发器格式如下：

DROP TRIGGER 触发器名 [,...n ]

**9. 触发器的启用与禁用**

如果暂时不想让触发器起作用，可以暂时禁用该触发器，等需要时可重新对其启用。

（1）禁用触发器

①使用 ALTER TABLE 语句禁用触发器，代码如下：

ALTER TABLE 表名

DISABLE TRIGGER 触发器名

②用 DISABLE TRIGGER 命令直接禁用，代码如下：

DISABLE TRIGGER 触发器名 ON 表名

（2）启用触发器

①使用 ALTER TABLE 语句启用触发器，代码如下：

ALTER TABLE 表名

ENABLE TRIGGER 触发器名

②用 ENABLE TRIGGER 命令直接启用,代码如下:

ENABLE TRIGGER 触发器名 ON 表名

(3)禁用数据库级触发器

DISABLE TRIGGER 触发器名 ON DATABASE

## 11.2.2　任务实施:"销售管理"数据库中的触发器

### 1.简单触发器

【例 11-8】　在"买家表"上创建一名为 tr_insert_mj 的触发器,当向"买家表"进行插入操作时激发该触发器,并给出提示信息"有新买家插入表中!"。代码如下:

```
CREATE TRIGGER tr_insert_mj
ON 买家表 FOR INSERT              --指定触发类型
AS
PRINT ′有新买家插入表中!′
GO
```

由于该触发器的触发类型是 INSERT,可以通过执行以下插入命令验证,得到的结果如图 11-2 所示。

INSERT INTO 买家表 VALUES(′M06′,′交通学院′,′65928088′,′J03′)

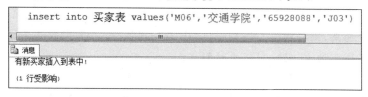

图 11-2　INSERT 触发器验证

在例 11-8 中,将关键字 FOR 改为 AFTER,效果相同。

【例 11-9】　在"买家表"上创建一名为 tr_update_mj 的触发器,当修改"买家表"中的数据时激发该触发器,并给出提示信息"你已修改买家表!",同时写出触发语句。代码如下:

```
CREATE TRIGGER tr_update_mj
ON 买家表 FOR UPDATE              --指定触发类型
AS
PRINT ′你已修改买家表!′
GO
UPDATE 买家表 SET 级别=′J02′ WHERE 买家编号=′M06′
GO
```

【例 11-10】　在"买家表"上创建一名为 tr_delete_mj 的触发器,当删除"买家表"中的数据时激发该触发器,并给出提示信息"你已删除买家表中相关数据!",同时写出触发语句。代码如下:

```
CREATE TRIGGER tr_delete_mj
ON 买家表 FOR DELETE          --指定触发类型
AS
PRINT '你已删除买家表中相关数据!'
GO
DELETE 买家表 WHERE 买家编号='M06'
GO
```

**2. INSTEAD OF 触发器**

【例 11-11】 在"买家表"上创建一替代触发器 tr_instead_del_mj,当删除"买家表"中的数据时激发该触发器,并给出提示信息"检查数据是否被删除",同时写出触发语句。代码如下:

```
CREATE TRIGGER tr_instead_del_mjjb
ON 买家级别表 INSTEAD OF DELETE          --指定触发类型
AS
PRINT '检查数据是否被删除'
GO
DELETE 买家级别表 WHERE 级别编号='J05'     --找一表中有的记录删除
GO
```

执行 DELETE 语句后,并没删除级别编号为'J05'的那行数据,该 DELETE 语句被触发器的内容所代替,这就是代替触发器。

小提示:如果触发器表存在约束,则在 INSTEAD OF 触发器执行之后检查这些约束,如果违反了约束,则将回滚 INSTEAD OF 触发器操作。AFTER 或 FOR 触发器是先检查约束,如果违反约束,触发器不会被触发。

**3. 级联触发器**(临时表 INSERTED、DELETED 的用法)

"商品表"中的"类型"取值来源于"商品类型表"中的"类型编号",这也就是所谓的主外键关系。如果已经建立了主外键关系,暂时先删除这个关系,在下面的例子中通过触发器来实现这种关系。

【例 11-12】 对主表的删除。在"商品类型表"上创建一删除触发器 tr_del_splx,达到以下目的:当删除一行数据时,应检查此行的"类型编号"是否还在"商品表"的"类型"中,如果存在,刚才的删除就应被否定(事务回滚),并给出提示信息"此数据正用,不应删除!";否则就删除。代码如下:

```
CREATE TRIGGER tr_del_splx
ON 商品类型表
FOR DELETE
AS
DECLARE @lxbh CHAR(3)
SELECT @lxbh=类型编号 FROM DELETED
IF EXISTS(SELECT * FROM 商品表 WHERE 类型=@lxbh)
BEGIN
PRINT '此数据正用,不应删除!'
```

ROLLBACK TRANSACTION       --事务回滚

END

GO

验证此触发器,结果如图 11-3 所示。

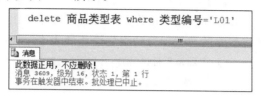

图 11-3　对主表删除的触发器验证

DELETE 商品类型表 where 类型编号='L01'

结果显示,类型编号为'L01'的记录没被删除,数据回滚。如果删除类型编号为'L06'的记录(L06 在"商品类型表"中,而不在"商品表"中),此记录会被正常删除,只能从 DELETED 临时表中读取该数据。

【例 11-13】　对从表的插入。在"商品表"上创建一插入触发器 tr_ins_spb,达到以下目的:当插入一行数据时,应检查此行的"类型"是否也在"商品类型表"中,如果存在则正常插入;否则刚才的插入就应被否定(事务回滚),并给出提示信息"不应插入此数据,因为主表中没有此类型!"。代码如下:

CREATE TRIGGER tr_ins_spb

ON 商品表

FOR INSERT

AS

DECLARE @lx CHAR(3)

SELECT @lx=类型 FROM INSERTED

IF NOT EXISTS(SELECT * FROM 商品类型表 WHERE 类型编号=@lx)

BEGIN

PRINT '不应插入此数据因为主表中没有此类型!'

ROLLBACK TRANSACTION

END

GO

验证此触发器,结果如图 11-4 所示。

INSERT INTO 商品表(商品编号,商品名称,类型)

VALUES('s64','洗碗机','L09')

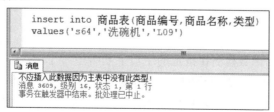

图 11-4　对从表插入的触发器验证

结果显示,类型编号为′L09′的记录没被插入,因′L09′不在"商品类型表"中。如果插入类型编号为′L02′的记录(在"商品类型表"中有 L02),此记录会被正常插入。只能从 INSERTED 临时表中取即将插入的数据,而不能从"商品表"中取。

【例 11-14】 删关键数据前事先保存。"销售表"是一个很重要的表,应该保存多年,而不应该对该表进行修改和删除。建一触发器 tr_del_xsb,达到以下功能:当删除某行数据时,为安全起见,把即将删除的数据保存到事先建立的表中。代码如下:

```
SELECT 商品编号,买家编号,实际销售价格,销售日期,销售数量 INTO del_xsb
FROM 销售表 WHERE 1=2   --建立新表
GO
CREATE TRIGGER tr_del_xsb
ON 销售表
FOR DELETE
AS
INSERT INTO del_xsb(商品编号,买家编号,实际销售价格,销售日期,销售数量)
SELECT 商品编号,买家编号,实际销售价格,销售日期,销售数量 FROM DELETED
GO
```

验证触发器:

```
DELETE 销售表 WHERE 商品编号=′S30′ AND 买家编号=′M04′
```

如果删除的数据在原"销售表"中存在,执行上述语句后,可以从 del_xsb 表中找到该数据。若该触发器改为:

```
CREATE TRIGGER tr_del_xsb
ON 销售表
FOR DELETE
AS
DECLARE @spbh char(3),@mjbh char(3),@sjxsjg smallmoney,@xsrq smalldatetime,@
xssl smallint
SELECT @spbh=商品编号,@mjbh=买家编号,@sjxsjg=实际销售价格,@xsrq=销售日期,@
xssl=销售数量 FROM DELETED
IF @spbh IS NOT NULL
INSERT INTO del_xsb(商品编号,买家编号,实际销售价格,销售日期,销售数量)
VALUES(@spbh,@mjbh,@sjxsjg,@xsrq,@xssl)
GO
```

当同时删除多行数据时,保存到表 del_xsb 中的数据只有一行,一般是原表中的最后一行数据。

**4. UPDATE( )函数**

UPDATE(字段名)函数检测在指定的字段上是否进行了 INSERT 或 UPDATE 操作,但不能检测 DELETE 操作。在指定的字段上被更新了,函数返回 TRUE,否则为 FALSE。

【例 11-15】 主从表中的数据同步修改。在"商品类型表"上创建一修改触发器 tr_update_splx,达到以下目的:当修改的是"类型编号"时,应同步修改"商品表"中的"类型"。代码如下:

```
CREATE TRIGGER tr_update_splx
ON 商品类型表
FOR UPDATE
AS
    IF UPDATE(类型编号)                --类型编号被修改,则条件为真
    BEGIN
    DECLARE @原类型编号 char(3),@新类型编号 char(3)
    SELECT @原类型编号=DELETED.类型编号, @新类型编号= INSERTED.类型编号
    FROM DELETED,INSERTED
    UPDATE 商品表 set 类型=@新类型编号 WHERE 类型=@原类型编号
    END
GO
```

验证触发器:

```
UPDATE 商品类型表 SET 类型编号='L01' WHERE 类型编号='L09'
GO            --查看两表,看结果是否都被修改
UPDATE 商品类型表 SET 类型编号='L09' WHERE 类型编号='L01'
GO            --查看两表,看结果是否都被修改
```

本触发器测试只针对修改一行数据,多行不在此列。

小提示:对于 UPDATE( )函数,如果关键字用 FOR UPDATE,验证触发器用 UPDATE 命令触发;关键字用 FOR INSERT,验证触发器用命令 INSERT 触发;关键字 用 FOR DELETE,虽然也可用命令 DELETE 触发,但对 UPDATE( )函数不产生影响。

5. DDL 触发器

【例 11-16】 创建一个 DDL 触发器 tr_drop_ddl,当删除数据库中的表时,就撤销该 操作,并提示:"禁止删除数据表!"。代码如下:

```
CREATE TRIGGER tr_drop_ddl
ON DATABASE
FOR DROP_TABLE
AS
    ROLLBACK TRANSACTION
    PRINT '禁止删除数据表!'
GO
```

测试触发器:

```
DROP TABLE 销售表
```

结果如图 11-5 所示。

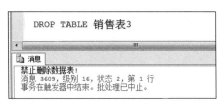

图 11-5  DDL 触发器的验证

此触发器为数据库级的,在对象资源管理器的数据库触发器中能找到,而前面的触发器为表级触发器。

【例 11-17】 创建一个 DDL 触发器 tr_alter_tr_ddl,禁止修改触发器,并提示:"禁止修改触发器!"。代码如下:

```
CREATE TRIGGER tr_alter_tr_ddl
ON DATABASE
FOR ALTER_TRIGGER
AS
    ROLLBACK TRANSACTION
    PRINT '禁止修改触发器!'
GO
```

为了后面的测试,先删除该触发器:

```
USE 销售管理
GO
DROP TRIGGER tr_alter_tr_ddl ON DATABASE
GO
```

**6. 修改触发器**

【例 11-18】 修改例 11-8 中创建的触发器,将提示信息修改为"有新数据填入买家表!"。代码如下:

```
ALTER TRIGGER tr_insert_mj
ON 买家表 FOR INSERT              --指定触发类型
AS
PRINT '有新数据填入买家表!'
GO
```

**7. 启用与禁用触发器**

(1)禁用触发器

【例 11-19】 禁用"买家表"中的 tr_insert_mj 触发器,可以通过两种方式实现,代码如下:

```
ALTER TABLE 买家表
DISABLE TRIGGER tr_insert_mj
```

或者

```
DISABLE TRIGGER tr_insert_mj ON 买家表
```

(2)启用触发器

【例 11-20】 启用上例中禁用的触发器,可以通过两种方式实现,代码如下:

```
ALTER TABLE 买家表
ENABLE TRIGGER tr_insert_mj
```

或者

```
ENABLE TRIGGER tr_insert_mj ON 买家表
```

## 课堂实践2

**1. 实践要求**

①为图书表创建一个修改触发器,当有数据被修改时适当提醒用户。

②为图书表与图书类型表之间的关系创建一个级联触发器,保证还存在关联的图书类别数据不能被删除,并给出提示信息"此数据有关联,不能删除!"。

③修改第一道题目的提醒内容为"有数据被修改"。

④删除上述两个触发器。

**2. 实践要点**

触发器格式的准确性。

# 课后拓展

**拓展练习一:创建"学生管理"数据库中的存储过程**

【练习综述】

①创建一个可以根据学生姓名查询学生信息的存储过程,并查询王平的成绩。

②创建一个可以根据学生姓名及课程名称查询成绩的存储过程,并查询王平大学英语的成绩。

【练习要点】

• 参数在存储过程中的使用。

• 存储过程的调用

【练习提示】

存储过程的核心是查询语句,所以一定要保证其正确性。参数的设置与调用同样重要,但是格式比较固定,容易掌握。

**拓展练习二:创建"学生管理"数据库中的触发器**

【练习综述】

①为学生表创建一系列的创建、修改和删除触发器。

②保证拥有相应课程的课程类型不能被删除,并提醒用户。

【练习要点】

• 常用触发器的实施。

【练习提示】

触发器的主要功能是用来保证数据的完整性与正确性,所以要重点练习,掌握常用触发器的实施。触发器的其他应用可以在今后的实际工作中继续学习。

# 课后习题

一、选择题

1. 以下关于存储过程说法不正确的是(　　)。

A. 存储过程可以接受和传递参数

B. 可以通过存储过程的名称来调用存储过程

C. 存储过程每次执行的时候都会进行语法检查和编译

D. 存储过程是放在服务器上,编译好的单条或多条 SQL 语句

2. 以下关于触发器说法正确的是(　　)。

A. 触发器可以接收和传递参数

B. 使用触发器可以保证数据的完整性和一致性

C. 可以通过使用触发器名称来执行触发器

D. 在创建表时可以自动激活触发器

3. 触发器是一个(　　)对象。

A. 字段　　　　　　　　B. 记录　　　　　　　　C. 表　　　　　　　　D. 数据库

4. 在创建存储过程时,每个参数名前要有一个(　　)符号。

A. %　　　　　　　　B. #　　　　　　　　C. *　　　　　　　　D. @

5. 关于触发器的描述不正确的是(　　)。

A. 一个表可以创建多种触发器

B. 触发器可以保证数据完整性

C. 触发器是一种特殊的存储过程

D. 触发器不能更改

6. 触发器使用的两个特殊表是(　　)。

A. VIEW、TABLE　　　　　　　　　　B. DELETE、INSERT

C. DELETED、INSERTED　　　　　　　D. DELETEED、INSERTED

7. 下列哪个操作不会涉及触发器中的 INSERTED 表(　　)。

A. INSERT　　　　　B. UPDATE　　　　C. DELETE　　　D. 都不涉及

8. 系统存储过程的前缀是(　　)。

A. SP　　　　　　　　B. EX　　　　　　　　C. BP　　　　　　　　D. SX

9. 在创建存储过程的语句中,用来对存储过程加密的命令是(　　)。

A. WITH RECOMPILE　　　　　　　　B. ENCRYPTION

C. OUTPUT　　　　　　　　　　　　D. FOR REPLICATION

10. 以下(　　)不是 DML 触发器的功能。

A. 可以完成比 CHECK 更复杂的约束要求

B. 比较表修改前后的数据变化,并根据变化采取相应操作

C. 可以保证数据库对象不被错误操作

D. 级联修改具有关系的表

二、填空题

1. _____是 SQL 中用来执行存储过程或函数的命令。

2. _____是已经存储在 SQL Server 服务器中的一组预编译过的 Transact-SQL 语句。

3. 存储过程分为_____、_____和_____三大类。

4. 创建存储过程时_____参数用来声明每次使用存储过程需要重新编译。

5. 用来修改存储过程的命令是_____。

6. 触发器包括_____和_____两种。

7. 在修改记录之后激活的触发器是_____触发器。

8. 既能作用于表,又能作用于视图的是_____触发器。

9. 用来临时存放触发器里涉及的被删除的数据的表是_____。

10. 触发器是特殊的_____。

三、判断题

1. 存储过程中必须带参数。　　　　　　　　　　　　　　（　　）

2. 存储过程是存储在服务器上的一组预编译的 T-SQL 语句。　（　　）

3. 可以使用 CREATE TABLE 命令创建存储过程。　　　　　（　　）

4. 触发器通常是自动执行,但是也可以根据用户需要调用执行。（　　）

5. 触发器与约束发生冲突,触发器不执行。　　　　　　　　（　　）

# 参 考 文 献

[1] 邵鹏鸣. SQL Server 数据库及应用[M]. 北京:清华大学出版社,2012.

[2] 孙岩. SQL Server 2008 数据库应用案例教程[M]. 北京:电子工业出版社,2014.

[3] 王红. 数据库开发案例教材[M]. 北京:清华大学出版社,2012.

[4] 徐健才. SQL Server 2008 数据库项目案例教程[M]. 北京:电子工业出版社,2013.

[5] 于斌. SQL Server 2008 数据库案例教程[M]. 北京:机械工业出版社,2013.

[6] 曹起武. SQL Server 2008 数据库实现与应用案例教程[M]. 2 版. 大连:大连理工大学出版社,2017.

# 附 录

## 附录 A 数据库对象命名规范

数据库对象的命名并没有一个官方的标准或公认的规则,本文提供的是被广泛接受并使用的命名规范之一,仅供用户参考。该规范适用于大多数数据库,用户可根据实际情况及个人习惯进行调整。

为了便于教师教学及学生学习,本书并没有按照该规范命名数据库中的对象,而是使用了更加通俗易懂的中文名称。当学习过程结束或是在后续的工作中,本书建议使用该命名规范。

### 1. 基本命名原则

基本原则是针对大多数数据库对象制订的,某些特殊对象根据自身特点并不会严格遵守该原则。

(1)中英文

在 SQL Server 系统中,对象的名称既可以使用英文,也可以使用中文。在通常情况下,各种对象及表中的字段等内容使用英文名称更加规范,因为这样可以为后续的查询及编程提供便利。但是在某些情况下,也可以使用中文来命名对象。例如,本书实例数据库中的对象都是通过中文命名的,目的是便于教师授课及学生学习。

(2)大小写

如果使用英文命名对象,名称应该全部使用大写字母。因为某些数据库系统对于大小写是敏感的,统一使用大写有助于数据库在不同系统之间移植。

(3)字符范围原则

只能使用英文字母、汉字、下划线和数字进行命名,首位字符必须是英文字母或汉字。

(4)分段命名原则

命名中多个单词间采用下划线分隔,可方便用户阅读与理解。同时,这种结构便于某些工具对数据库对象的映射。

(5)不使用数据库内部命令

数据库对象命名不能直接使用内部命令,但分段中可以使用。如 USER 不能用于表名、列名等,但是 USER_NAME 可以用于列名,T_USER_ 也可以用于表名。

(6)体现内涵

数据库对象及字段的名称应该体现其内容或功能,尽量让用户或编程人员通过名字就能了解其内容或功能。名称通常使用英文单词、缩写或者拼音,尽量避免数字的出现。

（7）同义性

在数据库中，如果某些对象或字段的内容相同，应尽量使用类似或相同的名称。如果是对象，则名称应该类似，然后通过简单的处理体现出不同，例如学生表名称为"T_Student"，学生视图名称为"VW_Student"。如果是字段，则应该相同，例如学号字段，不论在什么表中，都应该统一使用"StuID"这一名称。尽量避免出现同义不同名，或者同名不同义的情况出现。

（8）命名方式一致

在一个系统、一个项目中尽量采用一致的命名方式，都采用英文单词或者拼音或者汉字。尤其要避免在一个对象命名中同时采用英文单词和拼音首字母。

2.命名前缀规范

通常数据库对象都会在对象的前面加上一个前缀，用来说明该对象的类型（本书中使用中文名称，故不需要前缀）。前缀的使用并没有一个强制的要求，完全依靠用户使用的习惯，附表 A-1 中列出了一套前缀规范，仅供参考。

附表 A-1　　　　　　　　　　数据库对象前缀

| 类　型 | 前　缀　规　范 | 说　明 |
|---|---|---|
| 表 | T_ | TABLE |
| 列 | 无 | 无前缀 |
| 表空间 | TS_ | TABLESPACE |
| 用户 | 无 | 无前缀 |
| 分区 | PT_ | PARTITION |
| 视图 | VW_ | VIEW，V_表示变量 |
| 物化视图 | MV_ | MATERIAL VIEW |
| 索引 | IDX_ | INDEX 缩写，不区分索引类型。约束型索引参照约束命名 |
| 主键约束 | PK_ | PRIMARY KEY |
| 外键约束 | FK_ | FOREIGN KEY |
| 唯一约束 | UK_ | UNIQUE KEY |
| 序列 | SEQ_ | SEQUENCE |
| 函数 | F_ | FUNCTION |
| 过程 | SP_ | STORE PROCEDURE |
| 包 | PKG_ | PACKAGE |
| 触发器 | TRG_ | TRIGGER |
| 数据库链 | DBL_ | DATABASE LINK |
| 同义词 | 无 | 一般与目标对象同名时需要以 SYN_开头 |
| 普通变量 | V_ | VARIABLE |
| 游标变量 | CUR_ | CURSOR |
| 输入参数 | P_ | PARAMETER |
| 输出参数 | O_ | OUT |

**3.表和字段**

表和字段是数据库中最常用的对象,所以两者名称的规范对于数据库的应用有很大帮助。

(1)表

- 表的命名以 T_ 开头。
- 表名如果采用多段式命名,各单词间用下划线分隔。
- 表名尽量使用英文字母、下划线、数字进行命名,不建议使用中文或者其他符号。
- 命名时应尽可能使名称能够准确表达表中包含的内容。
- 表名全部字母大写。
- 通常系统表拥有自己的前缀,见附表 A-2。

附表 A-2　　　　　　　　系统表前缀

| 表 分 类 | 前 缀 |
| --- | --- |
| 系统参数类 | T_SYS_ |
| 用户、权限类 | T_USER_ |
| 系统日志类 | T_LOG_ |
| 代码表 | BM_ |
| 字典类 | T_MD |
| 临时表 | T_TMP |

(2)字段

- 字段名无须使用前缀,如需使用可将数据类型编码作为前缀。
- 字段名建议使用英文字母、下划线、数字进行命名,不建议使用中文或者其他符号。
- 字段名字母全部大写。
- 字段名采用多段式命名时,各单词间用下划线分隔。
- 字段名不能直接使用数据库内部命令。
- 列的命名应尽可能采用简洁明了的列名,并准确描述列的内容含义。

**4.其他对象**

(1)视图 Views

- 视图的命名以 VW_ 开头。
- 视图其他命名规范与表名相同。
- 视图的字段名一般与基表一致,但是根据需要可以与基表的字段名不同。

(2)索引 Indexes

普通索引名称以 IDX_ 为前缀。

- 单字段索引的命名方式为 IDX_表名_字段名,表名无需前缀,命名长度太长时表名和字段名可以考虑缩写。
- 多字段联合索引命名方式同单字段,考虑长度限制,可以只列出主要字段名或者采用缩写方式描述索引字段。

（3）完整性约束（Integrity Constraints）

①主键（Primary Keys）。主键约束的命名格式为 PK_表名，表名不带前缀。如采用字段后加 PRIMARY KEY 的方式添加主键则无须命名，由数据库自动命名。

②外键（Foreign Keys）。外键约束的命名格式为 FK_表名_字段名，表名不用前缀，字段名较长时可以缩写。

③唯一关键字约束（Unique Keys）。唯一关键字约束命名规范为 UK_表名，表名可以不带前缀。一般情况下不会出现一个表除了主键外还有多个唯一约束的情况，确实需要时可以命名为 UK_表名_n，n 为索引区分标识，可以是字段名或者序号。

④其他约束（Other Constraints）。CHECK 约束的命名格式为 CK_表名_字段名，表名可以不带前缀，名字太长时表名和字段名可以根据需要进行缩写。

（4）存储过程（Procedures）

通常前缀为"SP_"。

（5）参数（Parameters）、变量（Variables）

• 输入函数命名规范为 P_NAME。

• 普通类型变量命名规范为 V_NAME，如数字、字符串、日期等。

• 输出参数命名规范为 O_NAME，输出参数放在参数列表最后。

• 命名规范中的 NAME 部分应能清楚表示变量或者参数的含义，以提高代码可读性。避免使用 V_1、V_M、P_1、P_N 等无法表达具体含义的参数或者变量命名。

（6）触发器（Triggers）

触发器的命名通常格式为 TRG_表名_触发器类型。表名不带前缀，触发器的类型由触发时机和触发动作组成：'B'表示前触发，'A'表示后触发，'INSERT'、'UPDATE'和'DELETE'描述触发动作。

再次声明，本书中没有按照该规范命名对象及字段，目的是便于初学者更好地学习数据库相关知识，将注意力更多地投入相应知识点和技能的学习中，更轻松地理解对象及字段的含义。如果读者要完成正常的工作任务，本书建议使用上述规范。

# 附录 B   SQL Server 常用函数

附表 B-1 字符串函数

| 序号 | 函数格式 | 说明 |
| --- | --- | --- |
| 1 | ASCII( character_expression ) | 返回字符表达式最左端字符的 ASCII 码值 |
| 2 | CHAR( integer_expression ) | 将 ASCII 码转换为字符 |
| 3 | LOWER( character_expression )和 UPPER( character_expression ) | LOWER( )将字符串全部转为小写；UPPER( )将字符串全部转为大写 |
| 4 | STR(<float_expression>[,length[,<decimal>]]) | 把数值型数据转换为字符型数据 |
| 5 | LTRIM( character_expression ) | 返回删除前导空格后的字符表达式 |

（续表）

| 序号 | 函数格式 | 说明 |
|---|---|---|
| 6 | RTRIM( character_expression ) | 返回截断所有尾随空格后的字符串 |
| 7 | LEFT(<character_expression>，<integer_expression>) | 返回字符串中从左边开始指定个数的字符 |
| 8 | RIGHT(<character_expression>，<integer_expression>) | 返回字符串中从右边开始指定个数的字符 |
| 9 | SUBSTRING (<expression>，<starting_position>，length) | 返回从字符串左边第 starting_position 个字符起 length 个字符的部分 |
| 10 | CHARINDEX(<'substring_expression'>，<expression>) | 返回字符串中某个指定的子串出现的开始位置 |
| 11 | PATINDEX (<'%substring_expression%'>，<column_name>) | 返回字符串中某个指定的子串出现的开始位置 |
| 12 | QUOTENAME(<'character_expression'>[，quote_character]) | 返回被特定字符括起来的字符串 |
| 13 | REPLICATE(character_expression integer_expression) | 返回一个重复 character_expression 指定次数的字符串 |
| 14 | REVERSE(<character_expression>) | 将指定的字符串的字符排列顺序颠倒 |
| 15 | REPLACE(<string_expression1>，<string_expression2>，<string_expression3>) | 用 string_expression3 替换在 string_expression1 中的子串 string_expression2 |
| 16 | SPACE(<integer_expression>) | 返回一个有指定长度的空白字符串 |
| 17 | STUFF(<character_expression1>，<start_position>，<length>，<character_expression2>) | 用另一子串替换字符串指定位置、长度的子串 |

附表 B-2　　　　字符类型转换函数

| 序号 | 函数格式 | 说明 |
|---|---|---|
| 1 | CAST(<expression> AS <data_type>[ length ]) | 将一种数据类型的表达式显式转换为另一种数据类型的表达式 |
| 2 | CONVERT(<data_type>[ length ]，<expression>[，style]) | 将一种数据类型的表达式显式转换为另一种数据类型的表达式 |

附表 B-3　　　　日期函数

| 序号 | 函数格式 | 说明 |
|---|---|---|
| 1 | DAY(date_expression) | 返回 date_expression 中的日期值 |
| 2 | MONTH(date_expression) | 返回 date_expression 中的月份值 |
| 3 | YEAR(date_expression) | 返回 date_expression 中的年份值 |
| 4 | DATEADD (<datepart>，<number>，<date>) | 返回指定日期 date 加上指定间隔 number 产生的新日期 |
| 5 | DATEDIFF (<datepart>，<date1>，<date2>) | 返回两个指定日期在 datepart 方面的不同之处,即 date2 超过 date1 的差距值,其结果值是一个带有正负号的整数值 |

（续表）

| 序号 | 函数格式 | 说明 |
|---|---|---|
| 6 | DATENAME(\<datepart\>,\<date\>) | 以字符串的形式返回日期的指定部分,此部分由 datepart 来指定 |
| 7 | DATEPART(\<datepart\>,\<date\>) | 以整数值的形式返回日期的指定部分,此部分由 datepart 来指定 |
| 8 | GETDATE() | 返回系统当前的日期和时间 |

附表 B-4           统计函数

| 序号 | 函数格式 | 说明 |
|---|---|---|
| 1 | AVG( [ ALL ] expression ) | 返回一个组中值的平均值,忽略空值 |
| 2 | COUNT( { [ ALL ] expression | * } ) | 返回组中的项数 |
| 3 | FIRST(Expression,Scope) | 返回指定表达式的第一个值 |
| 4 | LAST(Expression,Scope) | 返回指定表达式的最后一个值 |
| 5 | MAX( [ ALL ] expression ) | 返回表达式中的最大值 |
| 6 | MIN( [ ALL ] expression ) | 返回表达式中的最小值 |

附表 B-5           数学函数

| 序号 | 函数格式 | 说明 |
|---|---|---|
| 1 | ABS(numeric_expr) | 返回给定数字表达式的绝对值 |
| 2 | CEILING(numeric_expr) | 返回大于或等于给定数字表达式的最小整数 |
| 3 | EXP(float_expr) | 返回给定 float 表达式的指数值 |
| 4 | FLOOR(numeric_expr) | 返回小于或等于给定数字表达式的最大整数 |
| 5 | PI() | 3.1415926…… |
| 6 | POWER(numeric_expr,power) | 返回给定表达式的指定幂的值 |
| 7 | RAND([int_expr]) | 返回 0 和 1 之间的随机 float 值 |
| 8 | ROUND(numeric_expr,int_expr) | 返回一个四舍五入为指定长度或精度的数字表达式 |
| 9 | SIGN(int_expr) | 返回给定表达式的正号(+1)、零(0) 或负号(−1) |

附表 B-6           系统函数

| 序号 | 函数格式 | 说明 |
|---|---|---|
| 1 | SUSER_NAME( [ server_user_id ] ) | 返回用户的登录标识名 |
| 2 | USER_NAME( [ id ] ) | 基于指定的标识号返回数据库用户名 |
| 3 | USER | 当未指定默认值时,允许将系统为当前用户的数据库用户名提供的值插入表内 |
| 4 | DB_NAME( [ database_id ] ) | 返回数据库名称 |
| 5 | OBJECT_NAME(obj_id) | 返回架构范围内对象的数据库对象名称 |
| 6 | COL_NAME(obj_id,col_id) | 根据指定的表标识号和列标识号返回列名称 |
| 7 | COL_LENGTH(objname,colname) | 返回列的定义长度(以字节为单位) |